ISBN 978-1-291-32315-3

In copertina eclisse solare totale
On the cover total solr eclipse

INTRODUZIONE

Questo libro, il terzo di una serie di dieci, rappresenta una estesa trattazione di quanto presente sul mio sito riguardo le eclissi di sole. Vengono qui esaminate tutte le tipologie di eclissi, totali, anulari, parziali ed ibride su di un arco temporale molto esteso, dall'anno 0 al 3000.

Ovviamente dato che l'era contemporanea è il ventunesimo secolo viene dato il più ampio spazio a questo periodo, riservando il resto delle tabelle agli storici, agli studiosi di statistica astronomica o ai più curiosi.

Si trovano anche nozioni sulle ciclicità, sulle eclissi più lunghe, più corte, più o meno estese, le multiple e tanto tanto altro in più.

Inoltre sono anche presenti simulazioni grafiche rappresentative di eventi particolarmente notevoli, e capitoli di "stranezze astronomiche" che tanto piacciono ai media per esaltare spettacoli che comunque si ripetono su scale temporali più o meno lunghe.

Questo non è un manuale tecnico e di difficile lettura, ma una descrizione completa e molto dettagliata su quello che il cielo ci offre durante la nostra vita, quindi ogni tabella è pronta all'uso ed ogni evento riportato sarà facilmente visibile ad occhio nudo od eventualmente con un modestissimo binocolo.

Un'opera per astrofili, per astronomi, per professionisti o semplici appassionati.

INTRODUCTION

This book, the third in a series of ten, is an extended discussion of that on my website about the solar eclipses. All types of solar eclipses, total, annular, partial, hybrid, on a very extensive period of time, from 0 to 3000, are examined here.
Since the contemporary era is the twenty-first century, for this reason the most room is given to this period, reserving the rest of the tables for historians, astronomical statisticians or the curious.
We find tables on the cyclic eclipses, on the longest, shortest, biggest, multiple and much, much more.
In addition there are also graphic simulations representing events particularly remarkable, and chapters of "astronomical oddities" that the media like to highlight. However, these events are repeated in time.
This is not a technical and difficult to read manual, but a complete and very detailed description of what the sky gives us throughout our lives, so each table is ready for use, and each reported event will be easily visible to the naked eye or possibly with a simple pair of binoculars.
The book is for stargazing astronomers and professionals.

ECLISSI DI SOLE
SOLAR ECLIPSES
1900-3000

GG MM AAAA : data nel formato giorno/mese/anno
HH MM SS : ore, minuti e secondi
DT : differenza TDT-UT
TIPO : A=anulare T=totale P=parziale H=ibrida
GAMMA : distanza dell'asse del cono d'ombra lunare dal centro
della Terra
MAG : magnitudine dell'eclisse
DURATA : durata in minuti e secondi della fase totale o anulare

GG MM AAAA : date in the format dd/mm/yyyy
HH MM SS: hours, minutes and seconds
DT : difference between Dynamical Time and Universal Time
TIPO : A=annular T=total P=partial H=hybrid
GAMMA : distance of the shadow cone axis from the center
of Earth (units of equatorial radii)
MAG : magnitude of the eclipse (fraction of the Sun's diameter
obscured by the Moon)
DURATA : central line duration of total or annular phase at
greatest eclipse (mm:ss)

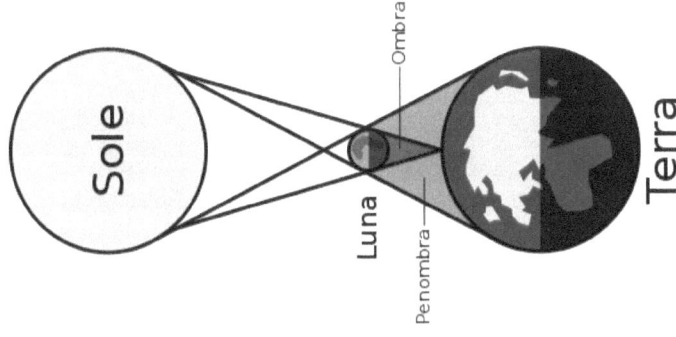

Immagine da wikipedia

GG	MM	AAAA	HH	MM	SS	DT	TIPO	GAMMA	MAG	DURATA
28	5	1900	14	53	56	-2	T	0.394	1.025	2 10
22	11	1900	7	19	43	-2	A	-0.225	0.942	6 42
18	5	1901	5	33	48	-1	T	-0.363	1.068	6 29
11	11	1901	7	28	21	0	A	0.476	0.922	11 1
8	4	1902	14	5	6	0	P	1.502	0.064	0 0
7	5	1902	22	34	16	0	P	-1.083	0.859	0 0
31	10	1902	8	0	18	1	P	1.156	0.696	0 0
29	3	1903	1	35	23	2	A	0.841	0.977	1 53
21	9	1903	4	39	52	2	T	-0.897	1.032	2 12
17	3	1904	5	40	44	3	A	0.130	0.937	8 7
9	9	1904	20	44	21	3	T	-0.163	1.071	6 20
6	3	1905	5	12	26	4	A	-0.577	0.927	7 58
30	8	1905	13	7	26	5	T	0.571	1.048	3 46
23	2	1906	7	43	20	5	P	-1.248	0.539	0 0
21	7	1906	13	14	19	6	P	-1.364	0.336	0 0
20	8	1906	1	12	50	6	P	1.373	0.315	0 0
14	1	1907	6	5	43	6	T	0.863	1.028	2 25
10	7	1907	15	24	32	7	A	-0.631	0.946	7 23
3	1	1908	21	45	22	8	T	0.193	1.044	4 14
28	6	1908	16	29	51	8	A	0.139	0.966	4 0
23	12	1908	11	44	28	9	H	-0.498	1.002	0 12
17	6	1909	23	18	38	10	H	0.896	1.006	0 24
12	12	1909	19	44	48	10	P	-1.246	0.542	0 0
9	5	1910	5	42	13	11	T	-0.944	1.060	4 15
2	11	1910	2	8	32	12	P	1.060	0.852	0 0
28	4	1911	22	27	22	12	T	-0.229	1.056	4 57
22	10	1911	4	13	2	13	A	0.322	0.965	3 47
17	4	1912	11	34	22	14	H	0.528	1.000	0 2
10	10	1912	13	36	14	14	T	-0.415	1.023	1 55
6	4	1913	17	33	7	15	P	1.315	0.424	0 0
31	8	1913	20	52	12	15	P	1.451	0.151	0 0
30	9	1913	4	45	49	15	P	-1.101	0.825	0 0
25	2	1914	0	13	1	16	A	-0.942	0.925	5 35
21	8	1914	12	34	27	17	T	0.765	1.033	2 14
14	2	1915	4	33	20	17	A	-0.202	0.979	2 4
10	8	1915	22	52	25	18	A	0.012	0.985	1 33
3	2	1916	16	0	21	18	T	0.499	1.028	2 36
30	7	1916	2	6	10	19	A	-0.771	0.945	6 24
24	12	1916	20	46	22	19	P	-1.532	0.011	0 0
23	1	1917	7	28	31	19	P	1.151	0.725	0 0
19	6	1917	13	16	21	20	P	1.286	0.473	0 0
19	7	1917	2	42	42	20	P	-1.510	0.086	0 0
14	12	1917	9	27	20	20	A	-0.916	0.979	1 17
8	6	1918	22	7	43	20	T	0.466	1.029	2 23
3	12	1918	15	22	2	21	A	-0.239	0.938	7 6
29	5	1919	13	8	55	21	T	-0.295	1.072	6 51
22	11	1919	15	14	12	21	A	0.455	0.920	11 37
18	5	1920	6	14	55	21	P	-1.024	0.973	0 0
10	11	1920	15	52	15	22	P	1.129	0.742	0 0
8	4	1921	9	15	1	22	A	0.887	0.975	1 50
1	10	1921	12	35	58	22	T	-0.938	1.029	1 52
28	3	1922	13	5	26	23	A	0.171	0.938	7 50
21	9	1922	4	40	31	23	T	-0.213	1.068	5 59

8

GG	MM	AAAA	HH	MM	SS	DT	TIPO	GAMMA	MAG	DURATA	
17	3	1923	12	44	58	23	A	-0.544	0.931	7	51
10	9	1923	20	47	29	23	T	0.515	1.043	3	37
5	3	1924	15	44	20	24	P	-1.223	0.582	0	0
31	7	1924	19	58	20	24	P	-1.446	0.192	0	0
30	8	1924	8	23	0	24	P	1.312	0.424	0	0
24	1	1925	14	54	3	24	T	0.866	1.030	2	32
20	7	1925	21	48	42	24	A	-0.719	0.944	7	15
14	1	1926	6	36	58	24	T	0.197	1.043	4	11
9	7	1926	23	6	2	24	A	0.054	0.968	3	51
3	1	1927	20	22	53	24	A	-0.496	1.000	0	3
29	6	1927	6	23	27	24	T	0.816	1.013	0	50
24	12	1927	3	59	41	24	P	-1.242	0.549	0	0
19	5	1928	13	24	20	24	T	-1.005	1.014	0	0
17	6	1928	20	27	28	24	P	1.511	0.037	0	0
12	11	1928	9	48	24	24	P	1.086	0.808	0	0
9	5	1929	6	10	34	24	T	-0.289	1.056	5	7
1	11	1929	12	5	10	24	A	0.351	0.965	3	54
28	4	1930	19	3	34	24	H	0.473	1.000	0	1
21	10	1930	21	43	53	24	T	-0.380	1.023	1	55
18	4	1931	0	45	35	24	P	1.264	0.511	0	0
12	9	1931	4	41	25	24	P	1.506	0.047	0	0
11	10	1931	12	55	40	24	P	-1.061	0.900	0	0
7	3	1932	7	55	50	24	A	-0.967	0.928	5	19
31	8	1932	20	3	41	24	T	0.831	1.026	1	45
24	2	1933	12	46	39	24	A	-0.219	0.984	1	32
21	8	1933	5	49	11	24	A	0.087	0.980	2	4
14	2	1934	0	38	41	24	T	0.487	1.032	2	53
10	8	1934	8	37	48	24	A	-0.689	0.944	6	33
5	1	1935	5	35	46	24	P	-1.538	0.001	0	0
3	2	1935	16	16	20	24	P	1.144	0.739	0	0
30	6	1935	19	59	46	24	P	1.362	0.338	0	0
30	7	1935	9	16	28	24	P	-1.426	0.232	0	0
25	12	1935	17	59	52	24	A	-0.923	0.975	1	30
19	6	1936	5	20	31	24	T	0.539	1.033	2	31
13	12	1936	23	28	12	24	A	-0.249	0.935	7	25
8	6	1937	20	41	2	24	T	-0.225	1.075	7	4
2	12	1937	23	5	45	24	A	0.439	0.918	12	0
29	5	1938	13	50	19	24	T	-0.961	1.055	4	5
21	11	1938	23	52	25	24	P	1.108	0.778	0	0
19	4	1939	16	45	53	24	A	0.939	0.973	1	49
12	10	1939	20	40	23	24	T	-0.974	1.027	1	32
7	4	1940	20	21	21	24	A	0.219	0.939	7	30
1	10	1940	12	44	6	25	T	-0.257	1.065	5	35
27	3	1941	20	8	8	25	A	-0.502	0.935	7	41
21	9	1941	4	34	3	25	T	0.465	1.038	3	22
16	3	1942	23	37	7	25	P	-1.191	0.639	0	0
12	8	1942	2	45	12	26	P	-1.524	0.056	0	0
10	9	1942	15	39	32	26	P	1.257	0.523	0	0
4	2	1943	23	38	10	26	T	0.873	1.033	2	39
1	8	1943	4	16	13	26	A	-0.804	0.941	6	59
25	1	1944	15	26	42	26	T	0.203	1.043	4	9
20	7	1944	5	43	13	27	A	-0.031	0.970	3	42
14	1	1945	5	1	43	27	A	-0.494	0.997	0	15

9

GG	MM	AAAA	HH	MM	SS	DT	TIPO	GAMMA	MAG	DURATA
9	7	1945	13	27	46	27	T	0.736	1.018	1 15
3	1	1946	12	16	11	27	P	-1.239	0.553	0 0
30	5	1946	21	0	24	28	P	-1.071	0.886	0 0
29	6	1946	3	51	58	28	P	1.436	0.180	0 0
23	11	1946	17	37	12	28	P	1.105	0.776	0 0
20	5	1947	13	47	47	28	T	-0.353	1.056	5 13
12	11	1947	20	5	37	28	A	0.374	0.965	3 59
9	5	1948	2	26	4	28	A	0.413	1.000	0 0
1	11	1948	5	59	18	29	T	-0.352	1.023	1 56
28	4	1949	7	48	53	29	P	1.207	0.609	0 0
21	10	1949	21	13	1	29	P	-1.027	0.964	0 0
18	3	1950	15	32	1	29	A	-0.999	0.962	0 0
12	9	1950	3	38	47	29	T	0.890	1.018	1 14
7	3	1951	20	53	40	30	A	-0.242	0.990	0 59
1	9	1951	12	51	51	30	A	0.156	0.975	2 36
25	2	1952	9	11	35	30	T	0.470	1.037	3 9
20	8	1952	15	13	35	30	A	-0.610	0.942	6 40
14	2	1953	0	59	30	30	P	1.133	0.760	0 0
11	7	1953	2	44	14	30	P	1.439	0.202	0 0
9	8	1953	15	55	3	30	P	-1.344	0.373	0 0
5	1	1954	2	32	1	31	A	-0.930	0.972	1 42
30	6	1954	12	32	38	31	T	0.614	1.036	2 35
25	12	1954	7	36	42	31	A	-0.258	0.932	7 39
20	6	1955	4	10	42	31	T	-0.153	1.078	7 8
14	12	1955	7	2	25	31	A	0.427	0.918	12 9
8	6	1956	21	20	39	32	T	-0.893	1.058	4 45
2	12	1956	8	0	35	32	P	1.092	0.805	0 0
30	4	1957	0	5	28	32	A	0.999	0.980	0 0
23	10	1957	4	54	2	32	T	-1.002	1.001	0 0
19	4	1958	3	27	17	32	A	0.275	0.941	7 7
12	10	1958	20	55	28	33	T	-0.295	1.061	5 11
8	4	1959	3	24	8	33	A	-0.455	0.940	7 26
2	10	1959	12	27	0	33	T	0.421	1.032	3 2
27	3	1960	7	25	7	33	P	-1.154	0.706	0 0
20	9	1960	22	59	56	33	P	1.206	0.614	0 0
15	2	1961	8	19	48	34	T	0.883	1.036	2 45
11	8	1961	10	46	47	34	A	-0.886	0.938	6 35
5	2	1962	0	12	38	34	T	0.211	1.043	4 8
31	7	1962	12	25	33	34	A	-0.113	0.972	3 33
25	1	1963	13	37	12	35	A	-0.490	0.995	0 25
20	7	1963	20	36	13	35	T	0.657	1.022	1 40
14	1	1964	20	30	8	35	P	-1.235	0.559	0 0
10	6	1964	4	34	7	35	P	-1.139	0.754	0 0
9	7	1964	11	17	53	35	P	1.362	0.322	0 0
4	12	1964	1	31	54	36	P	1.119	0.752	0 0
30	5	1965	21	17	31	36	T	-0.422	1.054	5 15
23	11	1965	4	14	51	36	A	0.391	0.966	4 2
20	5	1966	9	39	2	37	A	0.347	0.999	0 5
12	11	1966	14	23	28	37	T	-0.330	1.023	1 57
9	5	1967	14	42	48	38	P	1.142	0.720	0 0
2	11	1967	5	38	56	38	T	-1.001	1.013	0 0
28	3	1968	23	0	30	38	P	-1.037	0.899	0 0
22	9	1968	11	18	46	39	T	0.945	1.010	0 40

10

GG	MM	AAAA	HH	MM	SS	DT	TIPO	GAMMA	MAG	DURATA
18	3	1969	4	54	57	39	A	-0.270	0.995	0 26
11	9	1969	19	58	59	40	A	0.220	0.969	3 11
7	3	1970	17	38	30	40	T	0.447	1.041	3 28
31	8	1970	21	55	30	41	A	-0.536	0.940	6 47
25	2	1971	9	38	7	41	P	1.119	0.787	0 0
22	7	1971	9	31	55	42	P	1.513	0.069	0 0
20	8	1971	22	39	31	42	P	-1.266	0.508	0 0
16	1	1972	11	3	22	42	A	-0.936	0.969	1 53
10	7	1972	19	46	38	43	T	0.687	1.038	2 36
4	1	1973	15	46	21	43	A	-0.264	0.930	7 49
30	6	1973	11	38	41	44	T	-0.079	1.079	7 4
24	12	1973	15	2	44	44	A	0.417	0.917	12 2
20	6	1974	4	48	4	45	T	-0.824	1.059	5 9
13	12	1974	16	13	13	45	P	1.080	0.827	0 0
11	5	1975	7	17	33	46	P	1.065	0.864	0 0
3	11	1975	13	15	54	46	P	-1.025	0.959	0 0
29	4	1976	10	24	18	47	A	0.338	0.942	6 41
23	10	1976	5	13	45	47	T	-0.327	1.057	4 46
18	4	1977	10	31	30	48	A	-0.399	0.945	7 4
12	10	1977	20	27	27	48	T	0.384	1.027	2 37
7	4	1978	15	3	47	49	P	-1.108	0.788	0 0
2	10	1978	6	28	43	49	P	1.162	0.691	0 0
26	2	1979	16	55	6	50	T	0.898	1.039	2 49
22	8	1979	17	22	38	50	A	-0.963	0.933	6 3
16	2	1980	8	54	1	51	T	0.222	1.043	4 8
10	8	1980	19	12	21	51	A	-0.192	0.973	3 23
4	2	1981	22	9	24	51	A	-0.484	0.994	0 33
31	7	1981	3	46	37	52	T	0.579	1.026	2 2
25	1	1982	4	42	53	52	P	-1.231	0.566	0 0
21	6	1982	12	4	33	53	P	-1.210	0.617	0 0
20	7	1982	18	44	44	53	P	1.289	0.464	0 0
15	12	1982	9	32	9	53	P	1.129	0.735	0 0
11	6	1983	4	43	33	53	T	-0.495	1.052	5 11
4	12	1983	12	31	15	54	A	0.402	0.967	4 1
30	5	1984	16	45	41	54	A	0.276	0.998	0 11
22	11	1984	22	54	17	54	T	-0.313	1.024	2 0
19	5	1985	21	29	38	55	P	1.072	0.841	0 0
12	11	1985	14	11	27	55	T	-0.980	1.039	1 59
9	4	1986	6	21	22	55	P	-1.082	0.824	0 0
3	10	1986	19	6	15	55	H	0.993	1.000	0 0
29	3	1987	12	49	47	55	H	-0.305	1.001	0 8
23	9	1987	3	12	22	56	A	0.279	0.963	3 49
18	3	1988	1	58	56	56	T	0.419	1.046	3 46
11	9	1988	4	44	29	56	A	-0.468	0.938	6 57
7	3	1989	18	8	41	56	P	1.098	0.827	0 0
31	8	1989	5	31	47	57	P	-1.193	0.634	0 0
26	1	1990	19	31	24	57	A	-0.946	0.967	2 3
22	7	1990	3	3	7	57	T	0.760	1.039	2 33
15	1	1991	23	53	51	58	A	-0.273	0.929	7 53
11	7	1991	19	7	1	58	T	-0.004	1.080	6 53
4	1	1992	23	5	37	58	A	0.409	0.918	11 41
30	6	1992	12	11	22	59	T	-0.751	1.059	5 21
24	12	1992	0	31	41	59	P	1.071	0.842	0 0

GG	MM	AAAA	HH	MM	SS	DT	TIPO	GAMMA	MAG	DURATA	
21	5	1993	14	20	15	59	P	1.137	0.735	0	0
13	11	1993	21	45	51	60	P	-1.041	0.928	0	0
10	5	1994	17	12	27	60	A	0.408	0.943	6	13
3	11	1994	13	40	6	61	T	-0.352	1.054	4	23
29	4	1995	17	33	20	61	A	-0.338	0.950	6	37
24	10	1995	4	33	30	61	T	0.352	1.021	2	10
17	4	1996	22	38	12	62	P	-1.058	0.880	0	0
12	10	1996	14	3	4	62	P	1.123	0.757	0	0
9	3	1997	1	24	51	62	T	0.918	1.042	2	50
2	9	1997	0	4	48	63	P	-1.035	0.899	0	0
26	2	1998	17	29	27	63	T	0.239	1.044	4	9
22	8	1998	2	7	11	63	A	-0.264	0.973	3	14
16	2	1999	6	34	38	63	A	-0.473	0.993	0	40
11	8	1999	11	4	9	64	T	0.506	1.029	2	23
5	2	2000	12	50	27	64	P	-1.223	0.580	0	0
1	7	2000	19	33	34	64	P	-1.282	0.477	0	0
31	7	2000	2	14	8	64	P	1.217	0.603	0	0
25	12	2000	17	35	57	64	P	1.137	0.723	0	0
21	6	2001	12	4	46	64	T	-0.570	1.050	4	57
14	12	2001	20	53	1	64	A	0.409	0.968	3	53
10	6	2002	23	45	22	64	A	0.199	0.996	0	23
4	12	2002	7	32	16	64	T	-0.302	1.024	2	4
31	5	2003	4	9	22	64	A	0.996	0.938	3	37
23	11	2003	22	50	22	64	T	-0.964	1.038	1	57
19	4	2004	13	35	5	65	P	-1.133	0.737	0	0
14	10	2004	3	0	23	65	P	1.035	0.928	0	0
8	4	2005	20	36	51	65	H	-0.347	1.007	0	42
3	10	2005	10	32	47	65	A	0.331	0.958	4	32
29	3	2006	10	12	23	65	T	0.384	1.052	4	7
22	9	2006	11	41	16	65	A	-0.406	0.935	7	9
19	3	2007	2	32	57	65	P	1.073	0.876	0	0
11	9	2007	12	32	24	66	P	-1.125	0.751	0	0
7	2	2008	3	56	10	66	A	-0.957	0.965	2	12
1	8	2008	10	22	12	66	T	0.831	1.039	2	27
26	1	2009	7	59	45	66	A	-0.282	0.928	7	54
22	7	2009	2	36	25	66	T	0.070	1.080	6	39
15	1	2010	7	7	39	67	A	0.400	0.919	11	8
11	7	2010	19	34	38	67	T	-0.679	1.058	5	20
4	1	2011	8	51	42	67	P	1.063	0.858	0	0
1	6	2011	21	17	18	67	P	1.213	0.601	0	0
1	7	2011	8	39	30	67	P	-1.492	0.097	0	0
25	11	2011	6	21	24	68	P	-1.054	0.905	0	0
20	5	2012	23	53	54	68	A	0.483	0.944	5	46
13	11	2012	22	12	55	68	T	-0.372	1.050	4	2
10	5	2013	0	26	20	68	A	-0.269	0.954	6	3
3	11	2013	12	47	36	68	H	0.327	1.016	1	40
29	4	2014	6	4	33	69	A	-1.000	0.987	0	0
23	10	2014	21	45	39	69	P	1.091	0.811	0	0
20	3	2015	9	46	47	69	T	0.945	1.044	2	47
13	9	2015	6	55	19	69	P	-1.100	0.787	0	0
9	3	2016	1	58	19	70	T	0.261	1.045	4	9
1	9	2016	9	8	2	70	A	-0.333	0.974	3	6
26	2	2017	14	54	33	70	A	-0.458	0.992	0	44

GG	MM	AAAA	HH	MM	SS	DT	TIPO	GAMMA	MAG	DURATA	
21	8	2017	18	26	40	70	T	0.437	1.031	2	40
15	2	2018	20	52	33	71	P	-1.212	0.599	0	0
13	7	2018	3	2	16	71	P	-1.354	0.337	0	0
11	8	2018	9	47	28	71	P	1.148	0.737	0	0
6	1	2019	1	42	38	71	P	1.142	0.715	0	0
2	7	2019	19	24	8	71	T	-0.647	1.046	4	33
26	12	2019	5	18	53	72	A	0.413	0.970	3	40
21	6	2020	6	41	15	72	A	0.121	0.994	0	38
14	12	2020	16	14	39	72	T	-0.294	1.025	2	10
10	6	2021	10	43	7	72	A	0.915	0.944	3	51
4	12	2021	7	34	38	73	T	-0.953	1.037	1	54
30	4	2022	20	42	36	73	P	-1.190	0.640	0	0
25	10	2022	11	1	20	73	P	1.070	0.862	0	0
20	4	2023	4	17	56	73	H	-0.395	1.013	1	16
14	10	2023	18	0	41	74	A	0.375	0.952	5	17
8	4	2024	18	18	29	74	T	0.343	1.057	4	28
2	10	2024	18	46	13	74	A	-0.351	0.933	7	25
29	3	2025	10	48	36	75	P	1.040	0.938	0	0
21	9	2025	19	43	4	75	P	-1.065	0.855	0	0
17	2	2026	12	13	6	75	A	-0.974	0.963	2	20
12	8	2026	17	47	6	75	T	0.898	1.039	2	18
6	2	2027	16	0	48	76	A	-0.295	0.928	7	51
2	8	2027	10	7	50	76	T	0.142	1.079	6	23
26	1	2028	15	8	59	76	A	0.390	0.921	10	27
22	7	2028	2	56	40	77	T	-0.606	1.056	5	10
14	1	2029	17	13	48	77	P	1.055	0.871	0	0
12	6	2029	4	6	13	77	P	1.294	0.458	0	0
11	7	2029	15	37	19	77	P	-1.419	0.230	0	0
5	12	2029	15	3	58	77	P	-1.061	0.891	0	0
1	6	2030	6	29	13	78	A	0.563	0.944	5	21
25	11	2030	6	51	37	78	T	-0.387	1.047	3	44
21	5	2031	7	16	4	78	A	-0.197	0.959	5	26
14	11	2031	21	7	31	79	H	0.308	1.011	1	8
9	5	2032	13	26	42	79	A	-0.938	0.996	0	22
3	11	2032	5	34	13	79	P	1.064	0.855	0	0
30	3	2033	18	2	36	80	T	0.978	1.046	2	37
23	9	2033	13	54	31	80	P	-1.158	0.689	0	0
20	3	2034	10	18	45	80	T	0.289	1.046	4	9
12	9	2034	16	19	28	81	A	-0.394	0.974	2	58
9	3	2035	23	5	54	81	A	-0.437	0.992	0	48
2	9	2035	1	56	46	81	T	0.373	1.032	2	54
27	2	2036	4	46	49	82	P	-1.194	0.629	0	0
23	7	2036	10	32	6	82	P	-1.425	0.199	0	0
21	8	2036	17	25	45	82	P	1.083	0.862	0	0
16	1	2037	9	48	55	82	P	1.148	0.705	0	0
13	7	2037	2	40	36	83	T	-0.725	1.041	3	58
5	1	2038	13	47	11	83	A	0.417	0.973	3	18
2	7	2038	13	32	55	84	A	0.040	0.991	1	0
26	12	2038	1	0	10	84	T	-0.288	1.027	2	18
21	6	2039	17	12	54	84	A	0.831	0.945	4	5
15	12	2039	16	23	46	85	T	-0.946	1.036	1	51
11	5	2040	3	43	2	85	P	-1.253	0.531	0	0
4	11	2040	19	9	2	85	P	1.099	0.807	0	0

GG	MM	AAAA	HH	MM	SS	DT	TIPO	GAMMA	MAG	DURATA
30	4	2041	11	52	21	86	T	-0.449	1.019	1 51
25	10	2041	1	36	22	86	A	0.413	0.947	6 7
20	4	2042	2	17	30	86	T	0.296	1.061	4 51
14	10	2042	2	0	42	87	A	-0.303	0.930	7 44
9	4	2043	18	57	49	87	T	1.003	1.010	0 0
3	10	2043	3	1	49	88	A	-1.010	0.950	0 0
28	2	2044	20	24	40	88	A	-0.995	0.960	2 27
23	8	2044	1	17	2	88	T	0.961	1.036	2 4
16	2	2045	23	56	7	89	A	-0.312	0.928	7 47
12	8	2045	17	42	39	89	T	0.212	1.077	6 6
5	2	2046	23	6	26	90	A	0.377	0.923	9 42
2	8	2046	10	21	13	90	T	-0.535	1.053	4 51
26	1	2047	1	33	18	90	P	1.045	0.891	0 0
23	6	2047	10	52	31	91	P	1.377	0.313	0 0
22	7	2047	22	36	17	91	P	-1.348	0.360	0 0
16	12	2047	23	50	12	91	P	-1.066	0.882	0 0
11	6	2048	12	58	53	92	A	0.647	0.944	4 58
5	12	2048	15	35	27	92	T	-0.397	1.044	3 28
31	5	2049	13	59	59	92	A	-0.119	0.963	4 45
25	11	2049	5	33	48	93	H	0.294	1.006	0 38
20	5	2050	20	42	50	94	H	-0.869	1.004	0 21
14	11	2050	13	30	53	95	P	1.045	0.887	0 0
11	4	2051	2	10	39	95	P	1.017	0.985	0 0
4	10	2051	21	2	14	96	P	-1.209	0.602	0 0
30	3	2052	18	31	53	97	T	0.324	1.047	4 8
22	9	2052	23	39	10	98	A	-0.448	0.973	2 51
20	3	2053	7	8	19	99	A	-0.409	0.992	0 50
12	9	2053	9	34	9	100	T	0.314	1.033	3 4
9	3	2054	12	33	40	101	P	-1.171	0.668	0 0
3	8	2054	18	4	2	102	P	-1.494	0.066	0 0
2	9	2054	1	9	34	102	P	1.022	0.979	0 0
27	1	2055	17	54	5	103	P	1.155	0.693	0 0
24	7	2055	9	57	50	104	T	-0.801	1.036	3 17
16	1	2056	22	16	45	105	A	0.420	0.976	2 52
12	7	2056	20	21	59	106	A	-0.043	0.988	1 26
5	1	2057	9	47	52	107	T	-0.284	1.029	2 29
1	7	2057	23	40	15	108	A	0.746	0.946	4 23
26	12	2057	1	14	35	109	T	-0.941	1.035	1 50
22	5	2058	10	39	25	110	P	-1.319	0.414	0 0
21	6	2058	0	19	35	110	P	1.487	0.126	0 0
16	11	2058	3	23	7	111	P	1.122	0.764	0 0
11	5	2059	19	22	16	112	T	-0.508	1.024	2 23
5	11	2059	9	18	15	113	A	0.445	0.942	7 0
30	4	2060	10	10	0	114	T	0.242	1.066	5 15
24	10	2060	9	24	10	115	A	-0.263	0.928	8 6
20	4	2061	2	56	49	116	T	0.958	1.048	2 37
13	10	2061	10	32	10	117	A	-0.964	0.947	3 41
11	3	2062	4	26	16	118	P	-1.024	0.933	0 0
3	9	2062	8	54	27	119	P	1.019	0.975	0 0
28	2	2063	7	43	30	120	A	-0.336	0.929	7 41
24	8	2063	1	22	11	121	T	0.277	1.075	5 49
17	2	2064	7	0	23	122	A	0.360	0.926	8 56
12	8	2064	17	46	6	123	T	-0.465	1.050	4 28

14

GG	MM	AAAA	HH	MM	SS	DT	TIPO	GAMMA	MAG	DURATA	
5	2	2065	9	52	26	124	P	1.034	0.912	0	0
3	7	2065	17	33	52	125	P	1.462	0.164	0	0
2	8	2065	5	34	17	125	P	-1.276	0.490	0	0
27	12	2065	8	39	56	126	P	-1.069	0.877	0	0
22	6	2066	19	25	48	127	A	0.733	0.944	4	40
17	12	2066	0	23	40	128	T	-0.404	1.042	3	14
11	6	2067	20	42	26	129	A	-0.039	0.967	4	5
6	12	2067	14	3	43	130	H	0.284	1.001	0	8
31	5	2068	3	56	39	131	T	-0.797	1.011	1	6
24	11	2068	21	32	30	132	P	1.030	0.911	0	0
21	4	2069	10	11	9	133	P	1.062	0.899	0	0
20	5	2069	17	53	18	133	P	-1.485	0.088	0	0
15	10	2069	4	19	56	134	P	-1.252	0.530	0	0
11	4	2070	2	36	9	135	T	0.365	1.047	4	4
4	10	2070	7	8	57	136	A	-0.495	0.973	2	44
31	3	2071	15	1	6	138	A	-0.374	0.992	0	52
23	9	2071	17	20	28	139	T	0.262	1.033	3	11
19	3	2072	20	10	31	140	P	-1.141	0.720	0	0
12	9	2072	8	59	20	141	T	0.966	1.056	3	13
7	2	2073	1	55	59	142	P	1.165	0.677	0	0
3	8	2073	17	15	23	143	T	-0.876	1.029	2	29
27	1	2074	6	44	15	144	A	0.425	0.980	2	21
24	7	2074	3	10	32	145	A	-0.124	0.984	1	57
16	1	2075	18	36	4	146	T	-0.280	1.031	2	42
13	7	2075	6	5	44	147	A	0.658	0.947	4	45
6	1	2076	10	7	27	148	T	-0.937	1.034	1	49
1	6	2076	17	31	22	149	P	-1.390	0.290	0	0
1	7	2076	6	50	43	149	P	1.401	0.275	0	0
26	11	2076	11	43	1	150	P	1.140	0.732	0	0
22	5	2077	2	46	5	151	T	-0.573	1.029	2	54
15	11	2077	17	7	56	152	A	0.470	0.937	7	54
11	5	2078	17	56	55	153	T	0.184	1.070	5	40
4	11	2078	16	55	44	154	A	-0.229	0.925	8	29
1	5	2079	10	50	13	155	T	0.908	1.051	2	55
24	10	2079	18	11	21	156	A	-0.924	0.948	3	39
21	3	2080	12	20	15	157	P	-1.058	0.873	0	0
13	9	2080	16	38	9	158	P	1.072	0.874	0	0
10	3	2081	15	23	31	159	A	-0.365	0.930	7	36
3	9	2081	9	7	31	160	T	0.338	1.072	5	33
27	2	2082	14	47	0	162	A	0.336	0.930	8	12
24	8	2082	1	16	21	163	T	-0.400	1.045	4	1
16	2	2083	18	6	36	164	P	1.017	0.943	0	0
15	7	2083	0	14	23	165	P	1.546	0.017	0	0
13	8	2083	12	34	41	165	P	-1.206	0.615	0	0
7	1	2084	17	30	23	166	P	-1.071	0.872	0	0
3	7	2084	1	50	26	167	A	0.821	0.942	4	25
27	12	2084	9	13	48	168	T	-0.409	1.040	3	4
22	6	2085	3	21	16	169	A	0.045	0.970	3	29
16	12	2085	22	37	48	170	A	0.279	0.997	0	19
11	6	2086	11	7	14	171	T	-0.722	1.017	1	48
6	12	2086	5	38	55	172	P	1.019	0.927	0	0
2	5	2087	18	4	42	173	P	1.114	0.801	0	0
1	6	2087	1	27	14	173	P	-1.419	0.215	0	0

GG	MM	AAAA	HH	MM	SS	DT	TIPO	GAMMA	MAG	DURATA	
26	10	2087	11	46	57	174	P	-1.288	0.470	0	0
21	4	2088	10	31	49	175	T	0.413	1.047	3	58
14	10	2088	14	48	5	177	A	-0.535	0.973	2	38
10	4	2089	22	44	42	178	A	-0.332	0.992	0	53
4	10	2089	1	15	23	179	T	0.217	1.033	3	14
31	3	2090	3	38	8	180	P	-1.103	0.784	0	0
23	9	2090	16	56	36	181	T	0.916	1.056	3	36
18	2	2091	9	54	40	182	P	1.178	0.656	0	0
15	8	2091	0	34	43	183	T	-0.949	1.022	1	38
7	2	2092	15	10	20	184	A	0.432	0.984	1	48
3	8	2092	9	59	33	185	A	-0.204	0.979	2	31
27	1	2093	3	22	16	186	T	-0.274	1.034	2	58
23	7	2093	12	32	4	187	A	0.572	0.946	5	11
16	1	2094	18	59	3	189	T	-0.933	1.034	1	51
13	6	2094	0	22	11	190	P	-1.461	0.162	0	0
12	7	2094	13	24	35	190	P	1.315	0.422	0	0
7	12	2094	20	5	56	191	P	1.155	0.705	0	0
2	6	2095	10	7	40	192	T	-0.640	1.033	3	18
27	11	2095	1	2	57	193	A	0.490	0.933	8	47
22	5	2096	1	37	14	194	T	0.120	1.074	6	7
15	11	2096	0	36	15	195	A	-0.202	0.924	8	53
11	5	2097	18	34	31	196	T	0.852	1.054	3	10
4	11	2097	2	1	25	197	A	-0.893	0.949	3	36
1	4	2098	20	2	31	198	P	-1.101	0.798	0	0
25	9	2098	0	31	16	199	P	1.118	0.787	0	0
24	10	2098	10	36	11	200	P	-1.541	0.006	0	0
21	3	2099	22	54	32	201	A	-0.402	0.932	7	32
14	9	2099	16	57	53	202	T	0.394	1.068	5	18
10	3	2100	22	28	11	203	A	0.308	0.934	7	29
4	9	2100	8	49	20	204	T	-0.338	1.040	3	32
28	2	2101	2	16	26	205	A	0.996	0.961	2	44
24	8	2101	19	37	3	206	P	-1.139	0.734	0	0
19	1	2102	2	21	30	207	P	-1.074	0.868	0	0
15	7	2102	8	15	14	208	A	0.908	0.940	4	14
8	1	2103	18	4	21	210	T	-0.414	1.038	2	57
4	7	2103	10	1	48	211	A	0.129	0.973	2	57
29	12	2103	7	13	18	212	A	0.275	0.994	0	43
22	6	2104	18	16	21	213	T	-0.644	1.023	2	26
17	12	2104	13	48	27	214	A	1.012	0.938	0	0
14	5	2105	1	52	6	215	P	1.171	0.692	0	0
12	6	2105	8	58	11	215	P	-1.349	0.348	0	0
6	11	2105	19	23	2	216	P	-1.317	0.422	0	0
3	5	2106	18	19	20	217	T	0.468	1.047	3	47
26	10	2106	22	37	40	219	A	-0.567	0.973	2	32
23	4	2107	6	18	41	220	A	-0.283	0.992	0	56
16	10	2107	9	18	27	221	T	0.178	1.033	3	16
11	4	2108	10	55	37	222	P	-1.057	0.862	0	0
5	10	2108	1	1	20	223	T	0.872	1.055	3	50
1	3	2109	17	45	53	224	P	1.197	0.624	0	0
26	8	2109	7	57	26	225	P	-1.018	0.967	0	0
18	2	2110	23	31	35	227	A	0.444	0.989	1	12
15	8	2110	16	50	45	228	A	-0.282	0.975	3	7
8	2	2111	12	5	33	229	T	-0.265	1.037	3	17

16

GG	MM	AAAA	HH	MM	SS	DT	TIPO	GAMMA	MAG	DURATA
4	8	2111	19	0	22	230	A	0.487	0.946	5 42
29	1	2112	3	49	52	231	T	-0.929	1.035	1 56
24	6	2112	7	9	53	232	P	-1.536	0.028	0 0
23	7	2112	19	58	32	233	P	1.228	0.573	0 0
19	12	2112	4	33	16	233	P	1.165	0.686	0 0
13	6	2113	17	26	0	235	T	-0.710	1.037	3 36
8	12	2113	9	3	27	236	A	0.505	0.930	9 35
3	6	2114	9	14	9	237	T	0.052	1.077	6 32
27	11	2114	8	24	15	238	A	-0.181	0.922	9 15
24	5	2115	2	13	56	239	T	0.791	1.056	3 24
16	11	2115	9	58	55	241	A	-0.866	0.950	3 32
13	4	2116	3	36	55	242	P	-1.149	0.714	0 0
6	10	2116	8	31	51	243	P	1.159	0.711	0 0
4	11	2116	18	50	9	243	P	-1.510	0.061	0 0
2	4	2117	6	15	20	244	A	-0.446	0.933	7 30
26	9	2117	0	55	42	245	T	0.444	1.065	5 3
22	3	2118	6	0	55	246	A	0.272	0.938	6 50
15	9	2118	16	28	26	248	T	-0.282	1.035	3 4
11	3	2119	10	19	19	249	A	0.969	0.969	2 13
5	9	2119	2	44	27	250	P	-1.077	0.843	0 0
30	1	2120	11	9	56	251	P	-1.079	0.859	0 0
25	7	2120	14	40	2	252	A	0.995	0.934	4 0
19	1	2121	2	54	15	253	T	-0.419	1.037	2 52
14	7	2121	16	42	39	255	A	0.212	0.976	2 32
8	1	2122	15	48	51	256	A	0.271	0.991	1 2
4	7	2122	1	25	31	257	T	-0.565	1.028	2 56
28	12	2122	22	0	56	258	A	1.007	0.945	0 0
25	5	2123	9	33	27	259	P	1.232	0.573	0 0
23	6	2123	16	26	12	259	P	-1.276	0.488	0 0
18	11	2123	3	7	26	260	P	-1.339	0.385	0 0
14	5	2124	1	59	10	262	T	0.529	1.046	3 34
6	11	2124	6	36	34	263	A	-0.592	0.972	2 26
3	5	2125	13	42	33	264	A	-0.226	0.992	0 59
26	10	2125	17	30	49	265	T	0.146	1.033	3 15
22	4	2126	18	4	22	267	A	-1.005	0.951	0 0
16	10	2126	9	12	51	268	T	0.835	1.053	4 0
13	3	2127	1	32	2	269	P	1.221	0.584	0 0
6	9	2127	15	24	17	270	P	-1.082	0.846	0 0
1	3	2128	7	48	32	271	A	0.460	0.994	0 37
25	8	2128	23	44	34	272	A	-0.356	0.969	3 41
18	2	2129	20	44	37	274	T	-0.253	1.041	3 38
15	8	2129	1	33	5	275	A	0.406	0.944	6 15
8	2	2130	12	35	23	276	T	-0.921	1.036	2 3
4	8	2130	2	38	44	277	P	1.146	0.716	0 0
30	12	2130	13	1	34	278	P	1.173	0.671	0 0
25	6	2131	0	43	16	280	T	-0.781	1.039	3 43
19	12	2131	17	6	51	281	A	0.516	0.927	10 14
13	6	2132	16	46	24	282	T	-0.019	1.079	6 55
7	12	2132	16	18	43	283	A	-0.166	0.921	9 33
3	6	2133	9	45	16	285	T	0.725	1.057	3 36
26	11	2133	18	5	55	286	A	-0.847	0.951	3 27
24	4	2134	10	59	59	287	P	-1.205	0.615	0 0
23	5	2134	23	1	18	287	P	1.528	0.031	0 0

GG	MM	AAAA	HH	MM	SS	DT	TIPO	GAMMA	MAG	DURATA	
17	10	2134	16	40	42	288	P	1.193	0.646	0	0
16	11	2134	3	12	8	288	P	-1.486	0.106	0	0
13	4	2135	13	27	5	289	A	-0.497	0.935	7	30
7	10	2135	9	0	3	291	T	0.488	1.060	4	50
1	4	2136	13	26	19	292	A	0.230	0.943	6	14
26	9	2136	0	12	14	293	T	-0.231	1.029	2	34
21	3	2137	18	16	38	294	A	0.937	0.977	1	40
15	9	2137	9	56	34	296	P	-1.018	0.944	0	0
9	2	2138	19	55	23	297	P	-1.087	0.845	0	0
5	8	2138	21	8	57	298	P	1.078	0.829	0	0
30	1	2139	11	42	25	299	T	-0.425	1.036	2	49
25	7	2139	23	26	33	300	A	0.295	0.978	2	13
20	1	2140	0	23	11	302	A	0.268	0.988	1	17
14	7	2140	8	36	11	303	T	-0.486	1.032	3	18
8	1	2141	6	12	38	304	A	1.002	0.952	0	0
4	6	2141	17	9	59	305	P	1.298	0.446	0	0
3	7	2141	23	53	38	306	P	-1.203	0.630	0	0
28	11	2141	10	59	33	307	P	-1.355	0.358	0	0
25	5	2142	9	32	37	308	T	0.594	1.045	3	17
17	11	2142	14	43	8	309	A	-0.612	0.973	2	19
14	5	2143	20	58	14	310	A	-0.164	0.991	1	5
7	11	2143	1	51	16	312	T	0.121	1.033	3	14
3	5	2144	1	2	6	313	A	-0.944	0.936	6	9
26	10	2144	17	32	40	314	T	0.804	1.051	4	5
23	3	2145	9	9	38	315	P	1.252	0.531	0	0
16	9	2145	22	57	10	317	P	-1.141	0.737	0	0
16	10	2145	9	11	28	317	P	1.519	0.036	0	0
12	3	2146	15	58	15	318	A	0.482	1.000	0	3
6	9	2146	6	44	0	319	A	-0.425	0.964	4	13
2	3	2147	5	18	54	320	T	-0.236	1.045	4	2
26	8	2147	8	9	15	322	A	0.327	0.943	6	49
19	2	2148	21	18	0	323	T	-0.911	1.037	2	13
14	8	2148	9	22	21	324	P	1.065	0.856	0	0
9	1	2149	21	30	38	325	P	1.180	0.657	0	0
5	7	2149	7	59	34	327	T	-0.854	1.041	3	38
30	12	2149	1	13	4	328	A	0.525	0.924	10	42
25	6	2150	0	17	25	329	T	-0.091	1.080	7	14
19	12	2150	0	17	2	330	A	-0.153	0.921	9	46
14	6	2151	17	13	45	331	T	0.656	1.057	3	48
8	12	2151	2	18	31	332	A	-0.832	0.953	3	22
4	5	2152	18	14	2	333	P	-1.268	0.504	0	0
3	6	2152	6	11	19	333	P	1.464	0.148	0	0
28	10	2152	0	57	34	334	P	1.221	0.593	0	0
26	11	2152	11	41	8	334	P	-1.466	0.141	0	0
23	4	2153	20	29	24	335	A	-0.556	0.936	7	31
17	10	2153	17	12	18	336	T	0.526	1.056	4	36
12	4	2154	20	43	1	337	A	0.179	0.948	5	42
7	10	2154	8	3	50	338	T	-0.187	1.023	2	5
2	4	2155	2	6	34	339	A	0.897	0.984	1	7
26	9	2155	17	14	27	340	A	-0.965	0.959	2	55
21	2	2156	4	36	2	341	P	-1.099	0.823	0	0
16	8	2156	3	41	28	342	P	1.158	0.691	0	0
9	2	2157	20	25	36	343	T	-0.436	1.036	2	49

18

GG	MM	AAAA	HH	MM	SS	DT	TIPO	GAMMA	MAG	DURATA
5	8	2157	6	14	20	344	A	0.374	0.979	1 59
30	1	2158	8	54	37	345	A	0.262	0.986	1 27
25	7	2158	15	49	17	346	T	-0.409	1.036	3 32
19	1	2159	14	23	27	347	A	0.997	0.960	0 0
16	6	2159	0	42	44	348	P	1.367	0.312	0 0
15	7	2159	7	20	50	348	P	-1.129	0.774	0 0
9	12	2159	18	58	33	349	P	-1.366	0.339	0 0
4	6	2160	16	58	36	350	T	0.664	1.043	2 58
27	11	2160	22	58	32	351	A	-0.625	0.973	2 12
25	5	2161	4	5	43	352	A	-0.095	0.990	1 12
17	11	2161	10	19	30	353	T	0.101	1.032	3 13
14	5	2162	7	52	46	355	A	-0.877	0.940	6 37
7	11	2162	1	59	40	356	T	0.779	1.049	4 5
3	4	2163	16	41	51	356	P	1.288	0.470	0 0
28	9	2163	6	34	34	358	P	-1.194	0.638	0 0
27	10	2163	17	20	52	358	P	1.492	0.089	0 0
23	3	2164	0	2	47	359	H	0.509	1.005	0 29
16	9	2164	13	48	20	360	A	-0.488	0.958	4 42
12	3	2165	13	45	50	361	T	-0.213	1.050	4 27
5	9	2165	14	52	45	362	A	0.255	0.941	7 22
2	3	2166	5	53	21	363	T	-0.896	1.039	2 26
25	8	2166	16	13	35	364	A	0.990	0.953	3 0
21	1	2167	5	56	25	365	P	1.189	0.641	0 0
16	7	2167	15	17	48	366	T	-0.926	1.041	3 19
10	1	2168	9	19	3	367	A	0.534	0.923	10 55
5	7	2168	7	45	23	368	T	-0.166	1.081	7 26
29	12	2168	8	19	33	369	A	-0.144	0.921	9 52
25	6	2169	0	37	9	370	T	0.584	1.056	3 58
18	12	2169	10	37	7	371	A	-0.821	0.954	3 15
16	5	2170	1	18	33	372	P	-1.337	0.383	0 0
14	6	2170	13	15	11	372	P	1.396	0.272	0 0
8	11	2170	9	23	7	373	P	1.243	0.552	0 0
7	12	2170	20	17	8	373	P	-1.453	0.165	0 0
5	5	2171	3	23	15	374	A	-0.621	0.938	7 32
29	10	2171	1	31	3	375	T	0.558	1.052	4 23
23	4	2172	3	53	15	377	A	0.123	0.953	5 12
17	10	2172	16	1	36	378	H	-0.148	1.017	1 34
12	4	2173	9	49	40	379	A	0.852	0.992	0 35
7	10	2173	0	39	14	380	A	-0.919	0.956	3 17
3	3	2174	13	11	54	381	P	-1.116	0.792	0 0
1	4	2174	22	39	9	381	P	1.511	0.047	0 0
27	8	2174	10	19	55	382	P	1.234	0.563	0 0
21	2	2175	5	4	24	383	T	-0.450	1.036	2 50
16	8	2175	13	8	17	384	A	0.450	0.980	1 50
10	2	2176	17	21	21	385	A	0.253	0.985	1 34
4	8	2176	23	5	55	386	T	-0.333	1.038	3 40
29	1	2177	22	30	30	387	A	0.990	0.921	6 55
26	6	2177	8	13	28	388	P	1.437	0.176	0 0
25	7	2177	14	50	33	388	P	-1.056	0.915	0 0
20	12	2177	3	1	35	389	P	-1.375	0.325	0 0
16	6	2178	0	20	42	391	T	0.738	1.040	2 36
9	12	2178	7	20	3	392	A	-0.634	0.975	2 3
5	6	2179	11	5	36	393	A	-0.021	0.988	1 21

GG	MM	AAAA	HH	MM	SS	DT	TIPO	GAMMA	MAG	DURATA	
28	11	2179	18	54	18	394	T	0.087	1.032	3	12
24	5	2180	14	34	28	395	A	-0.803	0.942	6	59
17	11	2180	10	34	1	396	T	0.760	1.046	4	3
14	4	2181	0	4	5	397	P	1.332	0.393	0	0
13	5	2181	14	55	43	397	P	-1.532	0.051	0	0
8	10	2181	14	19	36	398	P	-1.241	0.553	0	0
7	11	2181	1	38	23	398	P	1.472	0.128	0	0
3	4	2182	7	59	43	399	H	0.544	1.011	0	58
27	9	2182	20	58	45	400	A	-0.546	0.953	5	5
23	3	2183	22	6	49	402	T	-0.185	1.054	4	54
16	9	2183	21	42	37	403	A	0.188	0.938	7	53
12	3	2184	14	22	32	404	T	-0.875	1.041	2	43
4	9	2184	23	11	0	405	A	0.918	0.958	3	12
31	1	2185	14	20	20	406	P	1.199	0.624	0	0
26	7	2185	22	38	16	407	T	-0.997	1.037	2	27
20	1	2186	17	23	44	408	A	0.543	0.922	10	53
16	7	2186	15	14	54	409	T	-0.240	1.081	7	29
9	1	2187	16	23	41	410	A	-0.137	0.922	9	51
6	7	2187	7	58	31	412	T	0.511	1.055	4	6
29	12	2187	18	59	3	413	A	-0.813	0.957	3	7
26	5	2188	8	15	53	414	P	-1.411	0.254	0	0
24	6	2188	20	14	39	414	P	1.325	0.401	0	0
18	11	2188	17	55	25	415	P	1.259	0.521	0	0
18	12	2188	4	56	59	415	P	-1.442	0.185	0	0
15	5	2189	10	8	34	416	A	-0.693	0.939	7	31
8	11	2189	9	57	28	417	T	0.583	1.047	4	10
4	5	2190	10	56	30	418	A	0.061	0.958	4	45
29	10	2190	0	5	50	419	H	-0.116	1.012	1	4
23	4	2191	17	26	6	420	A	0.799	0.999	0	3
18	10	2191	8	11	12	422	A	-0.878	0.952	3	39
13	3	2192	21	40	0	423	P	-1.139	0.749	0	0
12	4	2192	6	41	56	423	P	1.468	0.126	0	0
6	9	2192	17	5	8	424	P	1.303	0.444	0	0
3	3	2193	13	36	8	425	T	-0.469	1.036	2	53
26	8	2193	20	9	20	426	A	0.520	0.981	1	45
21	2	2194	1	41	31	427	A	0.240	0.984	1	38
16	8	2194	6	28	8	428	T	-0.262	1.040	3	44
10	2	2195	6	34	27	430	A	0.980	0.922	6	52
7	7	2195	15	41	21	430	P	1.510	0.035	0	0
5	8	2195	22	21	3	431	T	-0.984	1.062	4	3
31	12	2195	11	9	22	432	P	-1.380	0.317	0	0
26	6	2196	7	37	40	433	T	0.815	1.036	2	12
19	12	2196	15	47	9	434	A	-0.639	0.976	1	53
15	6	2197	17	59	33	435	A	0.057	0.986	1	32
9	12	2197	3	35	7	436	T	0.077	1.033	3	13
4	6	2198	21	11	35	437	A	-0.726	0.944	7	13
28	11	2198	19	12	46	439	T	0.746	1.044	3	58
25	4	2199	7	21	51	440	P	1.380	0.308	0	0
24	5	2199	21	42	7	440	P	-1.460	0.174	0	0
19	10	2199	22	10	26	441	P	-1.282	0.479	0	0
18	11	2199	10	1	1	441	P	1.456	0.158	0	0
14	4	2200	15	49	57	442	T	0.585	1.016	1	23
9	10	2200	4	16	21	443	A	-0.597	0.947	5	25

GG	MM	AAAA	HH	MM	SS	DT	TIPO	GAMMA	MAG	DURATA	
4	4	2201	6	19	57	444	T	-0.149	1.058	5	20
28	9	2201	4	41	51	446	A	0.128	0.936	8	21
24	3	2202	22	42	58	447	T	-0.848	1.043	3	3
17	9	2202	6	18	53	448	A	0.855	0.960	3	24
12	2	2203	22	38	35	449	P	1.213	0.600	0	0
8	8	2203	6	1	56	450	P	-1.065	0.890	0	0
6	9	2203	14	50	23	450	P	1.537	0.007	0	0
2	2	2204	1	25	26	451	A	0.553	0.922	10	38
27	7	2204	22	44	32	452	T	-0.313	1.079	7	22
21	1	2205	0	27	32	454	A	-0.128	0.924	9	42
17	7	2205	15	18	0	455	T	0.437	1.052	4	10
10	1	2206	3	24	8	456	A	-0.806	0.959	2	57
7	6	2206	15	5	59	457	P	-1.489	0.117	0	0
7	7	2206	3	10	26	457	P	1.252	0.533	0	0
1	12	2206	2	33	55	458	P	1.271	0.498	0	0
30	12	2206	13	40	30	458	P	-1.434	0.200	0	0
27	5	2207	16	47	47	459	A	-0.769	0.939	7	25
20	11	2207	18	30	26	461	T	0.603	1.043	3	56
15	5	2208	17	53	6	462	A	-0.008	0.963	4	19
9	11	2208	8	17	12	463	H	-0.090	1.006	0	34
5	5	2209	0	56	53	464	H	0.741	1.006	0	28
29	10	2209	15	50	20	465	A	-0.845	0.947	4	2
26	3	2210	6	1	57	466	P	-1.168	0.695	0	0
24	4	2210	14	39	19	467	P	1.420	0.215	0	0
18	9	2210	23	59	9	468	P	1.366	0.338	0	0
15	3	2211	22	1	40	469	T	-0.493	1.037	2	57
8	9	2211	3	17	18	470	A	0.585	0.981	1	43
4	3	2212	9	55	0	471	A	0.221	0.983	1	40
27	8	2212	13	56	17	473	T	-0.194	1.042	3	45
21	2	2213	14	30	14	474	A	0.964	0.923	6	44
17	8	2213	5	56	32	475	T	-0.916	1.065	4	35
11	1	2214	19	17	52	476	P	-1.385	0.308	0	0
8	7	2214	14	52	45	477	T	0.892	1.030	1	46
1	1	2215	0	16	36	478	A	-0.643	0.978	1	41
28	6	2215	0	48	45	480	A	0.139	0.984	1	44
21	12	2215	12	20	8	481	T	0.070	1.034	3	14
16	6	2216	3	41	4	482	A	-0.642	0.946	7	20
10	12	2216	3	57	52	483	T	0.737	1.042	3	51
6	5	2217	14	31	15	484	P	1.435	0.210	0	0
5	6	2217	4	22	21	485	P	-1.381	0.309	0	0
31	10	2217	6	8	54	486	P	-1.316	0.418	0	0
29	11	2217	18	29	51	486	P	1.446	0.178	0	0
25	4	2218	23	33	14	487	T	0.632	1.022	1	43
20	10	2218	11	41	56	488	A	-0.641	0.942	5	41
15	4	2219	14	26	33	489	T	-0.109	1.063	5	45
9	10	2219	11	48	35	491	A	0.074	0.934	8	46
4	4	2220	6	56	42	492	T	-0.816	1.045	3	25
27	9	2220	13	35	7	493	A	0.797	0.961	3	36
23	2	2221	6	50	48	494	P	1.230	0.569	0	0
18	8	2221	13	30	39	495	P	-1.129	0.767	0	0
16	9	2221	22	25	15	495	P	1.478	0.117	0	0
12	2	2222	9	23	18	497	A	0.567	0.922	10	14
8	8	2222	6	17	5	498	T	-0.384	1.077	7	6

GG	MM	AAAA	HH	MM	SS	DT	TIPO	GAMMA	MAG	DURATA	
1	2	2223	8	29	43	499	A	-0.118	0.926	9	26
28	7	2223	22	38	3	500	T	0.364	1.050	4	9
21	1	2224	11	48	53	502	A	-0.798	0.963	2	46
17	7	2224	10	3	58	503	P	1.177	0.668	0	0
11	12	2224	11	17	51	504	P	1.279	0.483	0	0
9	1	2225	22	25	24	504	P	-1.426	0.212	0	0
6	6	2225	23	21	31	505	A	-0.850	0.939	7	10
1	12	2225	3	8	36	506	T	0.618	1.040	3	43
27	5	2226	0	45	11	508	A	-0.081	0.967	3	55
20	11	2226	16	34	56	509	H	-0.071	1.000	0	3
16	5	2227	8	21	32	510	T	0.677	1.014	0	59
9	11	2227	23	36	42	511	A	-0.817	0.943	4	24
5	4	2228	14	15	36	512	P	-1.204	0.628	0	0
4	5	2228	22	28	44	513	P	1.366	0.317	0	0
29	9	2228	7	2	8	514	P	1.421	0.244	0	0
29	10	2228	0	15	43	514	P	-1.541	0.048	0	0
26	3	2229	6	17	35	515	T	-0.525	1.037	3	2
18	9	2229	10	34	51	516	A	0.644	0.981	1	44
15	3	2230	18	0	26	517	A	0.196	0.983	1	40
7	9	2230	21	30	39	519	T	-0.131	1.042	3	44
4	3	2231	22	20	24	520	A	0.943	0.925	6	32
28	8	2231	13	35	31	521	T	-0.851	1.066	4	43
23	1	2232	3	27	39	522	P	-1.389	0.300	0	0
18	7	2232	22	4	56	524	T	0.972	1.023	1	14
11	1	2233	8	49	17	525	A	-0.645	0.981	1	28
8	7	2233	7	35	24	526	A	0.222	0.981	1	59
31	12	2233	21	7	37	527	T	0.065	1.035	3	18
27	6	2234	10	9	34	529	A	-0.557	0.947	7	18
21	12	2234	12	46	2	530	T	0.730	1.040	3	42
17	5	2235	21	36	41	531	P	1.495	0.104	0	0
16	6	2235	11	0	36	531	P	-1.299	0.450	0	0
11	11	2235	14	13	8	532	P	-1.344	0.368	0	0
11	12	2235	3	2	34	533	P	1.440	0.191	0	0
6	5	2236	7	11	3	534	T	0.685	1.027	1	59
30	10	2236	19	15	15	535	A	-0.678	0.936	5	54
25	4	2237	22	25	4	536	T	-0.061	1.067	6	5
19	10	2237	19	6	4	538	A	0.029	0.932	9	7
15	4	2238	15	1	45	539	T	-0.777	1.048	3	49
8	10	2238	21	1	18	540	A	0.746	0.962	3	47
6	3	2239	14	54	58	541	P	1.254	0.528	0	0
29	8	2239	21	5	15	543	P	-1.190	0.653	0	0
28	9	2239	6	9	2	543	P	1.424	0.216	0	0
23	2	2240	17	14	11	544	A	0.586	0.923	9	41
18	8	2240	13	52	25	545	T	-0.452	1.075	6	40
11	2	2241	16	28	39	546	A	-0.105	0.929	9	4
8	8	2241	5	59	21	548	T	0.292	1.046	4	2
31	1	2242	20	12	58	549	A	-0.789	0.967	2	31
28	7	2242	16	57	12	550	P	1.102	0.800	0	0
22	12	2242	20	6	40	551	P	1.284	0.475	0	0
21	1	2243	7	11	45	552	P	-1.420	0.224	0	0
18	6	2243	5	49	56	553	A	-0.934	0.938	6	41
12	12	2243	11	52	14	554	T	0.628	1.036	3	30
6	6	2244	7	33	12	555	A	-0.158	0.971	3	31

GG	MM	AAAA	HH	MM	SS	DT	TIPO	GAMMA	MAG	DURATA	
1	12	2244	0	58	17	557	A	-0.057	0.996	0	27
26	5	2245	15	42	4	558	T	0.609	1.020	1	30
20	11	2245	7	29	36	559	A	-0.795	0.939	4	45
16	4	2246	22	23	24	560	P	-1.244	0.550	0	0
16	5	2246	6	14	10	561	P	1.308	0.428	0	0
10	10	2246	14	13	18	562	P	1.470	0.162	0	0
9	11	2246	7	47	3	562	P	-1.508	0.104	0	0
6	4	2247	14	26	51	563	T	-0.562	1.037	3	7
29	9	2247	18	1	5	564	A	0.696	0.980	1	47
26	3	2248	1	56	1	566	A	0.164	0.983	1	41
18	9	2248	5	13	7	567	T	-0.074	1.043	3	42
15	3	2249	6	0	45	568	A	0.915	0.927	6	18
7	9	2249	21	21	29	570	T	-0.791	1.066	4	42
2	2	2250	11	34	6	571	P	-1.397	0.286	0	0
30	7	2250	5	18	25	572	P	1.049	0.911	0	0
28	8	2250	13	51	18	572	P	-1.528	0.012	0	0
22	1	2251	17	21	41	573	A	-0.648	0.984	1	12
19	7	2251	14	18	46	575	A	0.306	0.977	2	16
12	1	2252	5	57	5	576	T	0.061	1.036	3	23
7	7	2252	16	34	12	577	A	-0.469	0.947	7	10
31	12	2252	21	37	6	579	T	0.726	1.039	3	34
26	6	2253	17	36	11	580	P	-1.214	0.598	0	0
21	11	2253	22	24	38	581	P	-1.367	0.330	0	0
21	12	2253	11	39	39	582	P	1.437	0.197	0	0
17	5	2254	14	43	39	583	T	0.743	1.032	2	9
11	11	2254	2	55	16	584	A	-0.709	0.932	6	5
7	5	2255	6	18	6	585	T	-0.008	1.071	6	22
31	10	2255	2	32	4	587	A	-0.009	0.929	9	24
25	4	2256	22	58	35	588	T	-0.732	1.050	4	14
19	10	2256	4	37	31	589	A	0.703	0.962	3	59
16	3	2257	22	51	29	590	P	1.283	0.477	0	0
15	4	2257	12	5	15	591	P	-1.512	0.063	0	0
9	9	2257	4	46	44	592	P	-1.245	0.548	0	0
8	10	2257	14	1	32	592	P	1.377	0.303	0	0
6	3	2258	0	58	23	593	A	0.610	0.924	9	4
29	8	2258	21	33	5	595	T	-0.516	1.071	6	9
23	2	2259	0	23	41	596	A	-0.087	0.933	8	36
19	8	2259	13	22	17	597	T	0.223	1.041	3	49
12	2	2260	4	34	24	599	A	-0.778	0.971	2	15
7	8	2260	23	51	13	600	P	1.029	0.929	0	0
2	1	2261	4	56	54	601	P	1.287	0.468	0	0
31	1	2261	15	55	0	601	P	-1.411	0.240	0	0
28	6	2261	12	16	28	603	P	-1.020	0.928	0	0
22	12	2261	20	38	50	604	T	0.636	1.034	3	17
17	6	2262	14	19	15	605	A	-0.238	0.975	3	8
12	12	2262	9	25	2	607	A	-0.046	0.991	0	56
6	6	2263	22	58	57	608	T	0.537	1.026	2	1
1	12	2263	15	28	45	609	A	-0.779	0.935	5	6
27	4	2264	6	21	41	611	P	-1.293	0.456	0	0
26	5	2264	13	52	7	611	P	1.243	0.553	0	0
20	10	2264	21	35	23	612	P	1.511	0.093	0	0
19	11	2264	15	28	13	612	P	-1.483	0.146	0	0
16	4	2265	22	26	19	613	T	-0.607	1.037	3	11

GG	MM	AAAA	HH	MM	SS	DT	TIPO	GAMMA	MAG	DURATA
10	10	2265	1	37	34	615	A	0.740	0.980	1 51
6	4	2266	9	42	37	616	A	0.126	0.983	1 42
29	9	2266	13	3	57	617	T	-0.023	1.042	3 40
26	3	2267	13	33	45	619	A	0.881	0.929	6 3
19	9	2267	5	12	14	620	T	-0.735	1.064	4 34
13	2	2268	19	39	32	621	P	-1.406	0.270	0 0
9	8	2268	12	32	5	623	P	1.125	0.768	0 0
7	9	2268	21	27	53	623	P	-1.472	0.119	0 0
2	2	2269	1	53	6	624	A	-0.653	0.988	0 54
29	7	2269	21	3	4	625	A	0.389	0.973	2 35
22	1	2270	14	46	29	627	T	0.056	1.038	3 29
18	7	2270	22	59	54	628	A	-0.381	0.947	6 57
12	1	2271	6	28	8	630	T	0.722	1.038	3 25
8	7	2271	0	13	2	631	P	-1.128	0.747	0 0
3	12	2271	6	40	47	632	P	-1.384	0.300	0 0
1	1	2272	20	17	51	632	P	1.437	0.200	0 0
27	5	2272	22	11	12	634	T	0.805	1.035	2 14
21	11	2272	10	42	52	635	A	-0.733	0.927	6 15
17	5	2273	14	4	31	636	T	0.051	1.074	6 31
10	11	2273	10	7	17	638	A	-0.040	0.928	9 34
7	5	2274	6	47	37	639	T	-0.680	1.051	4 37
30	10	2274	12	24	18	641	A	0.667	0.963	4 8
28	3	2275	6	37	50	642	P	1.320	0.413	0 0
26	4	2275	19	41	41	642	P	-1.468	0.142	0 0
20	9	2275	12	34	54	643	P	-1.295	0.453	0 0
19	10	2275	22	3	12	643	P	1.336	0.379	0 0
16	3	2276	8	34	2	645	A	0.641	0.925	8 23
9	9	2276	5	18	47	646	T	-0.576	1.067	5 33
5	3	2277	8	11	55	647	A	-0.065	0.937	8 4
29	8	2277	20	49	11	649	T	0.157	1.036	3 28
22	2	2278	12	52	48	650	A	-0.763	0.976	1 54
19	8	2278	6	46	23	652	A	0.957	0.971	1 53
13	1	2279	13	49	6	653	P	1.290	0.463	0 0
12	2	2279	0	37	5	653	P	-1.400	0.258	0 0
9	7	2279	18	41	13	654	P	-1.107	0.780	0 0
3	1	2280	5	28	11	656	T	0.641	1.031	3 4
27	6	2280	21	3	21	657	A	-0.320	0.978	2 45
22	12	2280	17	55	44	659	A	-0.039	0.987	1 23
17	6	2281	6	14	41	660	T	0.462	1.032	2 32
11	12	2281	23	31	24	661	A	-0.767	0.932	5 26
8	5	2282	14	15	16	663	P	-1.346	0.354	0 0
6	6	2282	21	28	19	663	P	1.176	0.681	0 0
1	11	2282	5	6	24	664	P	1.545	0.037	0 0
30	11	2282	23	15	23	664	P	-1.462	0.181	0 0
28	4	2283	6	18	21	666	T	-0.658	1.037	3 13
21	10	2283	9	23	11	667	A	0.778	0.979	1 56
16	4	2284	17	19	22	668	A	0.079	0.983	1 45
9	10	2284	21	3	48	670	T	0.021	1.042	3 39
5	4	2285	20	55	23	671	A	0.838	0.931	5 50
29	9	2285	13	11	38	673	T	-0.686	1.062	4 24
24	2	2286	3	39	23	674	P	-1.420	0.245	0 0
25	3	2286	20	37	48	674	P	1.539	0.047	0 0
20	8	2286	19	48	22	675	P	1.199	0.632	0 0

GG	MM	AAAA	HH	MM	SS	DT	TIPO	GAMMA	MAG	DURATA	
19	9	2286	5	10	4	676	P	-1.421	0.217	0	0
13	2	2287	10	21	25	677	A	-0.661	0.993	0	35
10	8	2287	3	47	42	678	A	0.471	0.969	2	56
2	2	2288	23	33	47	680	T	0.049	1.041	3	39
29	7	2288	5	25	23	681	A	-0.293	0.947	6	46
22	1	2289	15	19	25	683	T	0.718	1.037	3	18
18	7	2289	6	50	58	684	P	-1.043	0.898	0	0
13	12	2289	15	1	18	685	P	-1.398	0.277	0	0
12	1	2290	4	56	33	686	P	1.437	0.201	0	0
8	6	2290	5	35	49	687	T	0.871	1.038	2	14
2	12	2290	18	36	41	688	A	-0.751	0.924	6	23
28	5	2291	21	45	28	690	T	0.115	1.076	6	34
21	11	2291	17	50	53	691	A	-0.064	0.926	9	41
17	5	2292	14	29	33	693	T	-0.622	1.052	4	57
9	11	2292	20	20	7	694	A	0.638	0.964	4	14
7	4	2293	14	14	55	695	P	1.363	0.338	0	0
7	5	2293	3	9	47	696	P	-1.419	0.232	0	0
30	9	2293	20	31	27	697	P	-1.339	0.370	0	0
30	10	2293	6	13	45	697	P	1.302	0.442	0	0
27	3	2294	16	2	23	698	A	0.678	0.927	7	42
20	9	2294	13	9	58	700	T	-0.630	1.063	4	56
16	3	2295	15	54	34	701	A	-0.036	0.941	7	29
10	9	2295	4	20	19	703	T	0.096	1.031	3	1
4	3	2296	21	4	46	704	A	-0.742	0.982	1	31
29	8	2296	13	45	40	706	A	0.889	0.969	2	20
23	1	2297	22	39	47	707	P	1.294	0.455	0	0
22	2	2297	9	13	31	707	P	-1.385	0.285	0	0
20	7	2297	1	7	47	708	P	-1.192	0.635	0	0
13	1	2298	14	16	27	710	T	0.647	1.030	2	52
9	7	2298	3	49	2	711	A	-0.401	0.981	2	23
3	1	2299	2	27	43	713	A	-0.034	0.984	1	47
28	6	2299	13	27	43	714	T	0.385	1.036	3	3
23	12	2299	7	38	42	716	A	-0.758	0.929	5	45
19	5	2300	22	0	39	717	P	-1.405	0.240	0	0
18	6	2300	4	59	29	717	P	1.106	0.819	0	0
12	12	2300	7	9	43	719	P	-1.447	0.207	0	0
9	5	2301	14	0	59	720	T	-0.716	1.035	3	10
1	11	2301	17	19	33	721	A	0.808	0.979	2	1
29	4	2302	0	47	19	723	A	0.026	0.983	1	49
22	10	2302	5	11	16	724	T	0.058	1.041	3	38
18	4	2303	4	9	26	726	A	0.789	0.934	5	38
11	10	2303	21	17	25	727	T	-0.642	1.060	4	12
7	3	2304	11	34	24	729	P	-1.439	0.212	0	0
6	4	2304	4	0	21	729	P	1.496	0.119	0	0
1	9	2304	3	7	40	730	P	1.268	0.504	0	0
30	9	2304	12	58	17	730	P	-1.376	0.303	0	0
24	2	2305	18	46	9	732	A	-0.673	0.997	0	13
21	8	2305	10	35	44	733	A	0.550	0.964	3	21
14	2	2306	8	17	49	735	T	0.039	1.044	3	49
10	8	2306	11	55	10	736	A	-0.208	0.946	6	37
4	2	2307	0	8	1	738	T	0.713	1.037	3	12
30	7	2307	13	31	16	739	A	-0.957	0.960	3	37
25	12	2307	23	24	23	740	P	-1.409	0.259	0	0

GG	MM	AAAA	HH	MM	SS	DT	TIPO	GAMMA	MAG	DURATA	
24	1	2308	13	33	40	741	P	1.436	0.203	0	0
19	6	2308	12	57	53	742	T	0.940	1.040	2	8
14	12	2308	2	34	52	743	A	-0.766	0.921	6	31
9	6	2309	5	21	55	745	T	0.183	1.078	6	30
3	12	2309	1	42	5	746	A	-0.083	0.925	9	40
29	5	2310	22	4	50	748	T	-0.560	1.053	5	10
22	11	2310	4	24	19	749	A	0.615	0.964	4	16
19	4	2311	21	41	49	751	P	1.414	0.250	0	0
19	5	2311	10	28	46	751	P	-1.362	0.335	0	0
13	10	2311	4	36	9	752	P	-1.376	0.298	0	0
11	11	2311	14	33	19	753	P	1.274	0.492	0	0
7	4	2312	23	19	32	754	A	0.723	0.929	7	0
1	10	2312	21	8	26	755	T	-0.678	1.058	4	20
27	3	2313	23	29	31	757	A	-0.001	0.946	6	50
21	9	2313	11	57	0	758	T	0.041	1.025	2	30
17	3	2314	5	11	54	760	A	-0.716	0.988	1	3
10	9	2314	20	49	11	761	A	0.825	0.965	2	54
5	2	2315	7	29	49	763	P	1.299	0.445	0	0
6	3	2315	17	46	20	763	P	-1.367	0.319	0	0
1	8	2315	7	34	32	764	P	-1.276	0.490	0	0
25	1	2316	23	5	17	766	T	0.653	1.028	2	42
20	7	2316	10	36	18	767	A	-0.482	0.983	2	3
14	1	2317	10	59	38	769	A	-0.030	0.981	2	8
9	7	2317	20	42	40	770	T	0.308	1.041	3	32
3	1	2318	15	47	14	772	A	-0.752	0.926	6	2
31	5	2318	5	42	33	773	P	-1.467	0.119	0	0
29	6	2318	12	30	22	773	P	1.034	0.958	0	0
23	12	2318	15	7	26	775	P	-1.435	0.228	0	0
20	5	2319	21	37	23	776	T	-0.779	1.034	3	2
13	11	2319	1	24	39	778	A	0.831	0.978	2	4
9	5	2320	8	4	33	779	A	-0.035	0.982	1	56
1	11	2320	13	28	19	781	T	0.089	1.041	3	38
28	4	2321	11	12	59	783	A	0.732	0.937	5	30
22	10	2321	5	31	18	784	T	-0.606	1.057	4	0
18	3	2322	19	21	51	785	P	-1.464	0.167	0	0
17	4	2322	11	14	23	786	P	1.445	0.204	0	0
12	9	2322	10	32	6	787	P	1.333	0.387	0	0
11	10	2322	20	53	38	787	P	-1.337	0.376	0	0
8	3	2323	3	5	10	788	H	-0.691	1.002	0	11
1	9	2323	17	26	9	790	A	0.625	0.958	3	48
25	2	2324	16	57	32	792	T	0.026	1.048	4	2
20	8	2324	18	28	22	793	A	-0.126	0.945	6	33
14	2	2325	8	52	36	795	T	0.704	1.038	3	8
9	8	2325	20	16	24	796	A	-0.875	0.965	3	24
5	1	2326	7	49	43	798	P	-1.418	0.244	0	0
3	2	2326	22	8	49	798	P	1.434	0.207	0	0
30	6	2326	20	18	36	799	P	1.011	0.993	0	0
25	12	2326	10	36	53	801	A	-0.777	0.918	6	39
20	6	2327	12	55	1	802	T	0.254	1.079	6	21
14	12	2327	9	39	47	804	A	-0.097	0.925	9	34
9	6	2328	5	33	53	805	T	-0.493	1.052	5	16
2	12	2328	12	36	37	807	A	0.597	0.965	4	13
30	4	2329	4	59	58	808	P	1.470	0.151	0	0

GG	MM	AAAA	HH	MM	SS	DT	TIPO	GAMMA	MAG	DURATA	
29	5	2329	17	41	9	809	P	-1.301	0.445	0	0
23	10	2329	12	48	23	810	P	-1.408	0.238	0	0
21	11	2329	22	59	20	810	P	1.252	0.533	0	0
19	4	2330	6	29	25	811	A	0.774	0.930	6	19
13	10	2330	5	13	41	813	T	-0.721	1.053	3	46
8	4	2331	6	57	9	815	A	0.041	0.951	6	7
2	10	2331	19	39	16	816	T	-0.010	1.019	1	55
27	3	2332	13	11	34	818	A	-0.683	0.994	0	30
21	9	2332	3	59	10	819	A	0.767	0.961	3	34
15	2	2333	16	14	20	821	P	1.309	0.427	0	0
17	3	2333	2	10	53	821	P	-1.342	0.365	0	0
11	8	2333	14	6	48	822	P	-1.356	0.353	0	0
10	9	2333	5	42	0	823	P	1.530	0.059	0	0
5	2	2334	7	50	29	824	T	0.660	1.027	2	33
31	7	2334	17	26	33	825	A	-0.561	0.985	1	45
25	1	2335	19	29	43	827	A	-0.025	0.978	2	25
21	7	2335	3	57	49	829	T	0.231	1.044	3	58
14	1	2336	23	56	42	830	A	-0.746	0.925	6	19
9	7	2336	19	58	22	832	T	0.960	1.066	3	17
2	1	2337	23	9	44	833	P	-1.425	0.243	0	0
31	5	2337	5	5	56	835	T	-0.847	1.031	2	46
23	11	2337	9	37	55	836	A	0.849	0.979	2	5
20	5	2338	15	14	20	838	A	-0.101	0.981	2	7
12	11	2338	21	52	54	840	T	0.113	1.040	3	38
9	5	2339	18	8	4	841	A	0.667	0.939	5	24
2	11	2339	13	51	50	843	T	-0.575	1.054	3	47
29	3	2340	3	3	37	844	P	-1.494	0.113	0	0
27	4	2340	18	21	33	844	P	1.387	0.300	0	0
22	9	2340	18	1	34	846	P	1.393	0.279	0	0
22	10	2340	4	55	28	846	P	-1.304	0.439	0	0
18	3	2341	11	18	20	847	H	-0.714	1.008	0	36
12	9	2341	0	22	47	849	A	0.695	0.953	4	19
8	3	2342	1	32	14	851	T	0.007	1.051	4	16
1	9	2342	1	6	55	852	A	-0.048	0.943	6	34
25	2	2343	17	32	18	854	T	0.691	1.038	3	6
21	8	2343	3	7	5	855	A	-0.796	0.968	3	9
16	1	2344	16	13	41	857	P	-1.427	0.229	0	0
15	2	2344	6	37	58	857	P	1.428	0.218	0	0
11	7	2344	3	39	15	858	P	1.082	0.859	0	0
9	8	2344	11	59	5	859	P	-1.497	0.079	0	0
4	1	2345	18	40	23	860	A	-0.787	0.916	6	45
30	6	2345	20	26	17	862	T	0.327	1.080	6	7
24	12	2345	17	41	4	863	A	-0.108	0.925	9	21
20	6	2346	12	58	44	865	T	-0.422	1.052	5	12
13	12	2346	20	55	36	867	A	0.585	0.967	4	4
11	5	2347	12	7	8	868	P	1.535	0.039	0	0
10	6	2347	0	44	42	868	P	-1.233	0.567	0	0
3	11	2347	21	9	19	870	P	-1.434	0.190	0	0
3	12	2347	7	33	33	870	P	1.236	0.564	0	0
29	4	2348	13	29	0	871	A	0.834	0.931	5	40
23	10	2348	13	26	56	873	T	-0.756	1.048	3	14
18	4	2349	14	16	52	874	A	0.090	0.956	5	23
13	10	2349	3	28	54	876	H	-0.053	1.013	1	18

27

GG	MM	AAAA	HH	MM	SS	DT	TIPO	GAMMA	MAG	DURATA	
7	4	2350	21	6	3	878	H	-0.645	1.001	0	6
2	10	2350	11	14	7	879	A	0.713	0.957	4	22
27	2	2351	0	56	12	881	P	1.321	0.404	0	0
28	3	2351	10	30	57	881	P	-1.313	0.419	0	0
22	8	2351	20	42	47	882	P	-1.432	0.223	0	0
21	9	2351	12	33	27	883	P	1.466	0.168	0	0
16	2	2352	16	32	6	884	T	0.671	1.027	2	25
11	8	2352	0	21	35	886	A	-0.637	0.986	1	32
5	2	2353	3	56	55	887	A	-0.018	0.977	2	38
31	7	2353	11	17	6	889	T	0.156	1.047	4	20
25	1	2354	8	3	20	891	A	-0.739	0.924	6	35
21	7	2354	3	28	22	892	T	0.887	1.070	3	51
14	1	2355	7	12	20	894	P	-1.416	0.259	0	0
11	6	2355	12	28	18	895	T	-0.920	1.027	2	18
4	12	2355	17	58	37	897	A	0.861	0.979	2	2
30	5	2356	22	15	18	899	A	-0.173	0.980	2	21
23	11	2356	6	24	55	900	T	0.132	1.039	3	40
20	5	2357	0	54	23	902	A	0.596	0.942	5	24
12	11	2357	22	20	23	904	T	-0.551	1.050	3	35
9	4	2358	10	37	39	905	P	-1.531	0.047	0	0
9	5	2358	1	21	14	905	P	1.323	0.410	0	0
4	10	2358	1	36	39	907	P	1.446	0.183	0	0
2	11	2358	13	4	0	907	P	-1.276	0.489	0	0
29	3	2359	19	24	46	908	T	-0.743	1.013	1	2
23	9	2359	7	24	42	910	A	0.759	0.947	4	53
18	3	2360	9	59	22	912	T	-0.018	1.055	4	33
11	9	2360	7	52	25	913	A	0.024	0.942	6	41
8	3	2361	2	5	56	915	T	0.674	1.040	3	6
31	8	2361	10	4	30	917	A	-0.721	0.970	2	54
27	1	2362	0	36	0	918	P	-1.437	0.212	0	0
25	2	2362	15	2	3	918	P	1.419	0.234	0	0
22	7	2362	11	1	14	920	P	1.152	0.726	0	0
20	8	2362	19	18	10	920	P	-1.424	0.215	0	0
16	1	2363	2	45	7	922	A	-0.795	0.915	6	52
12	7	2363	3	55	3	923	T	0.401	1.079	5	51
5	1	2364	1	46	48	925	A	-0.116	0.926	9	3
30	6	2364	20	19	48	927	T	-0.349	1.050	5	0
24	12	2364	5	18	59	928	A	0.575	0.968	3	48
20	6	2365	7	44	13	930	P	-1.162	0.694	0	0
14	11	2365	5	37	33	931	P	-1.454	0.153	0	0
13	12	2365	16	12	42	932	P	1.223	0.587	0	0
10	5	2366	20	22	8	933	A	0.898	0.932	5	3
3	11	2366	21	46	4	935	T	-0.787	1.043	2	46
29	4	2367	21	30	3	936	A	0.145	0.961	4	38
24	10	2367	11	25	4	938	H	-0.090	1.006	0	40
18	4	2368	4	51	38	940	H	-0.599	1.008	0	47
12	10	2368	18	37	20	942	A	0.667	0.952	5	13
9	3	2369	9	30	24	943	P	1.339	0.369	0	0
7	4	2369	18	42	10	943	P	-1.276	0.488	0	0
2	9	2369	3	25	56	945	P	-1.503	0.102	0	0
1	10	2369	19	33	31	945	P	1.409	0.265	0	0
27	2	2370	1	7	2	946	T	0.686	1.026	2	17
22	8	2370	7	22	21	948	A	-0.708	0.987	1	22

GG	MM	AAAA	HH	MM	SS	DT	TIPO	GAMMA	MAG	DURATA	
16	2	2371	12	18	49	950	A	-0.007	0.975	2	48
11	8	2371	18	38	4	951	T	0.082	1.049	4	36
5	2	2372	16	7	48	953	A	-0.730	0.924	6	50
31	7	2372	10	58	30	955	T	0.814	1.072	4	18
24	1	2373	15	14	59	957	P	-1.406	0.274	0	0
21	6	2373	19	45	29	958	T	-0.995	1.019	1	24
15	12	2373	2	25	55	960	A	0.868	0.980	1	56
11	6	2374	5	9	56	961	A	-0.250	0.978	2	39
4	12	2374	15	2	56	963	T	0.145	1.039	3	42
31	5	2375	7	34	33	965	A	0.520	0.944	5	26
24	11	2375	6	54	54	967	T	-0.533	1.047	3	23
19	5	2376	8	14	44	968	P	1.253	0.530	0	0
14	10	2376	9	18	28	970	P	1.494	0.100	0	0
12	11	2376	21	19	6	970	P	-1.255	0.528	0	0
9	4	2377	3	25	10	971	T	-0.778	1.018	1	28
3	10	2377	14	33	17	973	A	0.818	0.941	5	29
29	3	2378	18	20	23	975	T	-0.048	1.059	4	51
22	9	2378	14	45	48	977	A	0.090	0.940	6	54
19	3	2379	10	31	47	978	T	0.651	1.041	3	7
11	9	2379	17	9	32	980	A	-0.652	0.972	2	42
7	2	2380	8	54	1	982	P	-1.450	0.191	0	0
7	3	2380	23	17	52	982	P	1.404	0.262	0	0
1	8	2380	18	26	17	983	P	1.221	0.595	0	0
31	8	2380	2	44	39	984	P	-1.355	0.342	0	0
26	1	2381	10	46	38	985	A	-0.806	0.915	6	57
22	7	2381	11	25	2	987	T	0.475	1.078	5	33
15	1	2382	9	53	22	988	A	-0.124	0.927	8	40
12	7	2382	3	37	51	990	T	-0.274	1.048	4	41
4	1	2383	13	46	26	992	A	0.568	0.971	3	26
1	7	2383	14	37	42	994	P	-1.087	0.828	0	0
25	11	2383	14	13	32	995	P	-1.468	0.126	0	0
25	12	2383	0	57	4	995	P	1.214	0.603	0	0
21	5	2384	3	5	26	997	A	0.970	0.932	4	28
14	11	2384	6	13	20	999	T	-0.810	1.038	2	22
10	5	2385	4	36	49	1000	A	0.206	0.966	3	53
3	11	2385	19	27	30	1002	H	-0.121	1.000	0	3
29	4	2386	12	32	25	1004	H	-0.548	1.015	1	30
24	10	2386	2	6	43	1006	A	0.627	0.948	6	9
20	3	2387	17	59	8	1007	P	1.362	0.324	0	0
19	4	2387	2	47	6	1007	P	-1.234	0.568	0	0
13	10	2387	2	41	4	1009	P	1.358	0.352	0	0
9	3	2388	9	36	21	1011	T	0.706	1.026	2	10
1	9	2388	14	30	25	1012	A	-0.774	0.987	1	15
26	2	2389	20	33	52	1014	A	0.008	0.974	2	55
22	8	2389	2	5	53	1016	T	0.013	1.050	4	45
16	2	2390	0	6	58	1018	A	-0.718	0.924	7	6
11	8	2390	18	31	27	1019	T	0.744	1.072	4	41
4	2	2391	23	15	6	1021	P	-1.394	0.293	0	0
3	7	2391	2	58	53	1023	P	-1.073	0.866	0	0
1	8	2391	11	14	32	1023	P	1.492	0.077	0	0
26	12	2391	10	57	15	1024	A	0.872	0.982	1	46
21	6	2392	11	57	58	1026	A	-0.332	0.976	3	2
14	12	2392	23	46	26	1028	T	0.155	1.039	3	46

GG	MM	AAAA	HH	MM	SS	DT	TIPO	GAMMA	MAG	DURATA
10	6	2393	14	8	41	1030	A	0.439	0.945	5 34
4	12	2393	15	34	35	1032	T	-0.519	1.044	3 13
30	5	2394	15	3	3	1033	P	1.177	0.661	0 0
25	10	2394	17	7	13	1035	P	1.535	0.030	0 0
24	11	2394	5	40	36	1035	P	-1.240	0.555	0 0
20	4	2395	11	17	15	1037	T	-0.820	1.023	1 52
14	10	2395	21	49	16	1038	A	0.869	0.935	6 7
9	4	2396	2	33	17	1040	T	-0.085	1.062	5 12
2	10	2396	21	48	7	1042	A	0.149	0.938	7 12
29	3	2397	18	49	52	1044	T	0.622	1.042	3 11
22	9	2397	0	23	55	1046	A	-0.589	0.973	2 34
17	2	2398	17	8	14	1047	P	-1.465	0.165	0 0
19	3	2398	7	27	8	1047	P	1.384	0.296	0 0
13	8	2398	1	53	37	1049	P	1.288	0.467	0 0
11	9	2398	10	16	34	1049	P	-1.290	0.463	0 0
6	2	2399	18	46	44	1051	A	-0.818	0.915	7 1
2	8	2399	18	55	14	1052	T	0.548	1.075	5 14
26	1	2400	18	0	10	1054	A	-0.132	0.929	8 13
22	7	2400	10	54	48	1056	T	-0.199	1.044	4 17
14	1	2401	22	15	20	1058	A	0.562	0.974	3 0
11	7	2401	21	29	20	1060	P	-1.011	0.962	0 0
5	12	2401	22	53	37	1061	P	-1.480	0.105	0 0
4	1	2402	9	42	28	1061	P	1.206	0.618	0 0
1	6	2402	9	44	38	1063	P	1.045	0.883	0 0
25	11	2402	14	45	41	1065	T	-0.829	1.033	2 2
21	5	2403	11	36	55	1066	A	0.274	0.971	3 10
15	11	2403	3	36	24	1068	A	-0.146	0.995	0 33
9	5	2404	20	5	45	1070	T	-0.490	1.021	2 14
3	11	2404	9	44	7	1072	A	0.594	0.943	7 5
31	3	2405	2	18	52	1073	P	1.393	0.265	0 0
29	4	2405	10	43	55	1074	P	-1.186	0.661	0 0
23	10	2405	9	58	55	1076	P	1.314	0.426	0 0
20	3	2406	17	57	23	1077	T	0.733	1.026	2 3
12	9	2406	21	45	23	1079	A	-0.836	0.986	1 11
10	3	2407	4	41	40	1081	A	0.028	0.974	2 59
2	9	2407	9	38	25	1082	T	-0.052	1.051	4 48
27	2	2408	7	59	40	1084	A	-0.700	0.925	7 22
22	8	2408	2	7	39	1086	T	0.677	1.072	5 0
15	2	2409	7	12	30	1088	P	-1.380	0.316	0 0
13	7	2409	10	9	33	1089	P	-1.152	0.719	0 0
11	8	2409	18	38	31	1090	P	1.427	0.202	0 0
5	1	2410	19	31	39	1091	A	0.875	0.984	1 31
2	7	2410	18	42	30	1093	A	-0.415	0.974	3 25
26	12	2410	8	33	58	1095	T	0.161	1.040	3 50
21	6	2411	20	37	43	1097	A	0.354	0.947	5 46
16	12	2411	0	19	7	1099	T	-0.509	1.042	3 4
9	6	2412	21	48	4	1100	P	1.099	0.798	0 0
4	12	2412	14	6	31	1102	P	-1.229	0.575	0 0
30	4	2413	19	3	57	1104	T	-0.868	1.027	2 13
25	10	2413	5	13	20	1106	A	0.913	0.930	6 43
20	4	2414	10	39	39	1107	T	-0.128	1.066	5 33
14	10	2414	4	58	50	1109	A	0.202	0.935	7 34
10	4	2415	2	59	35	1111	T	0.587	1.044	3 15

GG	MM	AAAA	HH	MM	SS	DT	TIPO	GAMMA	MAG	DURATA
3	10	2415	7	47	48	1113	A	-0.533	0.974	2 27
29	2	2416	1	13	31	1115	P	-1.486	0.128	0 0
29	3	2416	15	24	54	1115	P	1.356	0.347	0 0
23	8	2416	9	26	38	1116	P	1.351	0.347	0 0
21	9	2416	17	57	51	1117	P	-1.232	0.572	0 0
17	2	2417	2	40	42	1118	A	-0.835	0.915	7 4
13	8	2417	2	28	6	1120	T	0.619	1.072	4 55
6	2	2418	2	4	4	1122	A	-0.143	0.932	7 43
2	8	2418	18	11	10	1124	T	-0.124	1.041	3 50
26	1	2419	6	44	37	1126	A	0.555	0.977	2 30
23	7	2419	4	16	45	1128	A	-0.932	0.975	2 17
17	12	2419	7	40	7	1129	P	-1.486	0.092	0 0
15	1	2420	18	30	39	1129	P	1.200	0.630	0 0
11	6	2420	16	17	2	1131	P	1.126	0.747	0 0
5	12	2420	23	23	52	1133	T	-0.843	1.029	1 44
31	5	2421	18	32	59	1135	A	0.345	0.975	2 32
25	11	2421	11	51	41	1136	A	-0.165	0.989	1 6
21	5	2422	3	34	51	1138	T	-0.428	1.028	2 56
14	11	2422	17	27	40	1140	A	0.566	0.939	8 1
11	4	2423	10	32	40	1142	P	1.428	0.197	0 0
10	5	2423	18	35	17	1142	P	-1.132	0.765	0 0
3	11	2423	17	24	51	1144	P	1.277	0.489	0 0
31	3	2424	2	10	10	1146	T	0.765	1.025	1 55
23	9	2424	5	9	46	1147	A	-0.890	0.985	1 8
20	3	2425	12	41	12	1149	A	0.055	0.974	3 2
12	9	2425	17	18	7	1151	T	-0.111	1.051	4 47
9	3	2426	15	44	45	1153	A	-0.677	0.926	7 38
2	9	2426	9	48	47	1155	T	0.613	1.071	5 14
26	2	2427	15	3	45	1157	P	-1.361	0.348	0 0
24	7	2427	17	18	10	1158	P	-1.232	0.571	0 0
23	8	2427	2	4	51	1159	P	1.364	0.322	0 0
17	1	2428	4	7	20	1160	A	0.877	0.987	1 13
13	7	2428	1	23	55	1162	A	-0.500	0.970	3 50
5	1	2429	17	22	56	1164	T	0.167	1.040	3 56
2	7	2429	3	4	30	1166	A	0.267	0.948	6 1
26	12	2429	9	7	20	1168	T	-0.503	1.040	2 57
21	6	2430	4	29	27	1170	P	1.016	0.944	0 0
15	12	2430	22	37	29	1172	P	-1.223	0.586	0 0
12	5	2431	2	43	30	1173	T	-0.921	1.031	2 27
5	11	2431	12	45	40	1175	A	0.950	0.924	7 15
30	4	2432	18	37	31	1177	T	-0.178	1.069	5 56
24	10	2432	12	19	58	1179	A	0.245	0.933	8 1
20	4	2433	11	1	32	1181	T	0.545	1.045	3 21
13	10	2433	15	20	16	1183	A	-0.484	0.974	2 23
11	3	2434	9	12	47	1184	P	-1.512	0.084	0 0
9	4	2434	23	15	24	1184	P	1.323	0.406	0 0
3	9	2434	17	4	8	1186	P	1.410	0.233	0 0
3	10	2434	1	46	3	1186	P	-1.179	0.670	0 0
28	2	2435	10	29	45	1188	A	-0.855	0.916	7 5
24	8	2435	10	3	12	1190	T	0.688	1.068	4 35
17	2	2436	10	5	24	1192	A	-0.157	0.935	7 12
13	8	2436	1	29	33	1194	T	-0.052	1.036	3 21
5	2	2437	15	11	25	1196	A	0.545	0.981	1 58

GG	MM	AAAA	HH	MM	SS	DT	TIPO	GAMMA	MAG	DURATA	
2	8	2437	11	6	1	1198	A	-0.855	0.974	2	33
27	12	2437	16	29	7	1199	P	-1.492	0.082	0	0
26	1	2438	3	17	37	1199	P	1.193	0.644	0	0
22	6	2438	22	46	47	1201	P	1.208	0.607	0	0
17	12	2438	8	5	40	1203	T	-0.854	1.025	1	30
12	6	2439	1	25	22	1205	A	0.421	0.979	1	59
6	12	2439	20	11	47	1207	A	-0.179	0.984	1	36
31	5	2440	10	58	15	1209	T	-0.360	1.033	3	33
25	11	2440	1	18	39	1211	A	0.544	0.935	8	52
21	4	2441	18	37	49	1212	P	1.471	0.115	0	0
21	5	2441	2	20	11	1213	P	-1.073	0.879	0	0
14	11	2441	0	59	17	1214	P	1.246	0.540	0	0
11	4	2442	10	14	4	1216	T	0.805	1.025	1	45
4	10	2442	12	43	0	1218	A	-0.937	0.984	1	8
31	3	2443	20	30	25	1220	A	0.089	0.973	3	2
24	9	2443	1	4	47	1222	T	-0.166	1.050	4	39
19	3	2444	23	21	38	1224	A	-0.648	0.928	7	53
12	9	2444	17	35	35	1226	T	0.555	1.069	5	24
8	3	2445	22	49	34	1228	P	-1.336	0.389	0	0
4	8	2445	0	27	22	1229	P	-1.310	0.427	0	0
2	9	2445	9	35	13	1230	P	1.305	0.434	0	0
27	1	2446	12	43	51	1231	A	0.879	0.990	0	53
24	7	2446	8	3	11	1233	A	-0.585	0.967	4	13
17	1	2447	2	14	3	1235	T	0.170	1.042	4	3
13	7	2447	9	29	35	1237	A	0.179	0.948	6	18
6	1	2448	17	57	7	1239	T	-0.499	1.038	2	51
1	7	2448	11	10	16	1241	A	0.932	0.962	2	26
26	12	2448	7	10	41	1243	P	-1.219	0.592	0	0
22	5	2449	10	19	15	1244	T	-0.979	1.033	2	24
15	11	2449	20	23	56	1246	A	0.981	0.919	7	35
12	5	2450	2	29	44	1248	T	-0.233	1.072	6	19
4	11	2450	19	49	31	1250	A	0.283	0.932	8	30
1	5	2451	18	53	37	1252	T	0.496	1.046	3	28
24	10	2451	23	3	9	1254	A	-0.442	0.975	2	21
21	3	2452	17	1	31	1256	P	-1.546	0.026	0	0
20	4	2452	6	54	27	1256	P	1.282	0.480	0	0
14	9	2452	0	49	17	1258	P	1.464	0.131	0	0
13	10	2452	9	44	5	1258	P	-1.133	0.755	0	0
10	3	2453	18	9	42	1260	A	-0.882	0.918	7	4
3	9	2453	17	43	48	1262	T	0.751	1.064	4	15
27	2	2454	18	1	47	1264	A	-0.175	0.939	6	40
24	8	2454	8	48	47	1266	T	0.019	1.031	2	50
16	2	2455	23	36	27	1268	A	0.533	0.986	1	25
13	8	2455	17	54	37	1270	A	-0.778	0.972	2	52
8	1	2456	1	21	4	1271	P	-1.495	0.076	0	0
6	2	2456	12	3	15	1272	P	1.184	0.661	0	0
3	7	2456	5	13	16	1273	P	1.292	0.462	0	0
27	12	2456	16	51	25	1275	T	-0.861	1.022	1	19
22	6	2457	8	16	13	1277	A	0.498	0.983	1	32
17	12	2457	4	35	27	1279	A	-0.190	0.980	2	4
11	6	2458	18	19	40	1281	T	-0.289	1.039	4	4
6	12	2458	9	14	46	1283	A	0.528	0.931	9	34
3	5	2459	2	35	54	1285	P	1.519	0.021	0	0

GG	MM	AAAA	HH	MM	SS	DT	TIPO	GAMMA	MAG	DURATA	
1	6	2459	9	59	50	1285	T	-1.010	1.004	0	0
25	11	2459	8	41	41	1287	P	1.221	0.582	0	0
21	4	2460	18	9	49	1289	T	0.850	1.024	1	34
14	10	2460	20	25	57	1291	A	-0.978	0.982	1	9
11	4	2461	4	10	36	1293	A	0.130	0.973	3	2
4	10	2461	9	0	22	1295	T	-0.213	1.050	4	30
31	3	2462	6	49	44	1297	A	-0.611	0.930	8	7
24	9	2462	1	28	8	1299	T	0.501	1.066	5	28
20	3	2463	6	27	54	1301	P	-1.305	0.441	0	0
15	8	2463	7	37	35	1302	P	-1.385	0.289	0	0
13	9	2463	17	10	28	1303	P	1.250	0.537	0	0
7	2	2464	21	17	16	1304	A	0.884	0.994	0	31
3	8	2464	14	43	0	1306	A	-0.669	0.962	4	32
27	1	2465	11	3	49	1308	T	0.175	1.044	4	11
23	7	2465	15	54	48	1310	A	0.090	0.948	6	35
17	1	2466	2	47	1	1312	T	-0.495	1.037	2	48
12	7	2466	17	50	51	1314	A	0.846	0.968	2	18
6	1	2467	15	46	9	1316	P	-1.218	0.593	0	0
2	6	2467	17	48	24	1318	P	-1.042	0.931	0	0
27	11	2467	4	10	21	1320	A	1.005	0.943	0	0
22	5	2468	10	15	11	1322	T	-0.294	1.074	6	41
15	11	2468	3	28	23	1324	A	0.313	0.930	8	59
12	5	2469	2	39	7	1326	T	0.442	1.047	3	36
4	11	2469	6	55	37	1328	A	-0.408	0.975	2	19
1	5	2470	14	25	40	1330	P	1.235	0.564	0	0
25	9	2470	8	39	57	1332	P	1.513	0.036	0	0
24	10	2470	17	49	29	1332	P	-1.093	0.830	0	0
22	3	2471	1	43	37	1334	A	-0.914	0.919	7	0
15	9	2471	1	29	11	1336	T	0.811	1.058	3	54
10	3	2472	1	52	11	1338	A	-0.199	0.944	6	8
3	9	2472	16	12	54	1340	T	0.086	1.026	2	19
27	2	2473	7	56	51	1342	A	0.517	0.991	0	53
24	8	2473	0	46	32	1344	A	-0.704	0.968	3	12
18	1	2474	10	12	11	1345	P	-1.500	0.067	0	0
16	2	2474	20	44	52	1346	P	1.172	0.684	0	0
14	7	2474	11	40	30	1347	P	1.376	0.318	0	0
13	8	2474	2	43	56	1348	P	-1.483	0.138	0	0
8	1	2475	1	37	52	1349	T	-0.868	1.020	1	10
3	7	2475	15	5	22	1351	A	0.578	0.986	1	11
28	12	2475	13	1	54	1354	A	-0.198	0.976	2	27
22	6	2476	1	38	29	1356	T	-0.215	1.044	4	25
16	12	2476	17	15	18	1358	A	0.515	0.928	10	4
11	6	2477	17	35	28	1360	T	-0.942	1.065	4	53
5	12	2477	16	32	5	1362	P	1.202	0.614	0	0
3	5	2478	1	55	59	1363	T	0.903	1.022	1	20
26	10	2478	4	18	22	1365	P	-1.011	0.965	0	0
22	4	2479	11	40	30	1367	A	0.179	0.973	3	1
15	10	2479	17	4	11	1369	T	-0.254	1.048	4	18
10	4	2480	14	7	46	1372	A	-0.566	0.933	8	18
4	10	2480	9	27	58	1374	T	0.454	1.063	5	26
30	3	2481	14	0	7	1376	P	-1.268	0.503	0	0
25	8	2481	14	49	25	1377	P	-1.458	0.157	0	0
24	9	2481	0	49	51	1378	P	1.200	0.631	0	0

GG	MM	AAAA	HH	MM	SS	DT	TIPO	GAMMA	MAG	DURATA	
18	2	2482	5	48	52	1379	A	0.891	0.998	0	9
14	8	2482	21	23	36	1381	A	-0.751	0.957	4	45
7	2	2483	19	51	56	1383	T	0.182	1.046	4	20
3	8	2483	22	21	18	1386	A	0.003	0.948	6	50
28	1	2484	11	35	53	1388	T	-0.491	1.036	2	48
23	7	2484	0	34	34	1390	A	0.762	0.972	2	10
17	1	2485	0	19	53	1392	P	-1.216	0.596	0	0
13	6	2485	1	16	18	1393	P	-1.107	0.809	0	0
12	7	2485	9	35	2	1394	P	1.471	0.126	0	0
7	12	2485	12	2	0	1395	A	1.024	0.910	0	0
2	6	2486	17	55	28	1398	T	-0.359	1.076	6	59
26	11	2486	11	15	8	1400	A	0.336	0.929	9	26
23	5	2487	10	16	15	1402	T	0.381	1.047	3	43
15	11	2487	14	57	35	1404	A	-0.381	0.976	2	16
11	5	2488	21	45	56	1406	P	1.179	0.663	0	0
4	11	2488	2	4	56	1408	P	-1.061	0.890	0	0
1	4	2489	9	7	55	1410	A	-0.954	0.920	6	50
25	9	2489	9	20	22	1412	T	0.865	1.053	3	32
21	3	2490	9	36	11	1414	A	-0.229	0.948	5	36
14	9	2490	23	40	38	1416	T	0.148	1.020	1	47
10	3	2491	16	11	57	1418	A	0.495	0.996	0	20
4	9	2491	7	41	15	1420	A	-0.633	0.965	3	34
29	1	2492	19	3	43	1422	P	-1.505	0.058	0	0
28	2	2492	5	22	53	1422	P	1.157	0.714	0	0
24	7	2492	18	8	32	1424	P	1.459	0.175	0	0
23	8	2492	9	17	49	1424	P	-1.404	0.272	0	0
18	1	2493	10	24	30	1426	T	-0.874	1.017	1	2
13	7	2493	21	56	36	1428	A	0.656	0.988	0	56
7	1	2494	21	30	21	1430	A	-0.203	0.973	2	46
3	7	2494	8	56	16	1432	T	-0.140	1.048	4	40
28	12	2494	1	19	29	1434	A	0.506	0.926	10	22
23	6	2495	1	8	6	1436	T	-0.872	1.070	5	39
17	12	2495	0	27	39	1438	P	1.187	0.639	0	0
13	5	2496	9	34	25	1440	T	0.962	1.018	1	2
5	11	2496	12	20	23	1442	P	-1.037	0.917	0	0
2	5	2497	19	1	52	1444	A	0.234	0.973	2	59
26	10	2497	1	15	23	1446	T	-0.289	1.047	4	6
21	4	2498	21	17	12	1448	A	-0.515	0.935	8	26
15	10	2498	17	34	44	1451	T	0.413	1.060	5	21
10	4	2499	21	22	39	1453	P	-1.223	0.580	0	0
5	9	2499	22	5	19	1454	P	-1.527	0.034	0	0
5	10	2499	8	36	23	1455	P	1.155	0.712	0	0
1	3	2500	14	14	47	1457	H	0.904	1.003	0	12
26	8	2500	4	8	16	1459	A	-0.830	0.952	4	53
19	2	2501	4	35	21	1461	T	0.193	1.048	4	31
15	8	2501	4	52	8	1463	A	-0.081	0.947	7	1
8	2	2502	20	22	29	1465	T	-0.485	1.035	2	49
4	8	2502	7	19	53	1467	A	0.678	0.976	2	3
29	1	2503	8	53	33	1469	P	-1.215	0.598	0	0
25	6	2503	8	40	22	1471	P	-1.176	0.680	0	0
24	7	2503	16	46	37	1471	P	1.393	0.272	0	0
19	12	2503	19	59	21	1473	P	1.038	0.885	0	0
14	6	2504	1	31	3	1475	T	-0.428	1.077	7	10

GG	MM	AAAA	HH	MM	SS	DT	TIPO	GAMMA	MAG	DURATA
7	12	2504	19	10	9	1477	A	0.353	0.929	9 46
3	6	2505	17	48	2	1479	T	0.317	1.046	3 50
26	11	2505	23	7	4	1482	A	-0.359	0.976	2 13
24	5	2506	4	59	35	1484	P	1.119	0.769	0 0
16	11	2506	10	27	38	1486	P	-1.034	0.940	0 0
13	4	2507	16	23	43	1488	A	-1.001	0.954	0 0
7	10	2507	17	18	18	1490	T	0.914	1.046	3 7
1	4	2508	17	13	22	1492	A	-0.265	0.953	5 6
26	9	2508	7	14	51	1494	H	0.205	1.013	1 14
22	3	2509	0	20	47	1496	H	0.468	1.002	0 12
15	9	2509	14	42	15	1498	A	-0.568	0.960	3 58
10	2	2510	3	51	56	1500	P	-1.512	0.043	0 0
11	3	2510	13	54	45	1500	P	1.136	0.753	0 0
6	8	2510	0	38	56	1502	P	1.540	0.036	0 0
4	9	2510	15	56	49	1503	P	-1.329	0.400	0 0
30	1	2511	19	9	33	1504	T	-0.882	1.016	0 57
26	7	2511	4	49	26	1506	A	0.735	0.990	0 45
20	1	2512	5	57	20	1509	A	-0.210	0.970	3 2
14	7	2512	16	14	11	1511	T	-0.063	1.051	4 47
8	1	2513	9	25	23	1513	A	0.498	0.924	10 25
4	7	2513	8	38	16	1515	T	-0.799	1.073	6 9
28	12	2513	8	28	6	1517	P	1.175	0.659	0 0
25	5	2514	17	4	32	1519	P	1.027	0.951	0 0
17	11	2514	20	31	22	1521	P	-1.057	0.882	0 0
15	5	2515	2	12	11	1523	A	0.298	0.972	2 57
7	11	2515	9	35	34	1525	T	-0.317	1.046	3 53
3	5	2516	4	17	47	1528	A	-0.456	0.938	8 28
27	10	2516	1	48	46	1530	T	0.378	1.056	5 11
22	4	2517	4	39	28	1532	P	-1.173	0.667	0 0
16	10	2517	16	28	59	1534	P	1.117	0.782	0 0
12	3	2518	22	37	2	1536	T	0.920	1.007	0 31
6	9	2518	10	55	41	1538	A	-0.905	0.946	4 54
2	3	2519	13	15	24	1540	T	0.206	1.051	4 42
26	8	2519	11	27	49	1542	A	-0.161	0.946	7 8
20	2	2520	5	4	6	1544	T	-0.476	1.035	2 54
14	8	2520	14	11	41	1547	A	0.598	0.978	1 57
8	2	2521	17	22	54	1549	P	-1.212	0.604	0 0
5	7	2521	16	4	53	1551	P	-1.244	0.549	0 0
4	8	2521	0	2	18	1551	P	1.316	0.414	0 0
30	12	2521	3	58	50	1553	P	1.051	0.864	0 0
25	6	2522	9	3	45	1555	T	-0.499	1.077	7 12
19	12	2522	3	10	40	1557	A	0.367	0.929	9 58
15	6	2523	1	12	30	1559	T	0.246	1.045	3 56
8	12	2523	7	24	54	1561	A	-0.343	0.977	2 8
3	6	2524	12	4	40	1564	P	1.053	0.887	0 0
26	11	2524	18	58	9	1566	P	-1.013	0.978	0 0
23	4	2525	23	30	15	1568	P	-1.054	0.865	0 0
18	10	2525	1	23	55	1570	T	0.956	1.040	2 39
13	4	2526	0	43	2	1572	A	-0.308	0.958	4 35
7	10	2526	14	54	21	1574	H	0.256	1.007	0 40
2	4	2527	8	23	26	1576	H	0.434	1.009	0 45
26	9	2527	21	48	45	1579	A	-0.507	0.956	4 25
21	2	2528	12	36	45	1580	P	-1.523	0.022	0 0

35

GG	MM	AAAA	HH	MM	SS	DT	TIPO	GAMMA	MAG	DURATA	
21	3	2528	22	20	29	1581	P	1.110	0.803	0	0
14	9	2528	22	42	54	1583	P	-1.259	0.519	0	0
10	2	2529	3	52	31	1585	T	-0.891	1.014	0	53
5	8	2529	11	45	36	1587	A	0.811	0.991	0	39
30	1	2530	14	23	10	1589	A	-0.216	0.968	3	14
25	7	2530	23	33	49	1591	T	0.012	1.054	4	50
19	1	2531	17	31	19	1594	A	0.491	0.923	10	17
15	7	2531	16	7	33	1596	T	-0.726	1.075	6	25
8	1	2532	16	31	5	1598	P	1.165	0.676	0	0
5	6	2532	0	28	58	1600	P	1.096	0.822	0	0
4	7	2532	8	54	58	1600	P	-1.478	0.104	0	0
28	11	2532	4	49	26	1602	P	-1.072	0.855	0	0
25	5	2533	9	15	50	1604	A	0.366	0.971	2	56
17	11	2533	18	3	10	1606	T	-0.339	1.045	3	43
14	5	2534	11	9	29	1609	A	-0.390	0.940	8	23
7	11	2534	10	10	7	1611	T	0.349	1.052	4	58
3	5	2535	11	47	37	1613	P	-1.114	0.769	0	0
28	10	2535	0	29	34	1615	P	1.085	0.839	0	0
23	3	2536	6	51	6	1617	T	0.944	1.012	0	46
16	9	2536	17	50	18	1619	A	-0.973	0.939	4	48
12	3	2537	21	49	7	1622	T	0.225	1.054	4	53
5	9	2537	18	8	59	1624	A	-0.237	0.945	7	11
2	3	2538	13	41	10	1626	T	-0.463	1.036	3	1
25	8	2538	21	8	14	1628	A	0.522	0.981	1	52
20	2	2539	1	48	5	1631	P	-1.205	0.615	0	0
16	7	2539	23	27	49	1632	P	-1.315	0.414	0	0
15	8	2539	7	21	1	1633	P	1.241	0.555	0	0
10	1	2540	12	1	35	1635	P	1.060	0.848	0	0
5	7	2540	16	34	26	1637	T	-0.572	1.076	7	4
29	12	2540	11	15	59	1639	A	0.377	0.929	9	57
25	6	2541	8	33	57	1641	T	0.174	1.044	3	58
18	12	2541	15	48	55	1643	A	-0.332	0.979	2	1
14	6	2542	19	3	9	1646	A	0.982	0.974	1	30
8	12	2542	3	35	1	1648	T	-0.998	1.007	0	0
5	5	2543	6	29	19	1650	P	-1.114	0.765	0	0
29	10	2543	9	36	30	1652	T	0.992	1.032	2	2
23	4	2544	8	5	34	1654	A	-0.357	0.964	4	5
17	10	2544	22	41	14	1657	H	0.300	1.001	0	4
12	4	2545	16	19	46	1659	H	0.394	1.015	1	17
7	10	2545	5	1	15	1661	A	-0.452	0.951	4	54
2	4	2546	6	39	22	1663	P	1.079	0.865	0	0
26	9	2546	5	36	28	1666	P	-1.194	0.628	0	0
21	2	2547	12	29	30	1667	T	-0.905	1.013	0	50
16	8	2547	18	46	36	1670	A	0.884	0.991	0	37
10	2	2548	22	44	25	1672	A	-0.226	0.966	3	23
5	8	2548	6	56	36	1674	T	0.086	1.056	4	49
30	1	2549	1	34	51	1676	A	0.481	0.922	10	0
25	7	2549	23	37	26	1679	T	-0.652	1.076	6	30
19	1	2550	0	36	25	1681	P	1.155	0.691	0	0
16	6	2550	7	45	35	1683	P	1.171	0.684	0	0
15	7	2550	16	14	58	1683	P	-1.409	0.237	0	0
9	12	2550	13	15	41	1685	P	-1.081	0.839	0	0
5	6	2551	16	10	40	1687	A	0.441	0.970	2	55

GG	MM	AAAA	HH	MM	SS	DT	TIPO	GAMMA	MAG	DURATA	
29	11	2551	2	38	19	1690	T	-0.356	1.044	3	34
24	5	2552	17	54	9	1692	A	-0.317	0.943	8	9
17	11	2552	18	38	45	1694	T	0.327	1.048	4	42
13	5	2553	18	51	21	1696	P	-1.050	0.880	0	0
7	11	2553	8	35	22	1699	P	1.058	0.886	0	0
3	4	2554	15	0	51	1701	T	0.971	1.015	0	56
28	9	2554	0	50	14	1703	P	-1.036	0.899	0	0
24	3	2555	6	16	23	1705	T	0.250	1.057	5	4
17	9	2555	0	58	18	1707	A	-0.306	0.943	7	10
12	3	2556	22	11	21	1710	T	-0.445	1.036	3	10
5	9	2556	4	13	26	1712	A	0.451	0.982	1	48
2	3	2557	10	5	49	1714	P	-1.193	0.636	0	0
27	7	2557	6	54	8	1716	P	-1.383	0.283	0	0
25	8	2557	14	46	39	1717	P	1.170	0.687	0	0
20	1	2558	20	3	53	1718	P	1.069	0.833	0	0
17	7	2558	0	3	14	1721	T	-0.647	1.074	6	43
9	1	2559	19	24	29	1723	A	0.384	0.931	9	43
6	7	2559	15	50	37	1725	T	0.099	1.041	3	55
30	12	2559	0	17	19	1728	A	-0.324	0.981	1	50
25	6	2560	1	55	50	1730	A	0.906	0.975	1	35
18	12	2560	12	17	54	1732	T	-0.987	1.018	0	55
15	5	2561	13	20	16	1734	P	-1.180	0.653	0	0
8	11	2561	17	55	40	1736	P	1.022	0.966	0	0
4	5	2562	15	21	29	1739	A	-0.413	0.969	3	35
29	10	2562	6	34	40	1741	A	0.338	0.994	0	35
24	4	2563	0	8	31	1743	T	0.347	1.021	1	49
18	10	2563	12	21	39	1746	A	-0.404	0.947	5	26
12	4	2564	14	51	42	1748	P	1.041	0.937	0	0
6	10	2564	12	38	14	1750	P	-1.136	0.727	0	0
3	3	2565	21	1	39	1752	T	-0.922	1.012	0	46
27	8	2565	1	53	56	1754	A	0.953	0.990	0	39
21	2	2566	7	1	44	1757	A	-0.239	0.965	3	30
16	8	2566	14	22	25	1759	T	0.158	1.057	4	47
10	2	2567	9	35	51	1761	A	0.470	0.922	9	37
6	8	2567	7	9	9	1764	T	-0.580	1.076	6	26
30	1	2568	8	39	47	1766	P	1.144	0.711	0	0
26	6	2568	14	58	55	1768	P	1.247	0.543	0	0
25	7	2568	23	36	1	1768	P	-1.341	0.367	0	0
19	12	2568	21	47	1	1770	P	-1.088	0.828	0	0
15	6	2569	23	0	8	1773	A	0.520	0.968	2	56
9	12	2569	11	18	32	1775	T	-0.369	1.043	3	27
5	6	2570	0	32	17	1777	A	-0.239	0.945	7	48
29	11	2570	3	13	44	1779	T	0.310	1.045	4	25
25	5	2571	1	47	0	1782	A	-0.979	0.952	4	21
18	11	2571	16	49	14	1784	P	1.038	0.920	0	0
13	4	2572	23	2	8	1786	P	1.007	0.990	0	0
8	10	2572	7	58	20	1788	P	-1.091	0.803	0	0
3	4	2573	14	36	16	1791	T	0.281	1.061	5	13
27	9	2573	7	55	50	1793	A	-0.369	0.941	7	6
24	3	2574	6	34	21	1795	T	-0.421	1.037	3	21
16	9	2574	11	25	1	1798	A	0.385	0.984	1	45
13	3	2575	18	17	20	1800	P	-1.177	0.665	0	0
7	8	2575	14	21	38	1802	P	-1.450	0.154	0	0

GG	MM	AAAA	HH	MM	SS	DT	TIPO	GAMMA	MAG	DURATA	
5	9	2575	22	17	41	1802	P	1.104	0.812	0	0
1	2	2576	4	4	59	1804	P	1.079	0.816	0	0
27	7	2576	7	32	31	1807	T	-0.720	1.071	6	12
20	1	2577	3	35	0	1809	A	0.390	0.933	9	18
16	7	2577	23	5	23	1811	T	0.023	1.038	3	47
9	1	2578	8	49	0	1814	A	-0.318	0.983	1	37
6	7	2578	8	44	44	1816	A	0.829	0.975	1	45
29	12	2578	21	4	4	1818	T	-0.978	1.020	1	2
26	5	2579	20	4	28	1820	P	-1.252	0.532	0	0
20	11	2579	2	21	42	1823	P	1.047	0.918	0	0
14	5	2580	22	32	12	1825	A	-0.474	0.974	3	5
8	11	2580	14	34	19	1827	A	0.370	0.988	1	15
4	5	2581	7	51	50	1830	T	0.295	1.028	2	22
28	10	2581	19	49	23	1832	A	-0.363	0.942	6	0
23	4	2582	22	55	56	1834	T	0.997	1.046	2	17
17	10	2582	19	49	11	1837	P	-1.085	0.813	0	0
15	3	2583	5	25	52	1839	T	-0.946	1.011	0	42
7	9	2583	9	9	1	1841	P	1.016	0.960	0	0
3	3	2584	15	10	31	1844	A	-0.258	0.964	3	36
26	8	2584	21	54	18	1846	T	0.226	1.057	4	43
20	2	2585	17	31	56	1848	A	0.455	0.923	9	11
16	8	2585	14	42	33	1851	T	-0.509	1.075	6	16
9	2	2586	16	42	36	1853	P	1.132	0.732	0	0
7	7	2586	22	7	7	1855	P	1.327	0.396	0	0
6	8	2586	6	55	48	1855	P	-1.272	0.497	0	0
31	12	2586	6	23	26	1857	P	-1.090	0.824	0	0
27	6	2587	5	42	58	1860	A	0.603	0.966	2	58
20	12	2587	20	4	49	1862	T	-0.377	1.043	3	22
15	6	2588	7	6	20	1864	A	-0.158	0.946	7	21
9	12	2588	11	53	28	1867	T	0.297	1.042	4	7
4	6	2589	8	40	23	1869	A	-0.905	0.960	4	10
29	11	2589	1	8	10	1872	P	1.023	0.945	0	0
25	4	2590	6	57	46	1874	P	1.048	0.917	0	0
19	10	2590	15	13	18	1876	P	-1.141	0.718	0	0
14	4	2591	22	49	7	1878	T	0.319	1.064	5	19
8	10	2591	15	2	49	1881	A	-0.424	0.939	7	0
3	4	2592	14	48	32	1883	T	-0.390	1.038	3	32
26	9	2592	18	47	1	1886	A	0.326	0.984	1	42
24	3	2593	2	19	51	1888	P	-1.154	0.705	0	0
17	8	2593	21	53	4	1890	P	-1.514	0.030	0	0
16	9	2593	5	55	38	1890	P	1.042	0.928	0	0
11	2	2594	12	2	17	1892	P	1.092	0.795	0	0
7	8	2594	15	2	42	1895	T	-0.793	1.068	5	32
31	1	2595	11	44	3	1897	A	0.398	0.935	8	42
28	7	2595	6	18	18	1900	T	-0.054	1.034	3	30
20	1	2596	17	22	1	1902	A	-0.312	0.986	1	20
16	7	2596	15	30	49	1904	A	0.749	0.974	2	0
9	1	2597	5	52	34	1907	T	-0.971	1.022	1	8
6	6	2597	2	43	7	1909	P	-1.327	0.403	0	0
5	7	2597	17	53	16	1909	P	1.537	0.044	0	0
30	11	2597	10	54	8	1911	P	1.065	0.881	0	0
26	5	2598	5	36	9	1914	A	-0.541	0.978	2	34
19	11	2598	22	41	3	1916	A	0.396	0.983	1	57

GG	MM	AAAA	HH	MM	SS	DT	TIPO	GAMMA	MAG	DURATA	
15	5	2599	15	28	44	1918	T	0.237	1.034	2	56
9	11	2599	3	25	6	1921	A	-0.328	0.938	6	35
5	5	2600	6	53	54	1923	T	0.947	1.055	2	57
29	10	2600	3	9	34	1926	P	-1.040	0.886	0	0
26	3	2601	13	43	55	1928	T	-0.974	1.009	0	35
18	9	2601	16	30	38	1930	P	1.075	0.854	0	0
15	3	2602	23	13	25	1932	A	-0.281	0.964	3	41
8	9	2602	5	31	32	1935	T	0.289	1.057	4	39
5	3	2603	1	21	16	1937	A	0.434	0.924	8	45
28	8	2603	22	20	26	1940	T	-0.443	1.074	6	2
22	2	2604	0	40	35	1942	P	1.115	0.761	0	0
19	7	2604	5	14	31	1944	P	1.406	0.251	0	0
17	8	2604	14	18	38	1945	P	-1.206	0.622	0	0
11	1	2605	15	1	6	1947	P	-1.093	0.821	0	0
8	7	2605	12	23	21	1949	A	0.687	0.963	3	3
1	1	2606	4	53	56	1951	T	-0.383	1.043	3	20
27	6	2606	13	34	39	1954	A	-0.072	0.948	6	52
21	12	2606	20	37	56	1956	T	0.289	1.039	3	50
16	6	2607	15	28	35	1959	A	-0.826	0.966	3	47
11	12	2607	9	32	40	1961	P	1.013	0.961	0	0
6	5	2608	14	45	32	1963	P	1.095	0.829	0	0
4	6	2608	23	55	35	1964	P	-1.525	0.029	0	0
30	10	2608	22	37	25	1966	P	-1.183	0.647	0	0
26	4	2609	6	54	26	1968	T	0.363	1.067	5	23
19	10	2609	22	18	5	1971	A	-0.473	0.938	6	53
15	4	2610	22	55	8	1973	T	-0.354	1.039	3	44
9	10	2610	2	17	27	1975	A	0.274	0.985	1	41
5	4	2611	10	13	5	1978	P	-1.125	0.756	0	0
28	9	2611	13	41	25	1980	T	0.986	1.028	1	42
23	2	2612	19	55	50	1982	P	1.108	0.770	0	0
18	8	2612	22	35	27	1985	T	-0.863	1.063	4	45
11	2	2613	19	51	44	1987	A	0.408	0.938	8	0
8	8	2613	13	32	5	1990	T	-0.129	1.030	3	7
1	2	2614	1	55	16	1992	A	-0.306	0.990	1	0
28	7	2614	22	14	49	1995	A	0.668	0.972	2	21
21	1	2615	14	42	2	1997	T	-0.965	1.024	1	17
18	6	2615	9	17	56	1999	P	-1.405	0.269	0	0
18	7	2615	0	19	58	2000	P	1.453	0.187	0	0
12	12	2615	19	30	54	2002	P	1.080	0.852	0	0
6	6	2616	12	37	18	2004	A	-0.612	0.982	2	4
1	12	2616	6	53	19	2007	A	0.416	0.977	2	39
26	5	2617	23	1	4	2009	T	0.174	1.039	3	30
20	11	2617	11	7	13	2012	A	-0.299	0.934	7	11
16	5	2618	14	44	47	2014	T	0.892	1.061	3	24
9	11	2618	10	39	32	2016	A	-1.003	0.947	0	0
6	4	2619	21	51	2	2019	P	-1.011	0.978	0	0
30	9	2619	0	2	28	2021	P	1.126	0.762	0	0
26	3	2620	7	6	11	2023	A	-0.312	0.964	3	46
18	9	2620	13	15	47	2026	T	0.348	1.056	4	35
15	3	2621	9	3	8	2028	A	0.408	0.926	8	20
8	9	2621	6	2	19	2031	T	-0.379	1.071	5	45
4	3	2622	8	34	43	2033	P	1.095	0.796	0	0
30	7	2622	12	18	9	2035	P	1.487	0.104	0	0

GG	MM	AAAA	HH	MM	SS	DT	TIPO	GAMMA	MAG	DURATA	
28	8	2622	21	41	59	2036	P	-1.141	0.743	0	0
22	1	2623	23	41	24	2038	P	-1.094	0.820	0	0
19	7	2623	19	0	6	2040	A	0.774	0.959	3	10
12	1	2624	13	45	9	2043	T	-0.387	1.043	3	21
7	7	2624	20	2	10	2045	A	0.015	0.949	6	24
1	1	2625	5	25	27	2048	T	0.283	1.036	3	32
26	6	2625	22	15	44	2050	A	-0.744	0.972	3	17
21	12	2625	18	0	12	2053	P	1.006	0.971	0	0
17	5	2626	22	28	40	2055	P	1.148	0.732	0	0
16	6	2626	7	13	26	2055	P	-1.452	0.162	0	0
11	11	2626	6	8	45	2057	P	-1.218	0.587	0	0
7	5	2627	14	52	4	2060	T	0.413	1.069	5	22
31	10	2627	5	43	51	2062	A	-0.514	0.936	6	44
26	4	2628	6	52	57	2065	T	-0.310	1.039	3	53
19	10	2628	9	57	24	2067	A	0.228	0.985	1	39
15	4	2629	17	56	38	2070	P	-1.089	0.821	0	0
8	10	2629	21	35	29	2072	T	0.936	1.031	2	10
6	3	2630	3	42	9	2075	P	1.129	0.735	0	0
30	8	2630	6	10	52	2077	T	-0.930	1.057	3	53
23	2	2631	3	55	11	2080	A	0.421	0.942	7	13
19	8	2631	20	47	3	2082	T	-0.203	1.025	2	36
12	2	2632	10	25	37	2085	A	-0.297	0.994	0	36
8	8	2632	4	59	27	2087	A	0.589	0.970	2	49
31	1	2633	23	31	25	2090	T	-0.959	1.027	1	27
28	6	2633	15	48	41	2092	P	-1.486	0.129	0	0
28	7	2633	6	45	14	2092	P	1.368	0.333	0	0
23	12	2633	4	12	15	2094	P	1.091	0.831	0	0
17	6	2634	19	34	22	2097	A	-0.685	0.986	1	36
12	12	2634	15	11	13	2099	A	0.430	0.972	3	19
7	6	2635	6	28	22	2102	T	0.106	1.045	4	4
1	12	2635	18	56	55	2104	A	-0.277	0.930	7	47
26	5	2636	22	30	53	2107	T	0.832	1.066	3	48
19	11	2636	18	16	59	2109	A	-0.972	0.916	5	33
17	4	2637	5	51	33	2111	P	-1.052	0.901	0	0
10	10	2637	7	42	11	2114	P	1.171	0.680	0	0
6	4	2638	14	50	17	2117	A	-0.350	0.964	3	52
29	9	2638	21	6	37	2119	T	0.401	1.055	4	31
26	3	2639	16	36	39	2122	A	0.375	0.928	7	58
19	9	2639	13	50	24	2124	T	-0.321	1.068	5	28
14	3	2640	16	21	9	2127	P	1.067	0.844	0	0
8	9	2640	5	10	48	2129	P	-1.081	0.853	0	0
2	2	2641	8	20	4	2131	P	-1.097	0.815	0	0
30	7	2641	1	35	56	2134	A	0.860	0.955	3	20
22	1	2642	22	36	33	2136	T	-0.392	1.044	3	24
19	7	2642	2	27	54	2139	A	0.104	0.949	6	0
12	1	2643	14	14	6	2142	T	0.278	1.034	3	18
8	7	2643	5	0	57	2144	A	-0.660	0.977	2	44
2	1	2644	2	31	7	2147	A	1.002	0.976	0	0
28	5	2644	6	5	58	2149	P	1.205	0.624	0	0
26	6	2644	14	29	1	2149	P	-1.377	0.302	0	0
21	11	2644	13	47	29	2151	P	-1.247	0.539	0	0
17	5	2645	22	43	18	2154	T	0.469	1.071	5	17
10	11	2645	13	18	36	2156	A	-0.548	0.934	6	35

GG	MM	AAAA	HH	MM	SS	DT	TIPO	GAMMA	MAG	DURATA	
7	5	2646	14	41	46	2159	T	-0.260	1.040	4	0
30	10	2646	17	46	59	2161	A	0.190	0.986	1	38
27	4	2647	1	30	49	2164	P	-1.045	0.898	0	0
20	10	2647	5	38	3	2167	T	0.893	1.032	2	27
16	3	2648	11	21	54	2169	P	1.155	0.692	0	0
9	9	2648	13	51	23	2171	T	-0.993	1.048	2	48
5	3	2649	11	55	21	2174	A	0.438	0.946	6	25
30	8	2649	4	3	55	2176	T	-0.273	1.019	2	1
22	2	2650	18	53	59	2179	A	-0.286	0.998	0	9
19	8	2650	11	45	23	2182	A	0.511	0.966	3	21
12	2	2651	8	17	28	2184	T	-0.950	1.030	1	41
8	8	2651	13	13	27	2187	P	1.284	0.476	0	0
3	1	2652	12	55	42	2189	P	1.099	0.814	0	0
28	6	2652	2	31	12	2191	A	-0.760	0.989	1	11
22	12	2652	23	31	17	2194	A	0.442	0.968	3	56
17	6	2653	13	53	5	2197	T	0.036	1.049	4	37
12	12	2653	2	51	33	2199	A	-0.260	0.927	8	21
7	6	2654	6	9	50	2202	T	0.766	1.070	4	12
1	12	2654	2	3	29	2204	A	-0.948	0.916	5	41
28	4	2655	13	40	56	2207	P	-1.102	0.809	0	0
27	5	2655	22	51	50	2207	P	1.505	0.054	0	0
21	10	2655	15	32	13	2209	P	1.208	0.612	0	0
16	4	2656	22	23	12	2212	A	-0.396	0.963	4	0
10	10	2656	5	6	1	2214	T	0.447	1.054	4	28
6	4	2657	0	1	46	2217	A	0.335	0.930	7	38
29	9	2657	21	43	7	2219	T	-0.268	1.065	5	11
26	3	2658	0	2	23	2222	P	1.035	0.900	0	0
19	9	2658	12	42	52	2225	P	-1.024	0.956	0	0
13	2	2659	16	57	15	2227	P	-1.102	0.807	0	0
10	8	2659	8	11	51	2229	A	0.945	0.949	3	30
3	2	2660	7	27	32	2232	T	-0.398	1.046	3	30
29	7	2660	8	55	21	2235	A	0.191	0.950	5	42
22	1	2661	23	2	23	2237	T	0.274	1.032	3	4
18	7	2661	11	48	8	2240	A	-0.577	0.981	2	12
12	1	2662	11	2	26	2242	A	1.000	0.979	0	0
8	6	2662	13	38	43	2245	P	1.267	0.507	0	0
7	7	2662	21	43	23	2245	P	-1.299	0.446	0	0
2	12	2662	21	32	54	2247	P	-1.270	0.501	0	0
29	5	2663	6	28	21	2250	T	0.529	1.072	5	7
21	11	2663	21	2	1	2252	A	-0.575	0.933	6	26
17	5	2664	22	22	49	2255	T	-0.204	1.040	4	2
10	11	2664	1	46	10	2258	A	0.159	0.986	1	36
7	5	2665	8	55	9	2260	A	-0.994	0.967	2	35
30	10	2665	13	48	30	2263	T	0.856	1.033	2	40
27	3	2666	18	53	7	2265	P	1.188	0.637	0	0
20	9	2666	21	37	7	2268	P	-1.051	0.919	0	0
20	10	2666	5	56	28	2268	P	1.520	0.023	0	0
16	3	2667	19	47	40	2270	A	0.461	0.951	5	36
10	9	2667	11	25	5	2273	H	-0.339	1.013	1	22
5	3	2668	3	17	8	2276	H	-0.270	1.004	0	21
29	8	2668	18	33	48	2278	A	0.436	0.963	3	59
22	2	2669	17	0	38	2281	T	-0.939	1.033	1	58
18	8	2669	19	43	41	2283	P	1.202	0.616	0	0

GG	MM	AAAA	HH	MM	SS	DT	TIPO	GAMMA	MAG	DURATA	
13	1	2670	21	41	8	2286	P	1.106	0.801	0	0
9	7	2670	9	25	19	2288	A	-0.838	0.992	0	52
3	1	2671	7	55	1	2291	A	0.451	0.964	4	27
28	6	2671	21	15	30	2293	T	-0.037	1.053	5	7
23	12	2671	10	50	32	2296	A	-0.247	0.925	8	52
17	6	2672	13	46	16	2299	T	0.699	1.073	4	36
11	12	2672	9	56	21	2301	A	-0.929	0.916	5	47
8	5	2673	21	23	23	2304	P	-1.157	0.708	0	0
7	6	2673	6	25	46	2304	P	1.446	0.167	0	0
31	10	2673	23	29	55	2306	P	1.240	0.554	0	0
28	4	2674	5	47	47	2309	A	-0.448	0.963	4	9
21	10	2674	13	13	5	2312	T	0.487	1.052	4	25
17	4	2675	7	16	48	2314	A	0.287	0.933	7	23
11	10	2675	5	43	47	2317	T	-0.221	1.061	4	54
5	4	2676	7	35	27	2319	A	0.995	0.934	4	25
29	9	2676	20	20	52	2322	T	-0.973	1.009	0	33
24	2	2677	1	29	55	2324	P	-1.111	0.791	0	0
20	8	2677	14	50	18	2327	P	1.028	0.918	0	0
13	2	2678	16	14	59	2330	T	-0.406	1.048	3	38
9	8	2678	15	23	56	2332	A	0.278	0.949	5	30
3	2	2679	7	49	0	2335	T	0.269	1.031	2	54
29	7	2679	18	37	6	2338	A	-0.493	0.985	1	44
23	1	2680	19	32	56	2340	A	0.997	0.964	2	46
18	6	2680	21	8	8	2342	P	1.331	0.383	0	0
18	7	2680	4	58	41	2343	P	-1.221	0.592	0	0
13	12	2680	5	25	3	2345	P	-1.287	0.471	0	0
8	6	2681	14	7	31	2348	T	0.595	1.072	4	54
2	12	2681	4	53	55	2350	A	-0.595	0.933	6	18
29	5	2682	5	56	13	2353	T	-0.142	1.039	3	59
21	11	2682	9	54	31	2356	A	0.135	0.987	1	32
18	5	2683	16	10	8	2358	A	-0.937	0.971	2	44
10	11	2683	22	7	55	2361	T	0.827	1.033	2	49
7	4	2684	2	17	17	2363	P	1.226	0.573	0	0
1	10	2684	5	28	3	2366	P	-1.104	0.816	0	0
30	10	2684	14	11	22	2367	P	1.486	0.087	0	0
27	3	2685	3	35	9	2369	A	0.489	0.955	4	48
20	9	2685	18	50	12	2371	H	-0.401	1.007	0	42
16	3	2686	11	34	58	2374	H	-0.249	1.009	0	54
10	9	2686	1	25	58	2377	A	0.365	0.959	4	41
6	3	2687	1	38	13	2379	T	-0.923	1.037	2	19
30	8	2687	2	19	46	2382	P	1.124	0.749	0	0
25	1	2688	6	24	18	2384	P	1.114	0.786	0	0
19	7	2688	16	22	31	2387	A	-0.914	0.993	0	41
13	1	2689	16	18	41	2390	A	0.458	0.961	4	52
9	7	2689	4	36	31	2392	T	-0.112	1.057	5	31
2	1	2690	18	52	25	2395	A	-0.236	0.923	9	17
28	6	2690	21	18	7	2398	T	0.627	1.076	5	0
22	12	2690	17	55	30	2401	A	-0.914	0.917	5	52
20	5	2691	4	55	9	2403	P	-1.220	0.592	0	0
18	6	2691	13	52	32	2403	P	1.382	0.288	0	0
12	11	2691	7	38	14	2405	P	1.265	0.510	0	0
11	12	2691	21	5	53	2406	P	-1.550	0.011	0	0
8	5	2692	13	2	3	2408	A	-0.507	0.963	4	21

GG	MM	AAAA	HH	MM	SS	DT	TIPO	GAMMA	MAG	DURATA	
31	10	2692	21	27	40	2411	T	0.521	1.050	4	23
27	4	2693	14	23	45	2414	A	0.232	0.936	7	12
21	10	2693	13	50	36	2416	T	-0.179	1.057	4	37
16	4	2694	15	1	10	2419	A	0.949	0.942	4	5
11	10	2694	4	4	20	2422	H	-0.926	1.005	0	21
7	3	2695	9	58	56	2424	P	-1.124	0.769	0	0
31	8	2695	21	32	2	2427	P	1.106	0.782	0	0
25	2	2696	0	58	48	2429	T	-0.418	1.050	3	48
19	8	2696	21	57	56	2432	A	0.361	0.949	5	24
13	2	2697	16	33	4	2435	T	0.261	1.030	2	46
9	8	2697	1	29	22	2437	A	-0.412	0.988	1	20
3	2	2698	4	1	19	2440	A	0.993	0.963	2	52
30	6	2698	4	35	43	2442	P	1.398	0.254	0	0
29	7	2698	12	15	55	2443	P	-1.144	0.739	0	0
24	12	2698	13	21	8	2445	P	-1.301	0.449	0	0
19	6	2699	21	42	32	2448	T	0.664	1.072	4	38
13	12	2699	12	52	50	2451	A	-0.611	0.932	6	8
9	6	2700	13	23	20	2453	T	-0.075	1.038	3	49
2	12	2700	18	9	37	2456	A	0.116	0.987	1	26
29	5	2701	23	16	46	2459	A	-0.873	0.972	2	54
22	11	2701	6	34	42	2462	T	0.803	1.033	2	56
19	4	2702	9	30	34	2464	P	1.274	0.494	0	0
13	10	2702	13	25	52	2467	P	-1.150	0.726	0	0
11	11	2702	22	34	30	2467	P	1.460	0.139	0	0
8	4	2703	11	13	59	2469	A	0.526	0.961	4	1
3	10	2703	2	21	25	2472	H	-0.457	1.001	0	3
27	3	2704	19	45	56	2475	H	-0.221	1.015	1	29
21	9	2704	8	23	52	2477	A	0.298	0.955	5	26
17	3	2705	10	10	57	2480	T	-0.903	1.042	2	44
10	9	2705	8	59	54	2483	P	1.048	0.877	0	0
5	2	2706	15	7	13	2485	P	1.122	0.771	0	0
31	7	2706	23	20	38	2488	A	-0.989	0.991	0	41
26	1	2707	0	42	5	2491	A	0.465	0.959	5	8
21	7	2707	11	58	10	2493	T	-0.187	1.059	5	48
15	1	2708	2	56	17	2496	A	-0.228	0.921	9	38
10	7	2708	4	49	16	2499	T	0.555	1.077	5	22
3	1	2709	1	57	50	2502	A	-0.902	0.917	5	55
31	5	2709	12	21	17	2504	P	-1.287	0.470	0	0
29	6	2709	21	16	23	2504	P	1.316	0.414	0	0
23	11	2709	15	53	41	2507	P	1.284	0.476	0	0
23	12	2709	5	25	45	2507	P	-1.535	0.037	0	0
20	5	2710	20	7	3	2510	A	-0.574	0.962	4	34
13	11	2710	5	50	18	2512	T	0.549	1.049	4	20
9	5	2711	21	21	41	2515	A	0.170	0.939	7	5
2	11	2711	22	5	2	2518	T	-0.145	1.052	4	21
27	4	2712	22	19	8	2521	A	0.896	0.949	3	41
22	10	2712	11	55	16	2523	H	-0.887	1.001	0	3
18	3	2713	18	21	32	2526	P	-1.143	0.736	0	0
12	9	2713	4	18	12	2528	P	1.181	0.654	0	0
8	3	2714	9	37	13	2531	T	-0.434	1.052	4	1
1	9	2714	4	36	50	2534	A	0.440	0.947	5	24
26	2	2715	1	11	19	2537	T	0.249	1.030	2	42
21	8	2715	8	26	53	2539	A	-0.333	0.990	1	3

GG	MM	AAAA	HH	MM	SS	DT	TIPO	GAMMA	MAG	DURATA	
15	2	2716	12	26	26	2542	A	0.987	0.962	2	55
11	7	2716	12	1	43	2545	P	1.467	0.122	0	0
9	8	2716	19	35	30	2545	P	-1.067	0.883	0	0
4	1	2717	21	20	53	2547	P	-1.312	0.431	0	0
1	7	2717	5	13	30	2550	T	0.737	1.071	4	20
24	12	2717	20	58	6	2553	A	-0.621	0.933	6	0
20	6	2718	20	43	15	2556	T	-0.003	1.036	3	34
14	12	2718	2	32	46	2558	A	0.103	0.989	1	17
10	6	2719	6	16	10	2561	A	-0.803	0.973	3	4
3	12	2719	15	8	0	2564	T	0.784	1.033	3	1
29	4	2720	16	37	17	2566	P	1.326	0.406	0	0
23	10	2720	21	30	13	2569	P	-1.192	0.647	0	0
22	11	2720	7	3	47	2570	P	1.439	0.181	0	0
18	4	2721	18	47	26	2572	A	0.567	0.966	3	17
13	10	2721	9	57	38	2575	A	-0.508	0.994	0	34
8	4	2722	3	51	3	2577	T	-0.188	1.021	2	6
2	10	2722	15	28	6	2580	A	0.238	0.950	6	13
28	3	2723	18	35	42	2583	T	-0.877	1.046	3	13
21	9	2723	15	48	55	2586	A	0.980	0.929	5	24
16	2	2724	23	45	25	2588	P	1.133	0.751	0	0
11	8	2724	6	23	26	2591	P	-1.061	0.880	0	0
5	2	2725	9	2	1	2594	A	0.473	0.957	5	17
31	7	2725	19	21	13	2597	T	-0.261	1.061	5	57
25	1	2726	10	59	24	2599	A	-0.219	0.921	9	52
21	7	2726	12	17	48	2602	T	0.481	1.078	5	43
14	1	2727	10	3	51	2605	A	-0.892	0.919	5	57
11	6	2727	19	39	1	2607	P	-1.359	0.337	0	0
11	7	2727	4	36	5	2608	P	1.247	0.544	0	0
5	12	2727	0	17	21	2610	P	1.297	0.452	0	0
3	1	2728	13	50	32	2611	P	-1.523	0.057	0	0
31	5	2728	3	3	54	2613	A	-0.646	0.961	4	48
23	11	2728	14	20	46	2616	T	0.570	1.047	4	17
20	5	2729	4	11	51	2619	A	0.102	0.941	7	1
13	11	2729	6	26	10	2621	T	-0.116	1.048	4	5
9	5	2730	5	30	52	2624	A	0.836	0.956	3	16
2	11	2730	19	52	57	2627	A	-0.854	0.996	0	17
30	3	2731	2	38	14	2629	P	-1.167	0.693	0	0
28	4	2731	13	11	25	2630	P	1.516	0.052	0	0
23	9	2731	11	10	46	2632	P	1.249	0.537	0	0
18	3	2732	18	10	35	2635	T	-0.455	1.054	4	15
11	9	2732	11	21	54	2638	A	0.514	0.946	5	29
8	3	2733	9	44	50	2641	T	0.234	1.030	2	39
31	8	2733	15	30	17	2643	A	-0.259	0.992	0	49
25	2	2734	20	45	26	2646	A	0.977	0.962	2	55
21	8	2734	2	59	13	2649	T	-0.994	1.033	2	8
16	1	2735	5	21	36	2652	P	-1.322	0.414	0	0
12	7	2735	12	43	11	2654	T	0.810	1.068	3	59
5	1	2736	5	6	12	2657	A	-0.630	0.934	5	50
1	7	2736	3	59	45	2660	T	0.071	1.034	3	15
24	12	2736	11	0	57	2663	A	0.093	0.990	1	6
20	6	2737	13	8	0	2666	A	-0.728	0.973	3	14
13	12	2737	23	47	43	2668	T	0.770	1.033	3	3
10	5	2738	23	34	31	2671	P	1.386	0.304	0	0

GG	MM	AAAA	HH	MM	SS	DT	TIPO	GAMMA	MAG	DURATA	
9	6	2738	15	23	2	2671	P	-1.510	0.090	0	0
4	11	2738	5	42	27	2674	P	-1.226	0.583	0	0
3	12	2738	15	40	13	2674	P	1.424	0.210	0	0
30	4	2739	2	11	56	2677	A	0.616	0.971	2	37
24	10	2739	17	41	47	2679	A	-0.551	0.987	1	8
18	4	2740	11	49	23	2682	T	-0.149	1.027	2	43
12	10	2740	22	38	24	2685	A	0.184	0.946	6	59
8	4	2741	2	54	50	2688	T	-0.845	1.051	3	46
1	10	2741	22	44	42	2691	A	0.916	0.930	6	14
27	2	2742	8	19	28	2693	P	1.147	0.725	0	0
22	8	2742	13	29	55	2696	P	-1.131	0.753	0	0
16	2	2743	17	18	53	2699	A	0.484	0.955	5	20
12	8	2743	2	47	40	2702	T	-0.333	1.062	5	56
5	2	2744	19	0	30	2705	A	-0.209	0.920	10	1
31	7	2744	19	48	25	2707	T	0.408	1.078	5	59
24	1	2745	18	10	38	2710	A	-0.882	0.921	5	58
22	6	2745	2	51	30	2713	P	-1.435	0.199	0	0
21	7	2745	11	53	46	2713	P	1.177	0.676	0	0
15	12	2745	8	47	8	2716	P	1.306	0.436	0	0
13	1	2746	22	18	11	2716	P	-1.513	0.073	0	0
11	6	2746	9	53	44	2718	A	-0.723	0.959	4	59
4	12	2746	22	57	39	2721	T	0.586	1.045	4	15
31	5	2747	10	54	36	2724	A	0.027	0.944	7	1
24	11	2747	14	54	29	2727	T	-0.094	1.044	3	49
19	5	2748	12	36	24	2730	A	0.771	0.962	2	53
13	11	2748	3	56	37	2733	A	-0.827	0.991	0	37
9	4	2749	10	47	47	2735	P	-1.198	0.636	0	0
8	5	2749	20	49	43	2736	P	1.461	0.151	0	0
3	10	2749	18	9	52	2738	P	1.312	0.430	0	0
30	3	2750	2	35	25	2741	T	-0.483	1.057	4	31
22	9	2750	18	14	45	2744	A	0.582	0.945	5	40
19	3	2751	18	10	35	2747	T	0.213	1.030	2	38
11	9	2751	22	41	5	2750	A	-0.190	0.993	0	40
8	3	2752	4	57	54	2752	A	0.963	0.962	2	52
31	8	2752	10	28	18	2755	T	-0.924	1.039	2	46
26	1	2753	13	23	39	2758	P	-1.331	0.400	0	0
22	7	2753	20	10	2	2761	T	0.885	1.065	3	35
15	1	2754	13	18	44	2764	A	-0.636	0.936	5	39
12	7	2754	11	11	56	2766	T	0.148	1.031	2	52
4	1	2755	19	33	47	2769	A	0.086	0.992	0	52
1	7	2755	19	55	36	2772	A	-0.650	0.972	3	24
25	12	2755	8	32	19	2775	T	0.759	1.034	3	5
21	5	2756	6	26	50	2778	P	1.449	0.196	0	0
19	6	2756	21	57	7	2778	P	-1.433	0.223	0	0
14	11	2756	13	59	51	2780	P	-1.256	0.527	0	0
14	12	2756	0	20	29	2781	P	1.412	0.233	0	0
10	5	2757	9	32	11	2783	A	0.669	0.976	2	1
4	11	2757	1	31	50	2786	A	-0.589	0.981	1	39
29	4	2758	19	40	31	2789	T	-0.103	1.033	3	18
24	10	2758	5	56	58	2792	A	0.136	0.941	7	44
19	4	2759	11	5	50	2795	T	-0.807	1.056	4	22
13	10	2759	5	50	16	2798	A	0.860	0.930	7	0
9	3	2760	16	45	54	2800	P	1.167	0.689	0	0

GG	MM	AAAA	HH	MM	SS	DT	TIPO	GAMMA	MAG	DURATA	
8	4	2760	3	22	7	2801	P	-1.510	0.048	0	0
1	9	2760	20	44	19	2803	P	-1.195	0.637	0	0
1	10	2760	8	36	13	2804	P	1.544	0.018	0	0
27	2	2761	1	29	39	2806	A	0.499	0.954	5	17
22	8	2761	10	17	10	2809	T	-0.403	1.063	5	47
16	2	2762	2	58	17	2812	A	-0.196	0.921	10	4
12	8	2762	3	19	41	2815	T	0.337	1.077	6	11
5	2	2763	2	16	47	2818	A	-0.872	0.923	5	58
3	7	2763	9	58	23	2820	P	-1.513	0.056	0	0
1	8	2763	19	10	33	2821	P	1.107	0.807	0	0
26	12	2763	17	23	22	2823	P	1.310	0.428	0	0
25	1	2764	6	48	13	2824	P	-1.505	0.086	0	0
21	6	2764	16	37	3	2826	A	-0.804	0.957	5	6
15	12	2764	7	40	2	2829	T	0.598	1.044	4	12
10	6	2765	17	31	59	2832	A	-0.052	0.946	7	2
4	12	2765	23	28	46	2835	T	-0.077	1.040	3	33
30	5	2766	19	36	2	2838	A	0.700	0.969	2	29
24	11	2766	12	7	7	2841	A	-0.805	0.986	0	59
20	4	2767	18	51	20	2843	P	-1.234	0.569	0	0
20	5	2767	4	23	19	2844	P	1.401	0.259	0	0
15	10	2767	1	16	22	2846	P	1.367	0.337	0	0
9	4	2768	10	54	27	2849	T	-0.516	1.060	4	48
3	10	2768	1	16	28	2852	A	0.643	0.943	5	54
30	3	2769	2	29	32	2855	T	0.187	1.031	2	40
22	9	2769	5	59	23	2858	A	-0.125	0.994	0	33
19	3	2770	13	2	32	2861	A	0.942	0.962	2	48
11	9	2770	18	4	10	2864	T	-0.858	1.042	3	0
6	2	2771	21	22	12	2866	P	-1.343	0.380	0	0
3	8	2771	3	38	34	2869	T	0.959	1.059	3	5
26	1	2772	21	31	18	2872	A	-0.643	0.938	5	27
22	7	2772	18	22	15	2875	T	0.226	1.027	2	27
15	1	2773	4	8	33	2878	A	0.080	0.995	0	35
12	7	2773	2	38	32	2881	A	-0.569	0.971	3	35
4	1	2774	17	20	31	2884	T	0.752	1.034	3	7
1	6	2774	13	10	10	2886	P	1.520	0.074	0	0
1	7	2774	4	24	54	2887	P	-1.349	0.366	0	0
25	11	2774	22	25	15	2889	P	-1.278	0.485	0	0
25	12	2774	9	6	23	2890	P	1.405	0.247	0	0
21	5	2775	16	45	20	2892	A	0.729	0.980	1	31
15	11	2775	9	29	2	2895	A	-0.620	0.975	2	7
10	5	2776	3	25	50	2898	T	-0.051	1.039	3	50
3	11	2776	13	23	19	2901	A	0.096	0.937	8	25
29	4	2777	19	10	9	2904	T	-0.763	1.061	5	0
23	10	2777	13	4	19	2907	A	0.810	0.929	7	45
21	3	2778	1	6	37	2909	P	1.191	0.645	0	0
19	4	2778	11	29	53	2910	P	-1.477	0.110	0	0
13	9	2778	4	5	3	2912	P	-1.254	0.529	0	0
12	10	2778	16	3	27	2913	P	1.490	0.113	0	0
10	3	2779	9	33	37	2915	A	0.519	0.954	5	10
2	9	2779	17	52	25	2918	T	-0.468	1.062	5	31
27	2	2780	10	51	54	2921	A	-0.180	0.922	10	3
22	8	2780	10	53	34	2924	T	0.267	1.075	6	16
15	2	2781	10	20	50	2927	A	-0.860	0.926	5	57

GG	MM	AAAA	HH	MM	SS	DT	TIPO	GAMMA	MAG	DURATA	
12	8	2781	2	27	39	2930	P	1.037	0.935	0	0
6	1	2782	2	2	17	2933	P	1.313	0.423	0	0
4	2	2782	15	16	43	2933	P	-1.494	0.103	0	0
2	7	2782	23	15	18	2936	A	-0.889	0.953	5	6
26	12	2782	16	26	47	2939	T	0.607	1.044	4	10
22	6	2783	0	5	19	2942	A	-0.135	0.948	7	4
16	12	2783	8	7	8	2945	T	-0.064	1.036	3	18
10	6	2784	2	32	16	2948	A	0.625	0.974	2	7
4	12	2784	20	23	18	2951	A	-0.790	0.981	1	19
1	5	2785	2	47	4	2953	P	-1.276	0.489	0	0
30	5	2785	11	50	35	2954	P	1.335	0.381	0	0
25	10	2785	8	31	14	2956	P	1.416	0.256	0	0
24	11	2785	1	44	26	2957	P	-1.550	0.027	0	0
20	4	2786	19	4	46	2959	T	-0.556	1.062	5	5
14	10	2786	8	28	6	2962	A	0.696	0.941	6	11
10	4	2787	10	38	57	2965	T	0.152	1.031	2	43
3	10	2787	13	27	30	2968	A	-0.069	0.995	0	29
29	3	2788	20	59	26	2971	A	0.916	0.963	2	43
22	9	2788	1	45	51	2974	T	-0.797	1.044	3	8
17	2	2789	5	19	18	2976	P	-1.356	0.359	0	0
13	8	2789	11	7	4	2979	P	1.032	0.958	0	0
11	9	2789	18	18	50	2980	P	-1.485	0.086	0	0
6	2	2790	5	44	15	2982	A	-0.649	0.941	5	12
3	8	2790	1	30	57	2986	T	0.304	1.023	2	0
26	1	2791	12	45	16	2988	A	0.075	0.998	0	15
23	7	2791	9	20	33	2992	A	-0.487	0.969	3	46
16	1	2792	2	9	57	2995	T	0.745	1.035	3	9
11	7	2792	10	53	2	2998	P	-1.265	0.509	0	0
6	12	2792	6	55	37	3000	P	-1.297	0.450	0	0
4	1	2793	17	54	33	3001	P	1.400	0.257	0	0
31	5	2793	23	54	30	3003	A	0.793	0.985	1	6
25	11	2793	17	32	25	3006	A	-0.645	0.969	2	32
21	5	2794	11	5	18	3009	T	0.007	1.044	4	16
14	11	2794	20	57	54	3012	A	0.062	0.933	9	2
11	5	2795	3	6	46	3015	T	-0.713	1.065	5	37
3	11	2795	20	29	4	3018	A	0.768	0.928	8	26
31	3	2796	9	18	22	3021	P	1.222	0.588	0	0
29	4	2796	19	28	58	3021	P	-1.438	0.184	0	0
23	9	2796	11	33	43	3024	P	-1.308	0.431	0	0
22	10	2796	23	40	8	3024	P	1.443	0.197	0	0
20	3	2797	17	29	20	3027	A	0.545	0.953	5	0
13	9	2797	1	33	6	3030	T	-0.529	1.061	5	11
9	3	2798	18	37	54	3033	A	-0.158	0.924	9	57
2	9	2798	18	30	51	3036	T	0.201	1.072	6	14
26	2	2799	18	21	15	3039	A	-0.843	0.930	5	54
23	8	2799	9	46	32	3042	T	0.970	1.020	1	11
17	1	2800	10	43	57	3044	P	1.314	0.420	0	0
15	2	2800	23	44	6	3045	P	-1.482	0.123	0	0
13	7	2800	5	50	34	3047	A	-0.975	0.948	4	52
6	1	2801	1	17	30	3050	T	0.613	1.043	4	7
2	7	2801	6	34	26	3053	A	-0.221	0.949	7	3
26	12	2801	16	50	37	3056	T	-0.056	1.033	3	4
21	6	2802	9	25	30	3060	A	0.546	0.980	1	46

GG	MM	AAAA	HH	MM	SS	DT	TIPO	GAMMA	MAG	DURATA	
16	12	2802	4	44	25	3063	A	-0.778	0.977	1	39
12	5	2803	10	37	20	3065	P	-1.324	0.398	0	0
10	6	2803	19	15	11	3066	P	1.265	0.509	0	0
5	11	2803	15	54	34	3068	P	1.457	0.187	0	0
5	12	2803	9	36	34	3069	P	-1.531	0.060	0	0
1	5	2804	3	9	24	3071	T	-0.602	1.064	5	21
24	10	2804	15	48	2	3074	A	0.743	0.939	6	30
20	4	2805	18	41	9	3077	T	0.113	1.031	2	46
13	10	2805	21	4	29	3080	A	-0.018	0.995	0	27
10	4	2806	4	45	31	3083	A	0.881	0.964	2	39
3	10	2806	9	36	12	3086	T	-0.743	1.045	3	10
28	2	2807	13	10	8	3089	P	-1.374	0.329	0	0
24	8	2807	18	39	28	3092	P	1.102	0.823	0	0
23	9	2807	2	8	10	3093	P	-1.430	0.193	0	0
17	2	2808	13	53	37	3095	A	-0.660	0.944	4	56
13	8	2808	8	40	55	3098	T	0.381	1.018	1	32
5	2	2809	21	20	58	3101	H	0.068	1.001	0	6
2	8	2809	15	59	43	3104	A	-0.403	0.967	3	58
26	1	2810	11	0	54	3107	T	0.740	1.037	3	11
22	7	2810	17	18	37	3110	P	-1.178	0.658	0	0
17	12	2810	15	31	45	3113	P	-1.311	0.425	0	0
16	1	2811	2	44	41	3113	P	1.397	0.263	0	0
12	6	2811	6	58	46	3116	A	0.862	0.988	0	47
7	12	2811	1	42	19	3119	A	-0.664	0.964	2	55
31	5	2812	18	39	58	3122	T	0.069	1.049	4	36
25	11	2812	4	39	2	3125	A	0.034	0.929	9	33
21	5	2813	10	57	38	3128	T	-0.657	1.069	6	11
14	11	2813	4	2	23	3131	A	0.733	0.928	9	4
11	4	2814	17	21	36	3134	P	1.259	0.520	0	0
11	5	2814	3	19	42	3134	P	-1.392	0.270	0	0
4	10	2814	19	10	43	3137	P	-1.355	0.344	0	0
3	11	2814	7	26	40	3138	P	1.402	0.268	0	0
1	4	2815	1	17	7	3140	A	0.577	0.953	4	48
24	9	2815	9	20	27	3143	T	-0.584	1.060	4	48
20	3	2816	2	17	34	3146	A	-0.131	0.926	9	48
13	9	2816	2	13	14	3149	T	0.139	1.069	6	6
9	3	2817	2	16	54	3152	A	-0.822	0.935	5	49
2	9	2817	17	7	37	3155	T	0.905	1.019	1	14
27	1	2818	19	25	58	3158	P	1.316	0.417	0	0
26	2	2818	8	7	44	3159	P	-1.467	0.149	0	0
24	7	2818	12	24	20	3161	P	-1.061	0.862	0	0
17	1	2819	10	8	37	3164	T	0.618	1.043	4	4
13	7	2819	13	3	16	3167	A	-0.307	0.950	6	58
7	1	2820	1	36	11	3170	T	-0.050	1.030	2	51
1	7	2820	16	17	3	3174	A	0.465	0.985	1	24
26	12	2820	13	8	54	3177	A	-0.771	0.973	1	59
22	5	2821	18	21	1	3179	P	-1.378	0.295	0	0
21	6	2821	2	35	50	3180	P	1.192	0.646	0	0
15	11	2821	23	26	43	3182	P	1.491	0.131	0	0
15	12	2821	17	34	54	3183	P	-1.518	0.085	0	0
12	5	2822	11	4	34	3185	T	-0.655	1.065	5	34
4	11	2822	23	19	12	3188	A	0.782	0.938	6	49
2	5	2823	2	34	5	3192	T	0.066	1.031	2	51

GG	MM	AAAA	HH	MM	SS	DT	TIPO	GAMMA	MAG	DURATA
25	10	2823	4	50	58	3195	A	0.025	0.996	0 26
20	4	2824	12	23	21	3198	A	0.841	0.965	2 35
13	10	2824	17	34	17	3201	T	-0.694	1.045	3 10
10	3	2825	20	56	44	3204	P	-1.395	0.293	0 0
4	9	2825	2	13	41	3207	P	1.170	0.692	0 0
3	10	2825	10	2	41	3207	P	-1.379	0.292	0 0
27	2	2826	22	1	0	3210	A	-0.673	0.948	4 38
24	8	2826	15	52	15	3213	H	0.456	1.012	1 3
17	2	2827	5	54	44	3216	H	0.059	1.005	0 30
13	8	2827	22	41	10	3219	A	-0.322	0.964	4 12
6	2	2828	19	50	44	3222	T	0.733	1.039	3 15
1	8	2828	23	45	36	3225	P	-1.092	0.805	0 0
28	12	2828	0	10	20	3228	P	-1.323	0.404	0 0
26	1	2829	11	34	12	3228	P	1.394	0.269	0 0
22	6	2829	14	1	25	3231	A	0.933	0.990	0 35
17	12	2829	9	56	19	3234	A	-0.679	0.959	3 15
12	6	2830	2	9	55	3237	T	0.137	1.054	4 50
6	12	2830	12	27	18	3240	A	0.012	0.926	9 57
1	6	2831	18	42	34	3244	T	-0.596	1.072	6 39
25	11	2831	11	44	6	3247	A	0.704	0.927	9 32
22	4	2832	1	15	31	3249	P	1.303	0.440	0 0
21	5	2832	11	2	59	3250	P	-1.341	0.366	0 0
15	10	2832	2	57	22	3252	P	-1.396	0.270	0 0
13	11	2832	15	23	4	3253	P	1.368	0.327	0 0
11	4	2833	8	54	12	3256	A	0.618	0.953	4 34
4	10	2833	17	14	56	3259	T	-0.635	1.058	4 23
31	3	2834	9	48	16	3262	A	-0.096	0.928	9 33
24	9	2834	10	1	22	3265	T	0.082	1.065	5 51
20	3	2835	10	6	6	3268	A	-0.795	0.940	5 41
14	9	2835	0	33	18	3271	T	0.844	1.015	1 7
8	2	2836	4	8	21	3274	P	1.317	0.413	0 0
8	3	2836	16	28	20	3274	P	-1.448	0.181	0 0
3	8	2836	18	56	34	3277	P	-1.147	0.712	0 0
27	1	2837	19	1	17	3280	T	0.622	1.044	4 2
23	7	2837	19	31	12	3283	A	-0.395	0.951	6 47
17	1	2838	10	23	36	3286	T	-0.045	1.028	2 39
12	7	2838	23	8	16	3290	A	0.383	0.989	1 3
6	1	2839	21	36	5	3293	A	-0.766	0.969	2 17
3	6	2839	2	1	17	3295	P	-1.435	0.185	0 0
2	7	2839	9	56	30	3296	P	1.118	0.787	0 0
27	11	2839	7	5	15	3299	P	1.520	0.085	0 0
27	12	2839	1	35	57	3299	P	-1.507	0.104	0 0
22	5	2840	18	55	22	3302	T	-0.712	1.066	5 41
15	11	2840	6	59	0	3305	A	0.814	0.936	7 5
12	5	2841	10	18	35	3308	T	0.013	1.031	2 55
4	11	2841	12	47	1	3311	A	0.061	0.996	0 25
1	5	2842	19	50	36	3314	A	0.793	0.966	2 33
25	10	2842	1	41	24	3317	T	-0.653	1.045	3 9
22	3	2843	4	34	11	3320	P	-1.424	0.244	0 0
20	4	2843	22	9	23	3321	P	1.555	0.021	0 0
15	9	2843	9	54	0	3323	P	1.232	0.572	0 0
14	10	2843	18	5	30	3324	P	-1.335	0.376	0 0
10	3	2844	6	2	50	3326	A	-0.691	0.952	4 18

GG	MM	AAAA	HH	MM	SS	DT	TIPO	GAMMA	MAG	DURATA
3	9	2844	23	5	38	3330	H	0.528	1.006	0 32
27	2	2845	14	25	3	3333	H	0.047	1.010	0 55
24	8	2845	5	23	5	3336	A	-0.241	0.960	4 30
17	2	2846	4	37	38	3339	T	0.723	1.041	3 20
13	8	2846	6	14	4	3342	A	-1.006	0.952	0 0
8	1	2847	8	52	24	3345	P	-1.331	0.389	0 0
6	2	2847	20	22	50	3346	P	1.390	0.276	0 0
3	7	2847	21	2	28	3348	P	1.007	0.978	0 0
28	12	2847	18	13	42	3351	A	-0.691	0.955	3 34
22	6	2848	9	37	37	3355	T	0.206	1.058	4 57
16	12	2848	20	21	20	3358	A	-0.004	0.923	10 13
12	6	2849	2	21	56	3361	T	-0.531	1.075	7 0
5	12	2849	19	34	20	3364	A	0.681	0.927	9 51
3	5	2850	9	1	2	3367	P	1.354	0.347	0 0
1	6	2850	18	39	24	3367	P	-1.285	0.473	0 0
26	10	2850	10	52	49	3370	P	-1.431	0.207	0 0
24	11	2850	23	27	55	3370	P	1.341	0.376	0 0
22	4	2851	16	22	32	3373	A	0.664	0.953	4 20
16	10	2851	1	17	27	3376	T	-0.679	1.055	4 0
10	4	2852	17	12	1	3379	A	-0.056	0.931	9 13
4	10	2852	17	54	44	3383	T	0.030	1.060	5 31
30	3	2853	17	49	21	3386	A	-0.763	0.945	5 29
24	9	2853	8	3	33	3389	H	0.788	1.011	0 52
18	2	2854	12	46	44	3392	P	1.323	0.402	0 0
20	3	2854	0	41	36	3392	P	-1.423	0.225	0 0
15	8	2854	1	31	2	3395	P	-1.231	0.567	0 0
8	2	2855	3	51	22	3398	T	0.629	1.045	4 0
4	8	2855	2	2	2	3401	A	-0.480	0.951	6 32
28	1	2856	19	9	9	3405	T	-0.040	1.026	2 30
23	7	2856	6	1	10	3408	A	0.301	0.993	0 43
17	1	2857	6	4	5	3411	A	-0.763	0.966	2 34
13	6	2857	9	35	5	3414	P	-1.497	0.064	0 0
12	7	2857	17	14	23	3414	P	1.040	0.934	0 0
7	12	2857	14	52	22	3417	P	1.541	0.050	0 0
6	1	2858	9	41	23	3417	P	-1.499	0.117	0 0
3	6	2858	2	37	58	3420	T	-0.775	1.066	5 38
26	11	2858	14	48	33	3423	A	0.838	0.935	7 17
23	5	2859	17	54	35	3426	T	-0.047	1.030	2 58
15	11	2859	20	52	40	3430	A	0.090	0.996	0 23
12	5	2860	3	9	22	3433	A	0.738	0.967	2 33
4	11	2860	9	55	28	3436	T	-0.617	1.044	3 7
1	4	2861	12	6	4	3439	P	-1.457	0.188	0 0
1	5	2861	5	17	17	3439	P	1.503	0.107	0 0
25	9	2861	17	38	14	3442	P	1.291	0.461	0 0
25	10	2861	2	14	31	3443	P	-1.296	0.450	0 0
21	3	2862	13	59	8	3445	A	-0.715	0.957	3 55
15	9	2862	6	23	8	3449	A	0.596	1.000	0 1
10	3	2863	22	51	8	3452	H	0.030	1.015	1 21
4	9	2863	12	9	14	3455	A	-0.165	0.957	4 50
28	2	2864	13	20	36	3458	T	0.711	1.044	3 26
23	8	2864	12	47	18	3461	A	-0.923	0.938	5 47
18	1	2865	17	34	21	3464	P	-1.340	0.374	0 0
17	2	2865	5	7	43	3465	P	1.384	0.287	0 0

GG	MM	AAAA	HH	MM	SS	DT	TIPO	GAMMA	MAG	DURATA
14	7	2865	4	3	3	3467	P	1.081	0.845	0 0
8	1	2866	2	33	7	3471	A	-0.701	0.952	3 51
3	7	2866	17	3	16	3474	T	0.279	1.061	4 59
28	12	2866	4	18	59	3477	A	-0.018	0.921	10 19
23	6	2867	9	57	35	3480	T	-0.462	1.077	7 10
17	12	2867	3	31	29	3484	A	0.663	0.927	9 55
13	5	2868	16	37	7	3486	P	1.411	0.243	0 0
12	6	2868	2	8	55	3487	P	-1.223	0.589	0 0
5	11	2868	18	57	9	3489	P	-1.459	0.156	0 0
5	12	2868	7	40	55	3490	P	1.319	0.414	0 0
2	5	2869	23	40	23	3493	A	0.719	0.953	4 5
26	10	2869	9	28	7	3496	T	-0.716	1.053	3 38
22	4	2870	0	24	56	3499	A	-0.006	0.934	8 47
16	10	2870	1	55	41	3502	T	-0.015	1.056	5 7
11	4	2871	1	25	37	3506	A	-0.724	0.951	5 12
5	10	2871	15	39	10	3509	H	0.737	1.006	0 30
29	2	2872	21	22	44	3512	P	1.331	0.386	0 0
30	3	2872	8	50	29	3512	P	-1.393	0.277	0 0
25	8	2872	8	7	26	3515	P	-1.312	0.428	0 0
23	9	2872	22	50	2	3515	P	1.538	0.036	0 0
18	2	2873	12	39	50	3518	T	0.637	1.046	3 59
14	8	2873	8	34	15	3521	A	-0.565	0.951	6 12
8	2	2874	3	54	12	3525	T	-0.034	1.024	2 23
3	8	2874	12	56	53	3528	A	0.220	0.996	0 24
28	1	2875	14	30	34	3531	A	-0.759	0.964	2 50
24	7	2875	0	34	50	3535	T	0.964	1.039	2 4
18	12	2875	22	44	21	3537	P	1.558	0.023	0 0
17	1	2876	17	47	1	3538	P	-1.493	0.129	0 0
13	6	2876	10	16	45	3541	T	-0.841	1.065	5 25
6	12	2876	22	44	54	3544	A	0.857	0.935	7 22
3	6	2877	1	23	34	3547	T	-0.111	1.029	2 58
26	11	2877	5	6	29	3550	A	0.113	0.997	0 21
23	5	2878	10	17	43	3554	A	0.675	0.968	2 36
15	11	2878	18	18	28	3557	T	-0.588	1.044	3 4
12	4	2879	19	28	29	3560	P	-1.497	0.118	0 0
12	5	2879	12	15	42	3560	P	1.444	0.207	0 0
7	10	2879	1	29	4	3563	P	1.344	0.361	0 0
5	11	2879	10	30	50	3563	P	-1.264	0.512	0 0
31	3	2880	21	48	29	3566	A	-0.745	0.962	3 32
25	9	2880	13	45	31	3569	A	0.658	0.993	0 36
21	3	2881	7	10	48	3573	T	0.007	1.020	1 49
14	9	2881	18	58	55	3576	A	-0.091	0.953	5 15
10	3	2882	21	58	32	3579	T	0.693	1.048	3 34
3	9	2882	19	25	39	3583	A	-0.844	0.939	5 52
30	1	2883	2	15	42	3585	P	-1.348	0.358	0 0
28	2	2883	13	48	3	3586	P	1.375	0.305	0 0
25	7	2883	11	5	22	3589	P	1.154	0.712	0 0
23	8	2883	22	19	19	3589	P	-1.552	0.001	0 0
19	1	2884	10	53	53	3592	A	-0.709	0.949	4 7
14	7	2884	0	27	39	3595	T	0.352	1.063	4 58
7	1	2885	12	20	24	3598	A	-0.029	0.920	10 20
3	7	2885	17	29	55	3602	T	-0.391	1.078	7 11
27	12	2885	11	34	23	3605	A	0.650	0.927	9 46

GG	MM	AAAA	HH	MM	SS	DT	TIPO	GAMMA	MAG	DURATA	
25	5	2886	0	4	54	3608	P	1.474	0.128	0	0
23	6	2886	9	33	12	3608	P	-1.158	0.712	0	0
17	11	2886	3	10	24	3611	P	-1.480	0.116	0	0
16	12	2886	16	0	53	3612	P	1.302	0.444	0	0
14	5	2887	6	50	27	3614	A	0.779	0.952	3	52
6	11	2887	17	45	34	3618	T	-0.748	1.050	3	18
2	5	2888	7	31	10	3621	A	0.049	0.937	8	17
26	10	2888	10	3	9	3624	T	-0.054	1.051	4	42
21	4	2889	8	53	56	3628	A	-0.678	0.957	4	49
15	10	2889	23	21	8	3631	H	0.692	1.000	0	2
12	3	2890	5	52	26	3634	P	1.345	0.360	0	0
10	4	2890	16	51	3	3634	P	-1.356	0.343	0	0
5	9	2890	14	49	0	3637	P	-1.388	0.298	0	0
5	10	2890	5	59	26	3638	P	1.484	0.131	0	0
1	3	2891	21	22	5	3640	T	0.650	1.048	3	58
25	8	2891	15	12	39	3644	A	-0.644	0.950	5	52
19	2	2892	12	34	51	3647	T	-0.025	1.023	2	18
13	8	2892	19	55	10	3650	A	0.141	0.999	0	8
7	2	2893	22	54	55	3654	A	-0.754	0.962	3	4
3	8	2893	7	55	25	3657	T	0.887	1.045	2	40
29	12	2893	6	42	3	3660	P	1.571	0.003	0	0
28	1	2894	1	52	44	3660	P	-1.486	0.140	0	0
24	6	2894	17	49	14	3663	T	-0.913	1.062	4	55
18	12	2894	6	49	29	3666	A	0.870	0.935	7	20
14	6	2895	8	45	51	3670	T	-0.181	1.028	2	55
7	12	2895	13	27	23	3673	A	0.131	0.997	0	17
2	6	2896	17	19	15	3676	A	0.607	0.968	2	42
26	11	2896	2	48	19	3680	T	-0.565	1.043	3	2
23	4	2897	2	43	17	3682	P	-1.544	0.038	0	0
22	5	2897	19	5	57	3683	P	1.377	0.319	0	0
17	10	2897	9	25	31	3686	P	1.392	0.272	0	0
15	11	2897	18	54	0	3686	P	-1.238	0.562	0	0
12	4	2898	5	31	42	3689	A	-0.780	0.967	3	6
6	10	2898	21	13	41	3692	A	0.715	0.986	1	13
1	4	2899	15	24	35	3696	T	-0.021	1.026	2	17
26	9	2899	1	55	26	3699	A	-0.024	0.949	5	44
22	3	2900	6	30	52	3702	T	0.672	1.051	3	44
15	9	2900	2	9	43	3706	A	-0.769	0.939	5	52
10	2	2901	10	54	17	3709	P	-1.359	0.340	0	0
11	3	2901	22	22	36	3709	P	1.362	0.330	0	0
5	8	2901	18	10	19	3712	P	1.227	0.580	0	0
4	9	2901	5	19	41	3712	P	-1.477	0.135	0	0
30	1	2902	19	12	16	3715	A	-0.718	0.947	4	21
26	7	2902	7	52	48	3719	T	0.426	1.065	4	54
19	1	2903	20	22	19	3722	A	-0.039	0.919	10	12
16	7	2903	1	0	45	3725	T	-0.318	1.078	7	4
8	1	2904	19	40	31	3729	A	0.639	0.928	9	24
5	6	2904	7	24	50	3732	P	1.543	0.004	0	0
4	7	2904	16	52	58	3732	P	-1.089	0.840	0	0
28	11	2904	11	32	6	3735	P	-1.496	0.087	0	0
28	12	2904	0	26	56	3735	P	1.289	0.467	0	0
25	5	2905	13	49	6	3738	A	0.848	0.951	3	39
18	11	2905	2	11	36	3742	T	-0.773	1.048	3	1

GG	MM	AAAA	HH	MM	SS	DT	TIPO	GAMMA	MAG	DURATA
14	5	2906	14	27	44	3745	A	0.112	0.940	7 41
7	11	2906	18	18	3	3748	T	-0.087	1.046	4 15
3	5	2907	16	15	29	3752	A	-0.625	0.963	4 20
28	10	2907	7	9	47	3755	A	0.653	0.995	0 31
23	3	2908	14	18	2	3758	P	1.363	0.326	0 0
22	4	2908	0	46	33	3758	P	-1.314	0.419	0 0
16	9	2908	21	33	42	3761	P	-1.461	0.175	0 0
16	10	2908	13	13	45	3762	P	1.435	0.217	0 0
13	3	2909	6	0	58	3765	T	0.666	1.050	3 56
5	9	2909	21	55	40	3768	A	-0.720	0.949	5 31
2	3	2910	21	10	45	3771	T	-0.014	1.023	2 15
26	8	2910	2	59	33	3775	H	0.066	1.001	0 6
20	2	2911	7	15	4	3778	A	-0.747	0.960	3 19
15	8	2911	15	20	21	3781	T	0.814	1.049	3 10
9	2	2912	9	55	8	3785	P	-1.478	0.154	0 0
6	7	2912	1	20	7	3788	T	-0.985	1.057	3 59
4	8	2912	8	4	45	3788	P	1.511	0.031	0 0
29	12	2912	14	58	37	3791	A	0.880	0.936	7 10
25	6	2913	16	1	38	3794	T	-0.255	1.026	2 45
18	12	2913	21	55	6	3798	A	0.143	0.999	0 10
15	6	2914	0	12	40	3801	A	0.534	0.968	2 52
8	12	2914	11	24	42	3805	T	-0.547	1.042	3 2
4	6	2915	1	48	52	3808	P	1.305	0.441	0 0
29	10	2915	17	29	53	3811	P	1.432	0.198	0 0
28	11	2915	3	24	22	3811	P	-1.218	0.599	0 0
23	4	2916	13	7	22	3814	A	-0.822	0.972	2 39
18	10	2916	4	47	37	3818	A	0.766	0.979	1 54
12	4	2917	23	31	15	3821	T	-0.056	1.031	2 48
7	10	2917	8	58	15	3824	A	0.037	0.944	6 19
2	4	2918	14	55	22	3828	T	0.643	1.055	3 55
26	9	2918	9	2	12	3831	A	-0.700	0.939	5 54
21	2	2919	19	29	46	3834	P	-1.372	0.317	0 0
23	3	2919	6	50	58	3835	P	1.344	0.363	0 0
17	8	2919	1	18	50	3837	P	1.296	0.453	0 0
15	9	2919	12	26	49	3838	P	-1.405	0.261	0 0
11	2	2920	3	28	36	3841	A	-0.729	0.945	4 34
5	8	2920	15	19	10	3844	T	0.499	1.066	4 48
30	1	2921	4	24	58	3848	A	-0.048	0.919	10 1
26	7	2921	8	29	29	3851	T	-0.243	1.077	6 50
19	1	2922	3	50	4	3854	A	0.629	0.930	8 53
16	7	2922	0	9	45	3858	P	-1.018	0.971	0 0
9	12	2922	19	59	54	3861	P	-1.507	0.066	0 0
8	1	2923	8	55	51	3861	P	1.278	0.486	0 0
5	6	2923	20	41	46	3864	A	0.921	0.948	3 28
29	11	2923	10	43	53	3867	T	-0.794	1.045	2 47
24	5	2924	21	17	54	3871	A	0.180	0.943	7 2
18	11	2924	2	38	44	3874	T	-0.114	1.041	3 47
13	5	2925	23	30	12	3878	A	-0.566	0.969	3 45
7	11	2925	15	5	14	3881	A	0.620	0.989	1 8
3	4	2926	22	34	55	3884	P	1.388	0.279	0 0
3	5	2926	8	33	18	3885	P	-1.265	0.510	0 0
28	9	2926	4	26	34	3887	P	-1.526	0.066	0 0
27	10	2926	20	36	57	3888	P	1.394	0.289	0 0

GG	MM	AAAA	HH	MM	SS	DT	TIPO	GAMMA	MAG	DURATA	
24	3	2927	14	32	3	3891	T	0.689	1.051	3	54
17	9	2927	4	46	5	3894	A	-0.790	0.947	5	10
13	3	2928	5	39	54	3898	T	0.003	1.022	2	13
5	9	2928	10	9	23	3901	H	-0.005	1.002	0	16
2	3	2929	15	29	16	3905	A	-0.735	0.960	3	32
25	8	2929	22	47	43	3908	T	0.741	1.052	3	37
19	2	2930	17	54	40	3911	P	-1.467	0.172	0	0
17	7	2930	8	47	32	3914	P	-1.059	0.906	0	0
15	8	2930	15	36	52	3915	P	1.443	0.164	0	0
9	1	2931	23	12	5	3918	A	0.886	0.937	6	52
6	7	2931	23	13	24	3921	T	-0.332	1.023	2	30
30	12	2931	6	28	24	3925	A	0.151	1.000	0	0
25	6	2932	7	0	1	3928	A	0.456	0.968	3	6
18	12	2932	20	6	44	3931	T	-0.534	1.042	3	1
14	6	2933	8	26	15	3935	P	1.228	0.572	0	0
9	11	2933	1	40	31	3938	P	1.468	0.134	0	0
8	12	2933	12	0	20	3938	P	-1.202	0.627	0	0
4	5	2934	20	36	37	3941	A	-0.871	0.976	2	12
29	10	2934	12	28	43	3945	A	0.811	0.973	2	35
24	4	2935	7	32	13	3948	T	-0.096	1.037	3	20
18	10	2935	16	7	51	3952	A	0.092	0.940	6	59
12	4	2936	23	13	37	3955	T	0.610	1.058	4	8
6	10	2936	16	2	39	3958	A	-0.637	0.939	5	57
4	3	2937	3	58	34	3961	P	-1.389	0.285	0	0
2	4	2937	15	10	19	3962	P	1.319	0.408	0	0
27	8	2937	8	32	10	3965	P	1.363	0.331	0	0
25	9	2937	19	42	19	3965	P	-1.339	0.378	0	0
21	2	2938	11	39	31	3968	A	-0.743	0.944	4	46
16	8	2938	22	49	3	3972	T	0.570	1.066	4	42
10	2	2939	12	23	38	3975	A	-0.061	0.919	9	45
6	8	2939	15	59	27	3979	T	-0.170	1.076	6	33
30	1	2940	11	59	57	3982	A	0.620	0.932	8	15
26	7	2940	7	23	6	3986	T	-0.946	1.024	1	56
20	12	2940	4	34	38	3988	P	-1.514	0.053	0	0
18	1	2941	17	28	26	3989	P	1.269	0.502	0	0
16	6	2941	3	25	38	3992	A	1.000	0.966	0	0
9	12	2941	19	23	14	3995	T	-0.808	1.043	2	36
5	6	2942	4	0	12	3999	A	0.256	0.945	6	22
29	11	2942	11	6	48	4002	T	-0.135	1.037	3	21
25	5	2943	6	39	59	4006	A	-0.501	0.975	3	4
18	11	2943	23	6	18	4009	A	0.593	0.984	1	48
14	4	2944	6	47	4	4012	P	1.418	0.222	0	0
13	5	2944	16	15	49	4013	P	-1.211	0.610	0	0
7	11	2944	4	6	22	4016	P	1.357	0.352	0	0
3	4	2945	22	56	50	4019	T	0.716	1.053	3	50
27	9	2945	11	43	51	4023	A	-0.854	0.945	4	50
24	3	2946	14	2	24	4026	T	0.025	1.022	2	13
16	9	2946	17	27	21	4030	H	-0.071	1.004	0	23
13	3	2947	23	36	1	4033	A	-0.718	0.959	3	46
6	9	2947	6	21	54	4037	T	0.674	1.053	4	1
2	3	2948	1	48	24	4040	P	-1.452	0.197	0	0
27	7	2948	16	14	8	4043	P	-1.134	0.762	0	0
25	8	2948	23	11	43	4044	P	1.377	0.293	0	0

GG	MM	AAAA	HH	MM	SS	DT	TIPO	GAMMA	MAG	DURATA	
20	1	2949	7	27	37	4046	A	0.892	0.939	6	26
17	7	2949	6	21	27	4050	T	-0.410	1.019	2	6
9	1	2950	15	4	40	4053	H	0.157	1.002	0	13
6	7	2950	13	42	14	4057	A	0.374	0.967	3	25
30	12	2950	4	53	21	4060	T	-0.524	1.042	3	3
25	6	2951	14	58	47	4064	P	1.147	0.711	0	0
20	11	2951	9	57	41	4067	P	1.497	0.081	0	0
19	12	2951	20	40	59	4067	P	-1.192	0.647	0	0
15	5	2952	3	59	11	4070	A	-0.925	0.980	1	46
8	11	2952	20	16	40	4074	A	0.849	0.966	3	18
4	5	2953	15	24	35	4077	T	-0.144	1.042	3	54
28	10	2953	23	25	40	4081	A	0.141	0.936	7	44
24	4	2954	7	23	39	4084	T	0.570	1.062	4	23
17	10	2954	23	12	15	4088	A	-0.581	0.938	6	3
15	3	2955	12	21	15	4091	P	-1.411	0.246	0	0
13	4	2955	23	22	16	4091	P	1.290	0.464	0	0
7	9	2955	15	51	40	4094	P	1.425	0.216	0	0
7	10	2955	3	6	31	4095	P	-1.280	0.483	0	0
3	3	2956	19	46	5	4098	A	-0.760	0.943	4	57
27	8	2956	6	20	57	4101	T	0.639	1.065	4	34
20	2	2957	20	20	31	4105	A	-0.075	0.920	9	28
16	8	2957	23	30	11	4108	T	-0.098	1.074	6	14
9	2	2958	20	8	50	4112	A	0.609	0.935	7	33
6	8	2958	14	36	40	4115	T	-0.874	1.024	1	58
31	12	2958	13	13	25	4118	P	-1.519	0.045	0	0
30	1	2959	2	1	14	4119	P	1.260	0.519	0	0
27	6	2959	10	5	42	4122	P	1.082	0.825	0	0
21	12	2959	4	6	6	4125	T	-0.820	1.042	2	28
15	6	2960	10	38	45	4129	A	0.334	0.947	5	45
9	12	2960	19	39	39	4133	T	-0.152	1.032	2	57
4	6	2961	13	43	19	4136	A	-0.431	0.981	2	21
29	11	2961	7	14	6	4140	A	0.572	0.979	2	28
25	4	2962	14	50	32	4143	P	1.455	0.151	0	0
24	5	2962	23	51	19	4143	P	-1.150	0.724	0	0
18	11	2962	11	43	40	4147	P	1.327	0.404	0	0
15	4	2963	7	12	58	4150	T	0.751	1.055	3	44
8	10	2963	18	51	34	4153	A	-0.910	0.943	4	32
3	4	2964	22	16	19	4157	T	0.054	1.022	2	13
27	9	2964	0	52	8	4160	H	-0.131	1.004	0	27
24	3	2965	7	35	7	4164	A	-0.695	0.960	3	58
16	9	2965	14	1	24	4167	T	0.611	1.054	4	20
13	3	2966	9	35	29	4171	P	-1.432	0.230	0	0
7	8	2966	23	40	32	4174	P	-1.208	0.619	0	0
6	9	2966	6	50	40	4174	P	1.314	0.414	0	0
31	1	2967	15	44	49	4177	A	0.896	0.941	5	55
28	7	2967	13	27	22	4181	H	-0.489	1.015	1	37
20	1	2968	23	43	38	4184	H	0.162	1.004	0	29
16	7	2968	20	21	17	4188	A	0.291	0.965	3	48
9	1	2969	13	43	10	4192	T	-0.518	1.042	3	6
5	7	2969	21	27	17	4195	P	1.062	0.856	0	0
30	11	2969	18	20	54	4198	P	1.521	0.039	0	0
30	12	2969	5	25	34	4199	P	-1.185	0.660	0	0
26	5	2970	11	17	6	4202	A	-0.983	0.983	1	26

GG	MM	AAAA	HH	MM	SS	DT	TIPO	GAMMA	MAG	DURATA	
20	11	2970	4	10	31	4205	A	0.881	0.960	3	59
15	5	2971	23	12	11	4209	T	-0.197	1.048	4	27
9	11	2971	6	51	8	4212	A	0.181	0.932	8	32
4	5	2972	15	26	42	4216	T	0.523	1.066	4	40
28	10	2972	6	30	35	4219	A	-0.532	0.937	6	10
25	3	2973	20	35	44	4222	P	-1.439	0.195	0	0
24	4	2973	7	25	4	4223	P	1.253	0.532	0	0
17	9	2973	23	18	46	4226	P	1.481	0.112	0	0
17	10	2973	10	40	42	4227	P	-1.227	0.577	0	0
15	3	2974	3	43	12	4230	A	-0.784	0.942	5	7
7	9	2974	13	59	21	4233	T	0.703	1.064	4	25
4	3	2975	4	11	2	4237	A	-0.094	0.922	9	10
28	8	2975	7	3	32	4240	T	-0.028	1.071	5	53
21	2	2976	4	15	7	4244	A	0.595	0.938	6	49
16	8	2976	21	49	43	4247	T	-0.802	1.021	1	48
10	1	2977	21	56	20	4250	P	-1.520	0.041	0	0
9	2	2977	10	33	46	4251	P	1.250	0.537	0	0
7	7	2977	16	38	49	4254	P	1.168	0.677	0	0
31	12	2977	12	54	33	4258	T	-0.828	1.040	2	23
26	6	2978	17	12	36	4261	A	0.416	0.949	5	12
21	12	2978	4	17	20	4265	T	-0.164	1.028	2	34
15	6	2979	20	44	9	4268	A	-0.357	0.987	1	39
10	12	2979	15	27	25	4272	A	0.556	0.974	3	7
5	5	2980	22	48	34	4275	P	1.496	0.070	0	0
4	6	2980	7	22	42	4275	P	-1.085	0.847	0	0
28	11	2980	19	27	28	4279	P	1.303	0.446	0	0
25	4	2981	15	22	39	4282	T	0.792	1.056	3	36
19	10	2981	2	8	17	4286	A	-0.960	0.940	4	14
15	4	2982	6	21	40	4289	T	0.089	1.022	2	13
8	10	2982	8	26	58	4293	H	-0.184	1.005	0	29
4	4	2983	15	25	41	4296	A	-0.667	0.960	4	11
27	9	2983	21	47	41	4300	T	0.553	1.055	4	36
23	3	2984	17	14	44	4304	P	-1.406	0.273	0	0
18	8	2984	7	8	25	4307	P	-1.280	0.481	0	0
16	9	2984	14	34	20	4307	P	1.256	0.528	0	0
11	2	2985	0	0	2	4310	A	0.903	0.944	5	19
7	8	2985	20	31	50	4314	H	-0.569	1.010	1	2
31	1	2986	8	22	37	4317	H	0.167	1.008	0	48
28	7	2986	2	58	21	4321	A	0.206	0.963	4	16
20	1	2987	22	33	24	4325	T	-0.511	1.043	3	13
17	7	2987	3	54	36	4328	A	0.975	0.937	4	1
12	12	2987	2	50	4	4331	P	1.540	0.007	0	0
10	1	2988	14	12	58	4332	P	-1.181	0.667	0	0
5	6	2988	18	28	53	4335	P	-1.048	0.902	0	0
30	11	2988	12	11	10	4339	A	0.907	0.954	4	38
26	5	2989	6	52	44	4342	T	-0.256	1.052	5	0
19	11	2989	14	25	4	4346	A	0.215	0.928	9	23
15	5	2990	23	22	3	4349	T	0.471	1.069	4	58
8	11	2990	13	59	19	4353	A	-0.490	0.936	6	19
6	4	2991	4	43	3	4356	P	-1.473	0.135	0	0
5	5	2991	15	20	42	4357	P	1.212	0.610	0	0
29	9	2991	6	52	19	4360	P	1.533	0.016	0	0
28	10	2991	18	23	0	4360	P	-1.180	0.660	0	0

GG	MM	AAAA	HH	MM	SS	DT	TIPO	GAMMA	MAG	DURATA	
25	3	2992	11	34	16	4363	A	-0.813	0.942	5	17
17	9	2992	21	42	8	4367	T	0.764	1.062	4	16
14	3	2993	11	55	59	4371	A	-0.118	0.924	8	53
7	9	2993	14	40	11	4374	T	0.039	1.067	5	33
3	3	2994	12	17	48	4378	A	0.578	0.942	6	6
28	8	2994	5	5	38	4381	T	-0.733	1.018	1	31
22	1	2995	6	39	24	4384	P	-1.522	0.036	0	0
20	2	2995	19	2	58	4385	P	1.237	0.561	0	0
18	7	2995	23	11	40	4388	P	1.253	0.530	0	0
17	8	2995	13	3	11	4389	P	-1.554	0.004	0	0
11	1	2996	21	44	38	4392	T	-0.835	1.040	2	20
6	7	2996	23	44	3	4395	A	0.501	0.951	4	44
31	12	2996	12	58	17	4399	T	-0.173	1.025	2	14
26	6	2997	3	41	44	4403	A	-0.279	0.992	1	0
20	12	2997	23	45	15	4406	A	0.545	0.970	3	40
15	6	2998	14	49	27	4410	P	-1.016	0.979	0	0
10	12	2998	3	18	31	4414	P	1.284	0.477	0	0
6	5	2999	23	23	57	4417	T	0.839	1.057	3	25
30	10	2999	9	34	33	4420	A	-1.002	0.959	0	0
26	4	3000	14	18	6	4424	T	0.131	1.022	2	11
19	10	3000	16	10	16	4428	H	-0.230	1.005	0	29

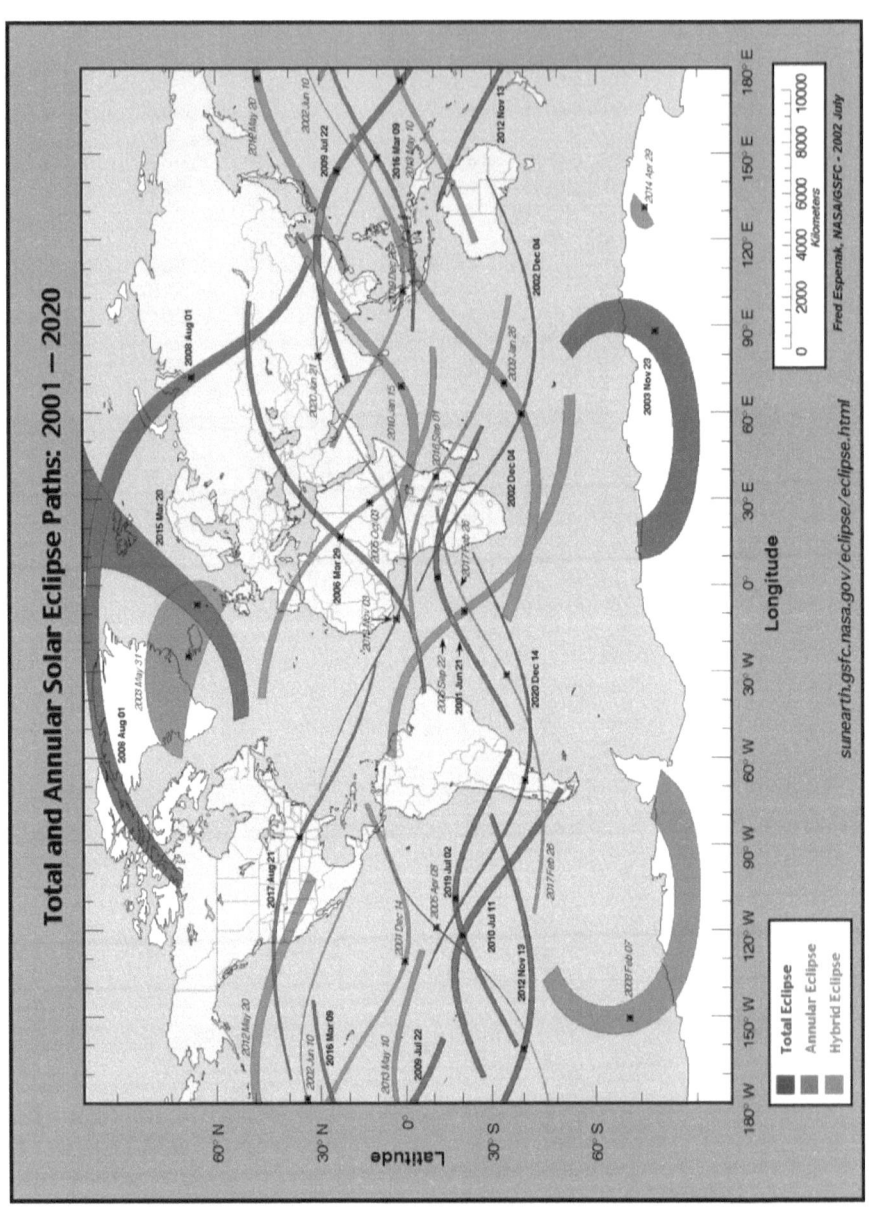

© Nasa, F.Espenak

Eclissi totali ed anulari dal 2001 al 2020
Total and annular eclipses from 2001 to 2020

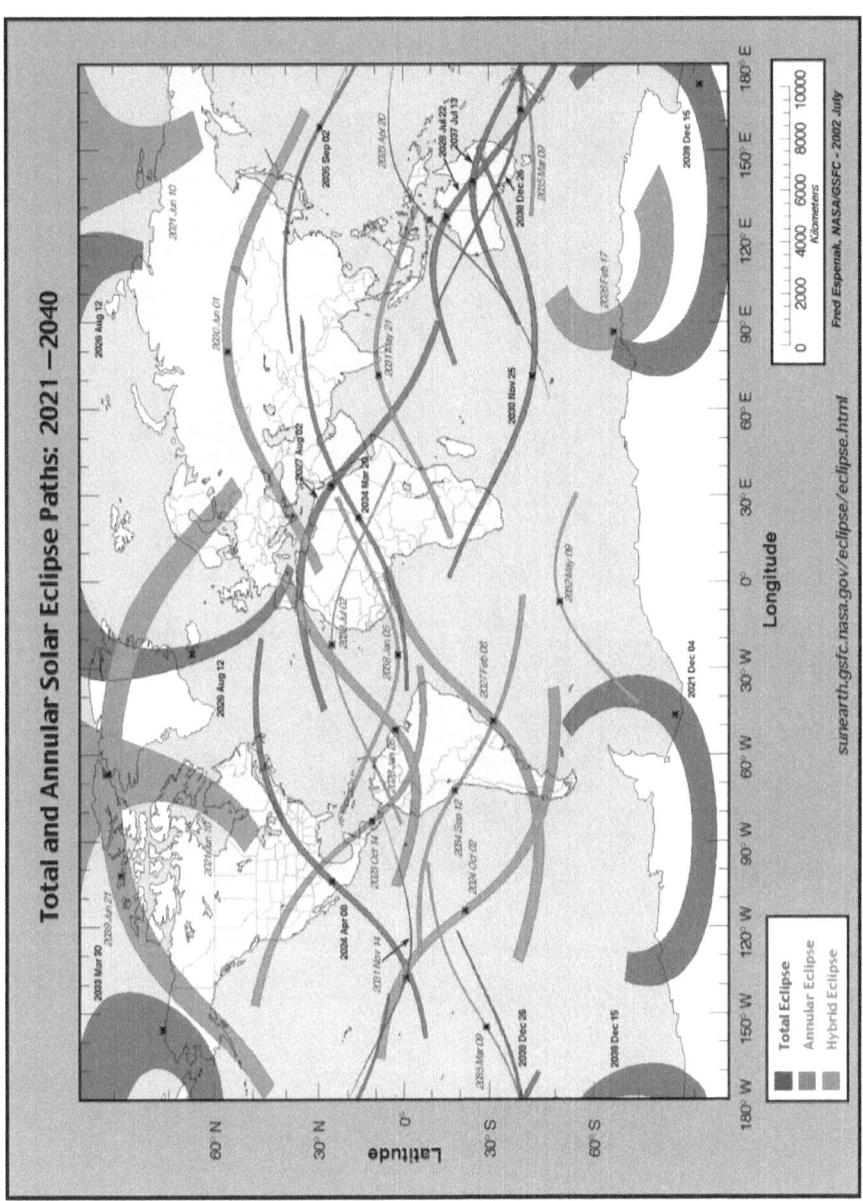

© Nasa, F.Espenak

Eclissi totali ed anulari dal 2021 al 2040
Total and annular eclipses from 2021 to 2040

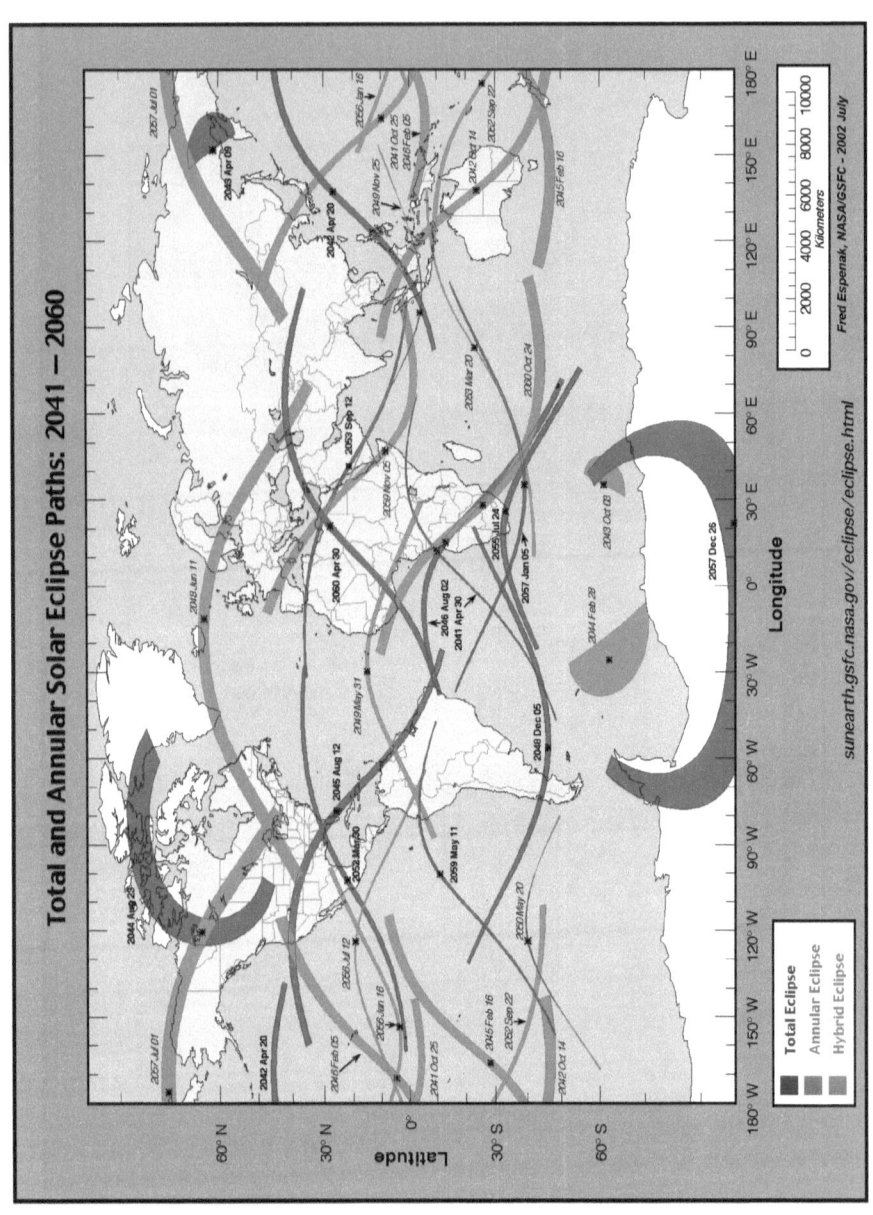

© Nasa, F.Espenak

Eclissi totali ed anulari dal 2041 al 2060
Total and annular eclipses from 2041 to 2060

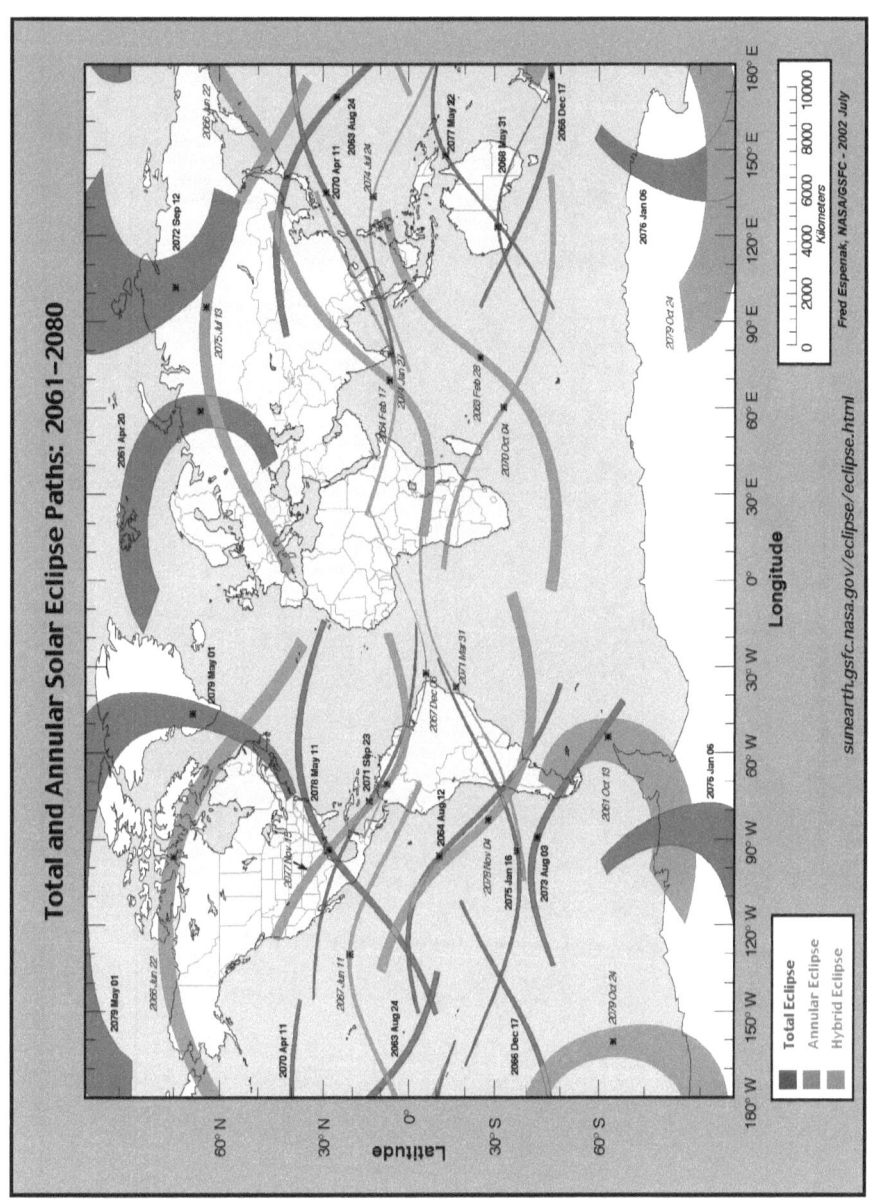

© Nasa, F.Espenak

Eclissi totali ed anulari dal 2061 al 2080
Total and annular eclipses from 2061 to 2080

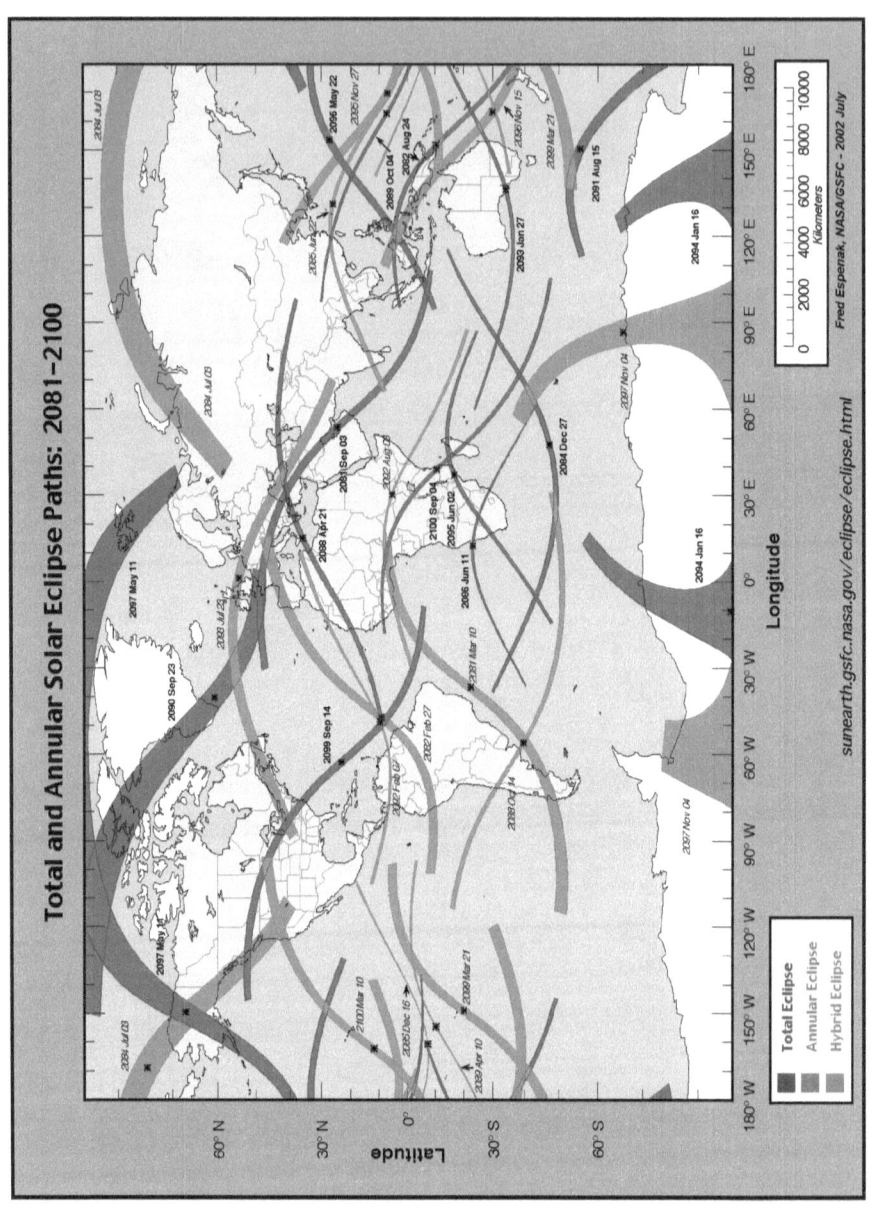

© Nasa, F.Espenak

Eclissi totali ed anulari dal 2081 al 2100
Total and annular eclipses from 2081 to 2100

ECLISSI ITALIANE
ECLIPSES VISIBLE FROM ITALY
2000-2100

GG MM AAAA : data nel formato giorno/mese/anno
TIPO : A=anulare T=totale P=parziale H=ibrida
Ora locale
MAG : magnitudine dell'eclisse
OSS : frazione di Sole coperto
DURATA : durata in minuti e secondi della fase totale o anulare
(r) il fenomeno è già iniziato all'alba
(s) il fenomeno non è ancora finito al tramonto

GG MM AAAA : date in the format dd/mm/yyyy
TIPO : A=annular T=total P=partial H=hybrid
MAG : magnitude of the eclipse (fraction of the Sun's diameter
obscured by the Moon)
OSS : Sun covering
DURATA : central line duration of total or annular phase at
greatest eclipse (mm:ss)
(r) : at sunrise
(s) : at sunset

MILANO

DATA	TIPO	INIZIO ECLISSE	INIZIO ECLISSE PARZIALE	MASSIMO	FINE ECLISSE PARZIALE	FINE ECLISSE	MAG	OSS	DURATA ECLISSE
31- 05-2003	P	04:42(r)	-	04:42(r)	-	05:17:20	0.573(r)	0.464(r)	-
03- 10-2005	P	08:51:36	-	10:10:01	-	11:33:58	0.701	0.614	-
29- 03-2006	P	10:34:05	-	11:36:32	-	12:40:12	0.483	0.378	-
01- 08-2008	P	10:04:22	-	10:32:53	-	11:01:48	0.066	0.02	-
04- 01-2011	P	08:06(r)	-	09:11:21	-	10:36:55	0.726	0.642	-
20- 03-2015	P	09:24:12	-	10:32:09	-	11:44:02	0.713	0.649	-
10- 06-2021	P	10:35:35	-	11:18:36	-	12:03:32	0.097	0.035	-
25- 10-2022	P	10:18:17	-	11:13:38	-	12:10:26	0.275	0.166	-
29- 03-2025	P	11:21:48	-	12:04:37	-	12:47:59	0.192	0.099	-
12- 08-2026	P	18:27:37	-	19:20:38	-	19:32(s)	0.933	0.923	-
02- 08-2027	P	09:02:00	-	10:08:02	-	11:17:26	0.687	0.621	-
26- 01-2028	P	16:42:04	-	17:17(s)	-	17:17(s)	0.444(s)	0.321(s)	-
01- 06-2030	P	05:09:42	-	06:10:13	-	07:16:33	0.733	0.648	-
20- 03-2034	P	10:44:33	-	11:27:03	-	12:10:10	0.164	0.079	-
21- 08-2036	P	18:26:37	-	19:14:26	-	19:16(s)	0.63	0.548	-
16- 01-2037	P	08:50:39	-	10:11:14	-	11:40:05	0.543	0.427	-
05- 01-2038	P	14:57:26	-	15:54:16	-	16:46:41	0.274	0.163	-
02- 07-2038	P	14:25:23	-	15:21:40	-	16:14:12	0.256	0.148	-
21- 06-2039	P	18:40:56	-	19:40:36	-	20:11(s)	0.696	0.605	-
11- 06-2048	P	13:15:32	-	14:48:04	-	16:10:01	0.618	0.516	-
14- 11-2050	P	13:42:32	-	15:10:06	-	16:28:36	0.717	0.632	-
12- 09-2053	P	08:12:23	-	09:18:56	-	10:30:52	0.675	0.598	-
05- 11-2059	P	07:24:59	-	08:38:38	-	10:00:14	0.846	0.78	-
30- 04-2060	P	10:18:46	-	11:17:25	-	12:18:09	0.435	0.327	-
05- 02-2065	P	09:31:44	-	10:55:23	-	12:22:46	0.75	0.675	-
06- 12-2067	P	15:49:31	-	16:13:03	-	16:35:52	0.054	0.015	-
21- 04-2069	P	10:12:55	-	10:49:47	-	11:27:47	0.14	0.063	-
12- 09-2072	P	08:16:34	-	08:42:24	-	09:08:55	0.08	0.027	-
13- 07-2075	P	04:51(r)	-	05:37:59	-	06:42:39	0.934	0.877	-
26- 11-2076	P	11:02:10	-	12:19:14	-	13:37:18	0.531	0.423	-
11- 05-2078	P	19:38:48	-	19:39(s)	-	19:39(s)	0.008(s)	0.001(s)	-
01- 05-2079	P	11:06:19	-	11:52:04	-	12:39:00	0.213	0.116	-
13- 09-2080	P	17:07:41	-	18:04:47	-	18:33(s)	0.796	0.75	-
03- 09-2081	P	07:37:42	-	08:41:07	-	09:49:01	0.969	0.972	-
27- 02-2082	A	16:20:03	17:32:24	17:35:15	17:38:06	18:04(s)	0.917	0.841	5m42s
21- 04-2088	P	10:15:37	-	11:29:13	-	12:45:39	0.72	0.657	-
23- 09-2090	P	17:44:37	-	18:15(s)	-	18:15(s)	0.557(s)	0.462(s)	-
18- 02-2091	P	09:16:48	-	10:33:13	-	11:55:21	0.458	0.338	-
07- 02-2092	P	16:33:36	-	17:35(s)	-	17:35(s)	0.735(s)	0.659(s)	-
23- 07-2093	P	12:12:23	-	13:53:29	-	15:25:39	0.799	0.731	-

ROMA

DATA	TIPO	INIZIO ECLISSE	INIZIO ECLISSE PARZIALE	MASSIMO	FINE ECLISSE PARZIALE	FINE ECLISSE	MAG	OSS	DURATA ECLISSE
31- 05-2003	P	04:41(r)	-	04:41(r)	-	05:09:53	0.463(r)	0.344(r)	-
03- 10-2005	P	08:53:34	-	10:15:27	-	11:43:05	0.735	0.655	-
29- 03-2006	P	10:28:03	-	11:36:12	-	12:45:35	0.593	0.504	-
15- 01-2010	P	07:38(r)	-	07:38(r)	-	07:48:17	0.067(r)	0.02(r)	-
04- 01-2011	P	07:51:55	-	09:10:21	-	10:38:21	0.696	0.607	-
20- 03-2015	P	09:23:43	-	10:31:13	-	11:42:35	0.622	0.538	-
21- 06-2020	P	06:18:28	-	06:32:18	-	06:46:13	0.024	0.005	-
25- 10-2022	P	10:25:31	-	11:21:39	-	12:18:57	0.265	0.157	-
29- 03-2025	P	11:34:57	-	12:03:05	-	12:31:26	0.074	0.024	-
12- 08-2026	P	18:32:43	-	19:11(s)	-	19:11(s)	0.751(s)	0.693(s)	-
02- 08-2027	P	09:02:04	-	10:12:37	-	11:26:40	0.786	0.745	-
26- 01-2028	P	16:45:27	-	17:13(s)	-	17:13(s)	0.362(s)	0.24(s)	-
01- 06-2030	P	05:02:18	-	06:04:09	-	07:12:37	0.815	0.746	-
20- 03-2034	P	10:35:06	-	11:29:05	-	12:23:55	0.266	0.16	-
21- 08-2036	P	18:32:28	-	18:57(s)	-	18:57(s)	0.416(s)	0.306(s)	-
16- 01-2037	P	08:50:46	-	10:12:45	-	11:43:11	0.507	0.388	-
05- 01-2038	P	14:58:59	-	16:02:09	-	16:49(s)	0.368	0.25	-
02- 07-2038	P	14:28:33	-	15:30:06	-	16:26:33	0.318	0.204	-
21- 06-2039	P	18:46:06	-	19:43:22	-	19:45(s)	0.663	0.567	-
11- 06-2048	P	13:30:10	-	14:59:45	-	16:17:46	0.561	0.451	-
14- 11-2050	P	13:54:18	-	15:19:22	-	16:34:42	0.653	0.556	-
12- 09-2053	P	08:10:36	-	09:21:16	-	10:38:06	0.76	0.703	-
05- 11-2059	P	07:23:53	-	08:39:53	-	10:04:50	0.89	0.832	-
30- 04-2060	P	10:11:19	-	11:16:46	-	12:24:46	0.559	0.466	-
05- 02-2065	P	09:30:41	-	10:55:19	-	12:23:15	0.689	0.602	-
06- 12-2067	P	15:42:10	-	16:20:20	-	16:35(s)	0.152	0.069	-
21- 04-2069	P	10:32:58	-	10:49:00	-	11:05:10	0.023	0.004	-
13- 07-2075	P	04:49(r)	-	05:32:01	-	06:37:13	0.918	0.864	-
26- 11-2076	P	11:08:37	-	12:27:34	-	13:46:27	0.517	0.408	-
01- 05-2079	P	11:20:29	-	11:51:07	-	12:22:15	0.083	0.029	-
13- 09-2080	P	17:15:25	-	18:10:47	-	18:18(s)	0.767	0.713	-
03- 09-2081	P	07:38:57	-	08:43:44	-	09:53:16	0.874	0.855	-
27- 02-2082	P	16:23:47	-	17:37:20	-	17:55(s)	0.827	0.752	-
21- 04-2088	P	10:12:27	-	11:30:45	-	12:51:55	0.84	0.809	-
23- 09-2090	P	17:50:58	-	18:02(s)	-	18:02(s)	0.206(s)	0.11(s)	-
18- 02-2091	P	09:17:46	-	10:32:59	-	11:53:34	0.397	0.276	-
07- 02-2092	P	16:36:59	-	17:29(s)	-	17:29(s)	0.741(s)	0.666(s)	-
23- 07-2093	P	12:24:15	-	14:05:39	-	15:35:31	0.741	0.661	-

Total Solar Eclipse of 2015 Mar 20

Geocentric Conjunction = 10:17:04.8 UT   J.D. = 2457101.928528
Greatest Eclipse = 09:45:37.6 UT   J.D. = 2457101.906685

Eclipse Magnitude = 1.0445   Gamma = 0.9454

Saros Series = 120   Member = 61 of 71

Sun at Greatest Eclipse
(Geocentric Coordinates)
R.A. = 23h58m01.5s
Dec. = -00°12'50.6"
S.D. = 00°16'03.7"
H.P. = 00°00'08.8"

Moon at Greatest Eclipse
(Geocentric Coordinates)
R.A. = 23h56m50.5s
Dec. = +00°42'08.6"
S.D. = 00°16'41.6"
H.P. = 01°01'15.8"

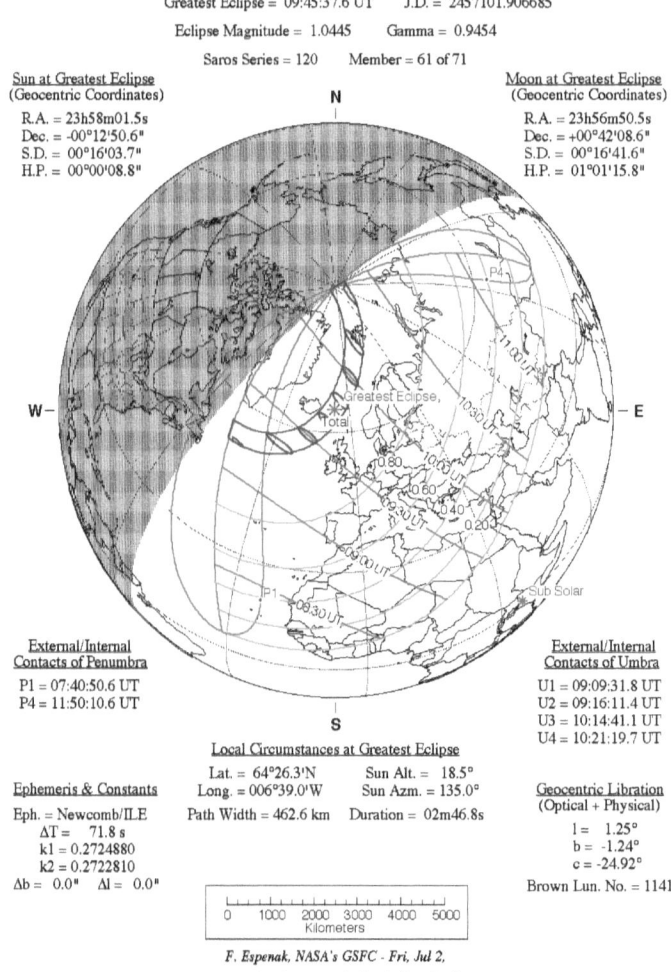

External/Internal Contacts of Penumbra
P1 = 07:40:50.6 UT
P4 = 11:50:10.6 UT

External/Internal Contacts of Umbra
U1 = 09:09:31.8 UT
U2 = 09:16:11.4 UT
U3 = 10:14:41.1 UT
U4 = 10:21:19.7 UT

Ephemeris & Constants
Eph. = Newcomb/ILE
ΔT = 71.8 s
k1 = 0.2724880
k2 = 0.2722810
Δb = 0.0"   Δl = 0.0"

Local Circumstances at Greatest Eclipse
Lat. = 64°26.3'N   Sun Alt. = 18.5°
Long. = 006°39.0'W   Sun Azm. = 135.0°
Path Width = 462.6 km   Duration = 02m46.8s

Geocentric Libration
(Optical + Physical)
l = 1.25°
b = -1.24°
c = -24.92°
Brown Lun. No. = 1141

0   1000   2000   3000   4000   5000
Kilometers

F. Espenak, NASA's GSFC - Fri, Jul 2,
sunearth.gsfc.nasa.gov/eclipse/eclipse.html

Annular Solar Eclipse of 2020 Jun 21

Geocentric Conjunction = 06:41:18.4 UT   J.D. = 2459021.778685
Greatest Eclipse = 06:39:59.3 UT   J.D. = 2459021.777769

Eclipse Magnitude = 0.9940   Gamma = 0.1210

Saros Series = 137   Member = 36 of 70

Sun at Greatest Eclipse
(Geocentric Coordinates)

R.A. = 06h01m33.0s
Dec. = +23°26'09.7"
S.D. = 00°15'44.2"
H.P. = 00°00'08.7"

Moon at Greatest Eclipse
(Geocentric Coordinates)

R.A. = 06h01m30.1s
Dec. = +23°32'57.2"
S.D. = 00°15'24.0"
H.P. = 00°56'31.1"

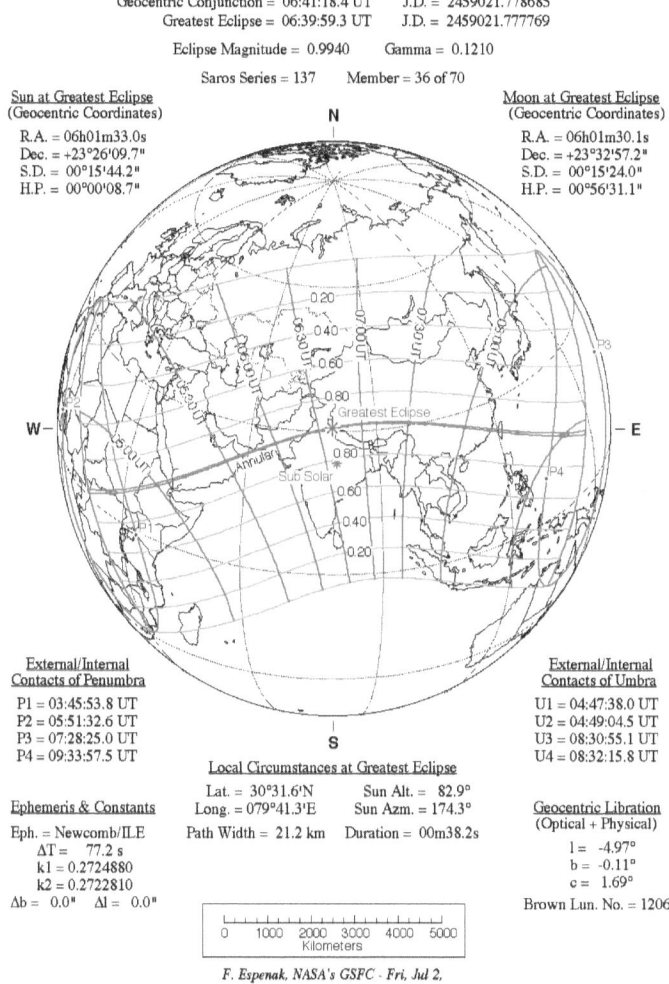

**External/Internal
Contacts of Penumbra**

P1 = 03:45:53.8 UT
P2 = 05:51:32.6 UT
P3 = 07:28:25.0 UT
P4 = 09:33:57.5 UT

**External/Internal
Contacts of Umbra**

U1 = 04:47:38.0 UT
U2 = 04:49:04.5 UT
U3 = 08:30:55.1 UT
U4 = 08:32:15.8 UT

Ephemeris & Constants

Eph. = Newcomb/ILE
   ΔT = 77.2 s
   k1 = 0.2724880
   k2 = 0.2722810
Δb = 0.0"   Δl = 0.0"

Local Circumstances at Greatest Eclipse

Lat. = 30°31.6'N   Sun Alt. = 82.9°
Long. = 079°41.3'E   Sun Azm. = 174.3°
Path Width = 21.2 km   Duration = 00m38.2s

Geocentric Libration
(Optical + Physical)

l = -4.97°
b = -0.11°
c = 1.69°

Brown Lun. No. = 1206

0	1000	2000	3000	4000	5000

Kilometers

F. Espenak, NASA's GSFC - Fri, Jul 2,
sunearth.gsfc.nasa.gov/eclipse/eclipse.html

© Nasa, F.Espenak

Annular Solar Eclipse of 2021 Jun 10

Geocentric Conjunction = 11:00:58.7 UT   J.D. = 2459375.959013
Greatest Eclipse = 10:41:51.0 UT   J.D. = 2459375.945730

Eclipse Magnitude = 0.9435   Gamma = 0.9152

Saros Series = 147   Member = 23 of 80

Sun at Greatest Eclipse
(Geocentric Coordinates)
R.A. = 05h15m31.4s
Dec. = +23°02'37.1"
S.D. = 00°15'45.2"
H.P. = 00°00'08.7"

Moon at Greatest Eclipse
(Geocentric Coordinates)
R.A. = 05h14m53.5s
Dec. = +23°51'21.8"
S.D. = 00°14'46.8"
H.P. = 00°54'14.4"

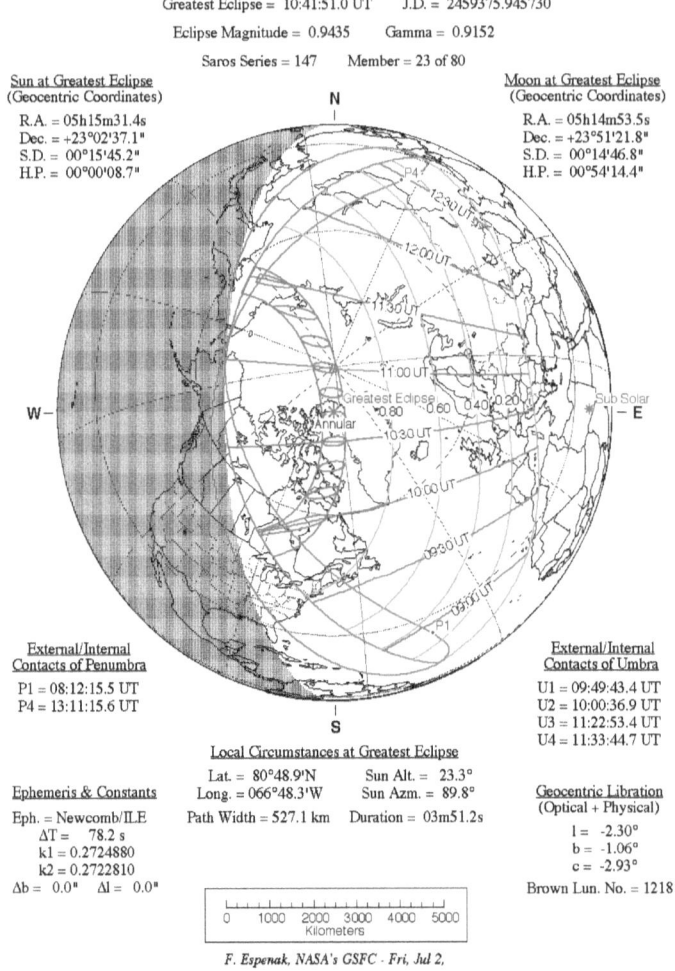

External/Internal Contacts of Penumbra
P1 = 08:12:15.5 UT
P4 = 13:11:15.6 UT

External/Internal Contacts of Umbra
U1 = 09:49:43.4 UT
U2 = 10:00:36.9 UT
U3 = 11:22:53.4 UT
U4 = 11:33:44.7 UT

Local Circumstances at Greatest Eclipse
Lat. = 80°48.9'N   Sun Alt. = 23.3°
Long. = 066°48.3'W   Sun Azm. = 89.8°
Path Width = 527.1 km   Duration = 03m51.2s

Ephemeris & Constants
Eph. = Newcomb/ILE
ΔT = 78.2 s
k1 = 0.2724880
k2 = 0.2722810
Δb = 0.0"   Δl = 0.0"

Geocentric Libration
(Optical + Physical)
l = -2.30°
b = -1.06°
c = -2.93°

Brown Lun. No. = 1218

0   1000   2000   3000   4000   5000
Kilometers

F. Espenak, NASA's GSFC · Fri, Jul 2,
sunearth.gsfc.nasa.gov/eclipse/eclipse.html

© Nasa, F.Espenak

Partial Solar Eclipse of 2022 Oct 25

Geocentric Conjunction = 10:03:36.7 UT   J.D. = 2459877.919175
Greatest Eclipse = 11:00:00.4 UT   J.D. = 2459877.958338

Eclipse Magnitude = 0.8611   Gamma = 1.0700

Saros Series = 124   Member = 55 of 73

Sun at Greatest Eclipse
(Geocentric Coordinates)
R.A. = 13h59m20.4s
Dec. = -12°10'16.6"
S.D. = 00°16'05.0"
H.P. = 00°00'08.8"

Moon at Greatest Eclipse
(Geocentric Coordinates)
R.A. = 14h01m10.8s
Dec. = -11°14'16.1"
S.D. = 00°15'52.6"
H.P. = 00°58'16.0"

N

W

E

S

Greatest Eclipse

0.80

0.60

0.40

0.20

Sub Solar

External/Internal
Contacts of Penumbra
P1 = 08:58:10.3 UT
P4 = 13:02:07.7 UT

Ephemeris & Constants
Eph. = Newcomb/ILE
ΔT = 79.7 s
k1 = 0.2724880
k2 = 0.2722810
Δb = 0.0"   Δl = 0.0"

Geocentric Libration
(Optical + Physical)
l = -4.55°
b = -1.38°
c = 18.60°
Brown Lun. No. = 1235

0   1000   2000   3000   4000   5000
Kilometers

F. Espenak, NASA's GSFC · Fri, Jul 2,
sunearth.gsfc.nasa.gov/eclipse/eclipse.html

69

Partial Solar Eclipse of 2025 Mar 29

Geocentric Conjunction = 11:46:09.2 UT   J.D. = 2460763.990384
Greatest Eclipse = 10:47:18.4 UT   J.D. = 2460763.949519

Eclipse Magnitude = 0.9361   Gamma = 1.0405

Saros Series = 149   Member = 21 of 71

Sun at Greatest Eclipse
(Geocentric Coordinates)

R.A. = 00h33m03.1s
Dec. = +03°33'54.8"
S.D. = 00°16'01.1"
H.P. = 00°00'08.8"

Moon at Greatest Eclipse
(Geocentric Coordinates)

R.A. = 00h31m00.8s
Dec. = +04°29'33.9"
S.D. = 00°16'39.4"
H.P. = 01°01'07.8"

External/Internal Contacts of Penumbra

P1 = 08:50:34.9 UT
P4 = 12:43:36.2 UT

Ephemeris & Constants

Eph. = Newcomb/ILE
ΔT = 82.3 s
k1 = 0.2724880
k2 = 0.2722810
Δb = 0.0"   Δl = 0.0"

Geocentric Libration
(Optical + Physical)

l = -2.00°
b = -1.35°
c = -21.73°

Brown Lun. No. = 1265

0   1000   2000   3000   4000   5000
Kilometers

F. Espenak, NASA's GSFC - Fri, Jul 2,
sunearth.gsfc.nasa.gov/eclipse/eclipse.html

Total Solar Eclipse of 2026 Aug 12

Geocentric Conjunction = 17:03:39.9 UT   J.D. = 2461265.210878
Greatest Eclipse = 17:45:43.7 UT   J.D. = 2461265.240089

Eclipse Magnitude = 1.0386   Gamma = 0.8976

Saros Series = 126   Member = 48 of 72

Sun at Greatest Eclipse
(Geocentric Coordinates)
R.A. = 09h29m47.2s
Dec. = +14°48'04.7"
S.D. = 00°15'47.0"
H.P. = 00°00'08.7"

Moon at Greatest Eclipse
(Geocentric Coordinates)
R.A. = 09h31m17.3s
Dec. = +15°36'58.2"
S.D. = 00°16'16.9"
H.P. = 00°59'45.1"

External/Internal Contacts of Penumbra
P1 = 15:34:01.1 UT
P4 = 19:57:47.6 UT

External/Internal Contacts of Umbra
U1 = 16:57:54.1 UT
U2 = 17:01:54.9 UT
U3 = 18:30:01.4 UT
U4 = 18:33:57.4 UT

Local Circumstances at Greatest Eclipse

Lat. = 65°13.0'N	Sun Alt. = 25.8°
Long. = 025°13.6'W	Sun Azm. = 248.3°
Path Width = 293.8 km	Duration = 02m18.3s

Ephemeris & Constants
Eph. = Newcomb/ILE
ΔT = 83.8 s
k1 = 0.2724880
k2 = 0.2722810
Δb = 0.0"   Δl = 0.0"

Geocentric Libration
(Optical + Physical)
l =   4.08°
b = -1.12°
c = 16.98°

Brown Lun. No. = 1282

0   1000   2000   3000   4000   5000
Kilometers

F. Espenak, NASA's GSFC · Fri, Jul 2,
sunearth.gsfc.nasa.gov/eclipse/eclipse.html

Total Solar Eclipse of 2027 Aug 02

Geocentric Conjunction = 10:00:49.5 UT   J.D. = 2461619.917240
Greatest Eclipse = 10:06:28.6 UT   J.D. = 2461619.921164

Eclipse Magnitude = 1.0790   Gamma = 0.1419

Saros Series = 136   Member = 38 of 71

Sun at Greatest Eclipse
(Geocentric Coordinates)
R.A. = 08h49m26.9s
Dec. = +17°45'41.4"
S.D. = 00°15'45.5"
H.P. = 00°00'08.7"

Moon at Greatest Eclipse
(Geocentric Coordinates)
R.A. = 08h49m40.1s
Dec. = +17°53'47.3"
S.D. = 00°16'43.1"
H.P. = 01°01'21.3"

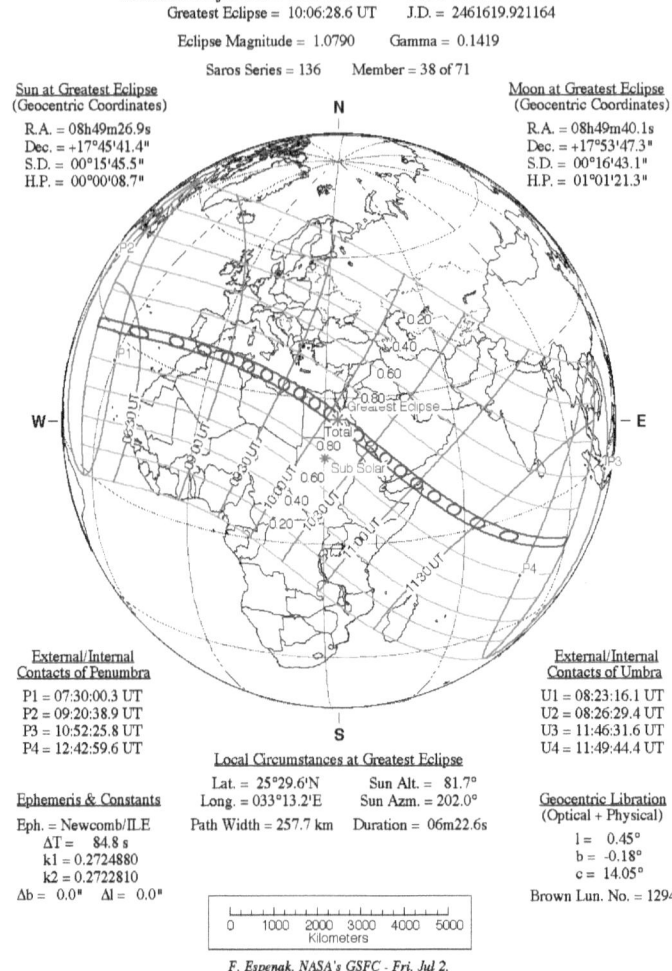

**External/Internal
Contacts of Penumbra**
P1 = 07:30:00.3 UT
P2 = 09:20:38.9 UT
P3 = 10:52:25.8 UT
P4 = 12:42:59.6 UT

**External/Internal
Contacts of Umbra**
U1 = 08:23:16.1 UT
U2 = 08:26:29.4 UT
U3 = 11:46:31.6 UT
U4 = 11:49:44.4 UT

Ephemeris & Constants
Eph. = Newcomb/ILE
ΔT = 84.8 s
k1 = 0.2724880
k2 = 0.2722810
Δb = 0.0"   Δl = 0.0"

Local Circumstances at Greatest Eclipse
Lat. = 25°29.6'N   Sun Alt. = 81.7°
Long. = 033°13.2'E   Sun Azm. = 202.0°
Path Width = 257.7 km   Duration = 06m22.6s

Geocentric Libration
(Optical + Physical)
l = 0.45°
b = -0.18°
c = 14.05°
Brown Lun. No. = 1294

| 0 | 1000 | 2000 | 3000 | 4000 | 5000 |
Kilometers

F. Espenak, NASA's GSFC - Fri, Jul 2,
sunearth.gsfc.nasa.gov/eclipse/eclipse.html

Annular Solar Eclipse of 2028 Jan 26

Geocentric Conjunction = 15:24:33.5 UT   J.D. = 2461797.142054
Greatest Eclipse = 15:07:33.4 UT   J.D. = 2461797.130248

Eclipse Magnitude = 0.9208   Gamma = 0.3904

Saros Series = 141   Member = 24 of 70

Sun at Greatest Eclipse
(Geocentric Coordinates)
R.A. = 20h34m14.2s
Dec. = -18°43'33.3"
S.D. = 00°16'14.6"
H.P. = 00°00'08.9"

Moon at Greatest Eclipse
(Geocentric Coordinates)
R.A. = 20h33m43.6s
Dec. = -18°23'46.0"
S.D. = 00°14'45.1"
H.P. = 00°54'08.3"

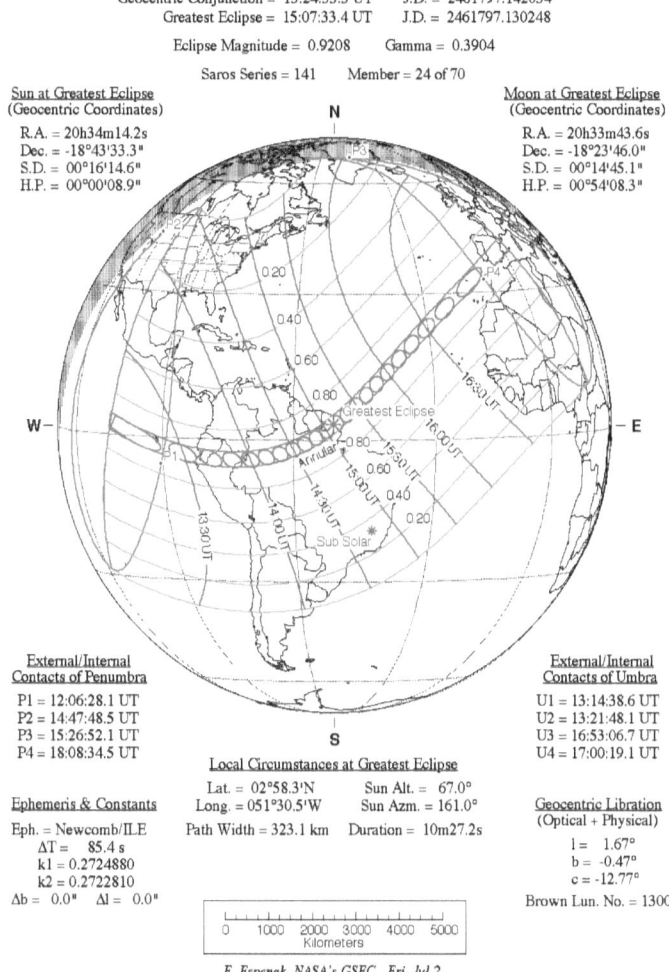

External/Internal Contacts of Penumbra
P1 = 12:06:28.1 UT
P2 = 14:47:48.5 UT
P3 = 15:26:52.1 UT
P4 = 18:08:34.5 UT

External/Internal Contacts of Umbra
U1 = 13:14:38.6 UT
U2 = 13:21:48.1 UT
U3 = 16:53:06.7 UT
U4 = 17:00:19.1 UT

Local Circumstances at Greatest Eclipse
Lat. = 02°58.3'N   Sun Alt. = 67.0°
Long. = 051°30.5'W   Sun Azm. = 161.0°
Path Width = 323.1 km   Duration = 10m27.2s

Ephemeris & Constants
Eph. = Newcomb/ILE
ΔT = 85.4 s
k1 = 0.2724880
k2 = 0.2722810
Δb = 0.0"   Δl = 0.0"

Geocentric Libration
(Optical + Physical)
l = 1.67°
b = -0.47°
c = -12.77°
Brown Lun. No. = 1300

0   1000   2000   3000   4000   5000
Kilometers

F. Espenak, NASA's GSFC · Fri, Jul 2,
sunearth.gsfc.nasa.gov/eclipse/eclipse.html

Annular Solar Eclipse of 2030 Jun 01

Geocentric Conjunction = 06:30:33.5 UT   J.D. = 2462653.771222
Greatest Eclipse = 06:27:48.5 UT   J.D. = 2462653.769312

Eclipse Magnitude = 0.9442   Gamma = 0.5625

Saros Series = 128   Member = 59 of 73

Sun at Greatest Eclipse
(Geocentric Coordinates)

R.A. = 04h37m01.2s
Dec. = +22°03'55.4"
S.D. = 00°15'46.4"
H.P. = 00°00'08.7"

Moon at Greatest Eclipse
(Geocentric Coordinates)

R.A. = 04h36m55.8s
Dec. = +22°34'11.1"
S.D. = 00°14'42.7"
H.P. = 00°53'59.5"

External/Internal Contacts of Penumbra

P1 = 03:34:28.8 UT
P4 = 09:21:05.4 UT

External/Internal Contacts of Umbra

U1 = 04:47:00.7 UT
U2 = 04:52:44.4 UT
U3 = 08:02:51.1 UT
U4 = 08:08:33.5 UT

Local Circumstances at Greatest Eclipse

Lat. = 56°30.9'N   Sun Alt. = 55.5°
Long. = 080°06.7'E   Sun Azm. = 176.1°
Path Width = 249.6 km   Duration = 05m20.9s

Ephemeris & Constants

Eph. = Newcomb/ILE
ΔT = 87.9 s
k1 = 0.2724880
k2 = 0.2722810
Δb = 0.0"   Δl = 0.0"

Geocentric Libration
(Optical + Physical)

l = -0.98°
b = -0.67°
c = -9.65°

Brown Lun. No. = 1329

0   1000   2000   3000   4000   5000
Kilometers

F. Espenak, NASA's GSFC - Fri, Jul 2,
sunearth.gsfc.nasa.gov/eclipse/eclipse.html

Partial Solar Eclipse of 2036 Aug 21

Geocentric Conjunction = 16:54:36.3 UT   J.D. = 2464927.204587
Greatest Eclipse = 17:24:15.0 UT   J.D. = 2464927.225173

Eclipse Magnitude = 0.8613   Gamma = 1.0827

Saros Series = 155   Member = 7 of 71

Sun at Greatest Eclipse
(Geocentric Coordinates)

R.A. = 10h05m24.9s
Dec. = +11°44'16.5"
S.D. = 00°15'48.7"
H.P. = 00°00'08.7"

Moon at Greatest Eclipse
(Geocentric Coordinates)

R.A. = 10h06m34.6s
Dec. = +12°48'11.2"
S.D. = 00°16'41.1"
H.P. = 01°01'14.0"

N

Greatest Eclipse

0.80
0.60
0.40
0.20

16:30UT
17:00UT
17:30UT
18:00UT
18:30UT

W

E

Sub Solar

S

External/Internal
Contacts of Penumbra

P1 = 15:32:59.9 UT
P4 = 19:15:45.3 UT

Ephemeris & Constants

Eph. = Newcomb/ILE
ΔT = 95.0 s
k1 = 0.2724880
k2 = 0.2722810
Δb = 0.0"   Δl = 0.0"

Geocentric Libration
(Optical + Physical)

l = 1.26°
b = -1.44°
c = 21.96°

Brown Lun. No. = 1406

0 1000 2000 3000 4000 5000
Kilometers

F. Espenak, NASA's GSFC · Fri, Jul 2,
sunearth.gsfc.nasa.gov/eclipse/eclipse.html

Partial Solar Eclipse of 2037 Jan 16

Geocentric Conjunction = 10:00:00.3 UT   J.D. = 2465074.916671
Greatest Eclipse = 09:47:20.2 UT   J.D. = 2465074.907873

Eclipse Magnitude = 0.7051   Gamma = 1.1476

Saros Series = 122   Member = 59 of 70

Sun at Greatest Eclipse
(Geocentric Coordinates)

R.A. = 19h54m30.0s
Dec. = -20°49'43.8"
S.D. = 00°16'15.5"
H.P. = 00°00'08.9"

Moon at Greatest Eclipse
(Geocentric Coordinates)

R.A. = 19h54m05.3s
Dec. = -19°47'34.3"
S.D. = 00°14'51.8"
H.P. = 00°54'32.8"

External/Internal
Contacts of Penumbra

P1 = 07:41:04.2 UT
P4 = 11:53:33.9 UT

Ephemeris & Constants

Eph. = Newcomb/ILE
ΔT = 95.4 s
k1 = 0.2724880
k2 = 0.2722810
Δb = 0.0"   Δl = 0.0"

Geocentric Libration
(Optical + Physical)

l = 2.98°
b = -1.34°
c = -12.47°

Brown Lun. No. = 1411

0 1000 2000 3000 4000 5000
Kilometers

F. Espenak, NASA's GSFC - Fri, Jul 2,
sunearth.gsfc.nasa.gov/eclipse/eclipse.html

76

© Nasa, F.Espenak

Annular Solar Eclipse of 2038 Jan 05

Geocentric Conjunction = 13:46:16.8 UT   J.D. = 2465429.073805
Greatest Eclipse = 13:45:35.8 UT   J.D. = 2465429.073331

Eclipse Magnitude = 0.9728   Gamma = 0.4168

Saros Series = 132   Member = 47 of 71

Sun at Greatest Eclipse
(Geocentric Coordinates)
R.A. = 19h06m27.3s
Dec. = -22°33'17.5"
S.D. = 00°16'15.9"
H.P. = 00°00'08.9"

Moon at Greatest Eclipse
(Geocentric Coordinates)
R.A. = 19h06m25.8s
Dec. = -22°09'30.0"
S.D. = 00°15'35.7"
H.P. = 00°57'13.9"

External/Internal
Contacts of Penumbra
P1 = 10:58:27.1 UT
P2 = 13:30:08.0 UT
P3 = 14:01:01.1 UT
P4 = 16:32:50.9 UT

External/Internal
Contacts of Umbra
U1 = 12:02:58.9 UT
U2 = 12:05:51.2 UT
U3 = 15:25:17.6 UT
U4 = 15:28:15.9 UT

Local Circumstances at Greatest Eclipse

Lat. = 02°05.4'N   Sun Alt. = 65.4°
Long. = 025°23.8'W   Sun Azm. = 179.2°
Path Width = 107.2 km   Duration = 03m18.5s

Ephemeris & Constants
Eph. = Newcomb/ILE
ΔT = 96.6 s
k1 = 0.2724880
k2 = 0.2722810
Δb = 0.0"   Δl = 0.0"

Geocentric Libration
(Optical + Physical)
l = 4.98°
b = -0.48°
c = -8.06°

Brown Lun. No. = 1423

```
0   1000  2000  3000  4000  5000
          Kilometers
```

F. Espenak, NASA's GSFC - Fri, Jul 2,
sunearth.gsfc.nasa.gov/eclipse/eclipse.html

© Nasa, F.Espenak

77

Annular Solar Eclipse of 2038 Jul 02

Geocentric Conjunction =	13:31:26.5 UT	J.D. = 2465607.063501
Greatest Eclipse =	13:31:21.6 UT	J.D. = 2465607.063444

Eclipse Magnitude = 0.9911   Gamma = 0.0399

Saros Series = 137   Member = 37 of 70

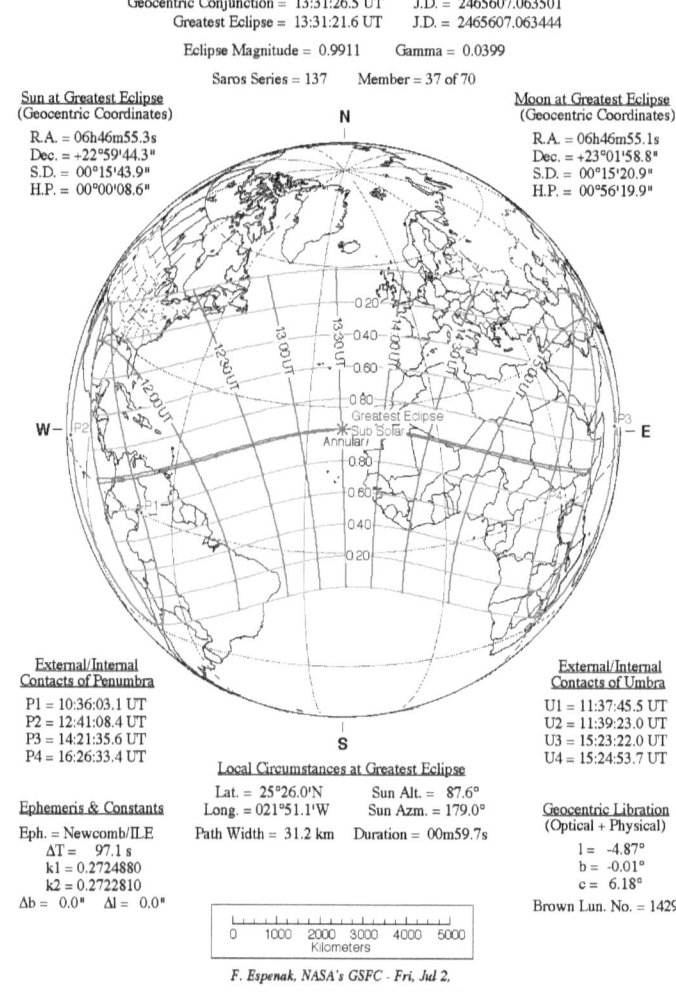

Sun at Greatest Eclipse
(Geocentric Coordinates)

R.A. = 06h46m55.3s
Dec. = +22°59'44.3"
S.D. = 00°15'43.9"
H.P. = 00°00'08.6"

Moon at Greatest Eclipse
(Geocentric Coordinates)

R.A. = 06h46m55.1s
Dec. = +23°01'58.8"
S.D. = 00°15'20.9"
H.P. = 00°56'19.9"

External/Internal Contacts of Penumbra

P1 = 10:36:03.1 UT
P2 = 12:41:08.4 UT
P3 = 14:21:35.6 UT
P4 = 16:26:33.4 UT

External/Internal Contacts of Umbra

U1 = 11:37:45.5 UT
U2 = 11:39:23.0 UT
U3 = 15:23:22.0 UT
U4 = 15:24:53.7 UT

Ephemeris & Constants

Eph. = Newcomb/ILE
ΔT =   97.1 s
k1 = 0.2724880
k2 = 0.2722810
Δb = 0.0"   Δl = 0.0"

Local Circumstances at Greatest Eclipse

Lat. = 25°26.0'N	Sun Alt. = 87.6°
Long. = 021°51.1'W	Sun Azm. = 179.0°
Path Width = 31.2 km	Duration = 00m59.7s

Geocentric Libration
(Optical + Physical)

l = -4.87°
b = -0.01°
c =   6.18°

Brown Lun. No. = 1429

```
|___|___|___|___|___|___|___|___|___|___|
0    1000  2000  3000  4000  5000
            Kilometers
```

F. Espenak, NASA's GSFC - Fri, Jul 2,
sunearth.gsfc.nasa.gov/eclipse/eclipse.html

Annular Solar Eclipse of 2039 Jun 21

Geocentric Conjunction = 17:20:55.8 UT   J.D. = 2465961.222867
Greatest Eclipse = 17:11:20.1 UT   J.D. = 2465961.216205

Eclipse Magnitude = 0.9454   Gamma = 0.8313

Saros Series = 147   Member = 24 of 80

Sun at Greatest Eclipse
(Geocentric Coordinates)
R.A. = 06h00m54.5s
Dec. = +23°26'03.6"
S.D. = 00°15'44.3"
H.P. = 00°00'08.7"

Moon at Greatest Eclipse
(Geocentric Coordinates)
R.A. = 06h00m35.3s
Dec. = +24°10'45.4"
S.D. = 00°14'45.6"
H.P. = 00°54'10.2"

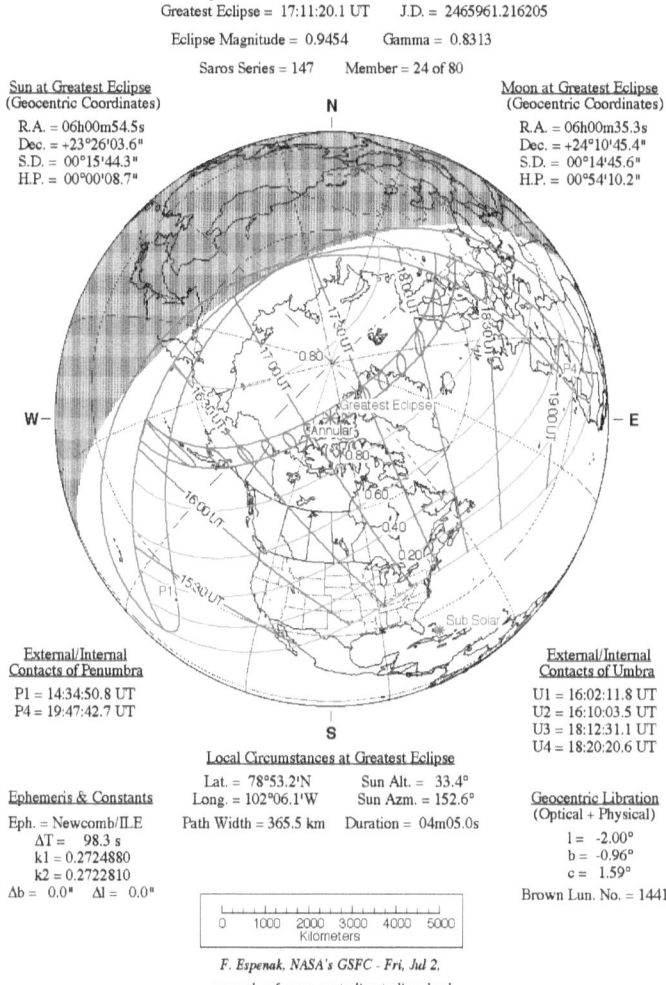

External/Internal Contacts of Penumbra
P1 = 14:34:50.8 UT
P4 = 19:47:42.7 UT

External/Internal Contacts of Umbra
U1 = 16:02:11.8 UT
U2 = 16:10:03.5 UT
U3 = 18:12:31.1 UT
U4 = 18:20:20.6 UT

Local Circumstances at Greatest Eclipse
Lat. = 78°53.2'N   Sun Alt. = 33.4°
Long. = 102°06.1'W   Sun Azm. = 152.6°
Path Width = 365.5 km   Duration = 04m05.0s

Ephemeris & Constants
Eph. = Newcomb/ILE
ΔT = 98.3 s
k1 = 0.2724880
k2 = 0.2722810
Δb = 0.0"   Δl = 0.0"

Geocentric Libration
(Optical + Physical)
l = -2.00°
b = -0.96°
c = 1.59°

Brown Lun. No. = 1441

0 1000 2000 3000 4000 5000
Kilometers

F. Espenak, NASA's GSFC - Fri, Jul 2,
sunearth.gsfc.nasa.gov/eclipse/eclipse.html

© Nasa, F.Espenak

79

Annular Solar Eclipse of 2048 Jun 11

Geocentric Conjunction = 12:54:29.0 UT   J.D. = 2469239.037835
Greatest Eclipse = 12:57:07.1 UT   J.D. = 2469239.039665

Eclipse Magnitude = 0.9441   Gamma = 0.6467

Saros Series = 128   Member = 60 of 73

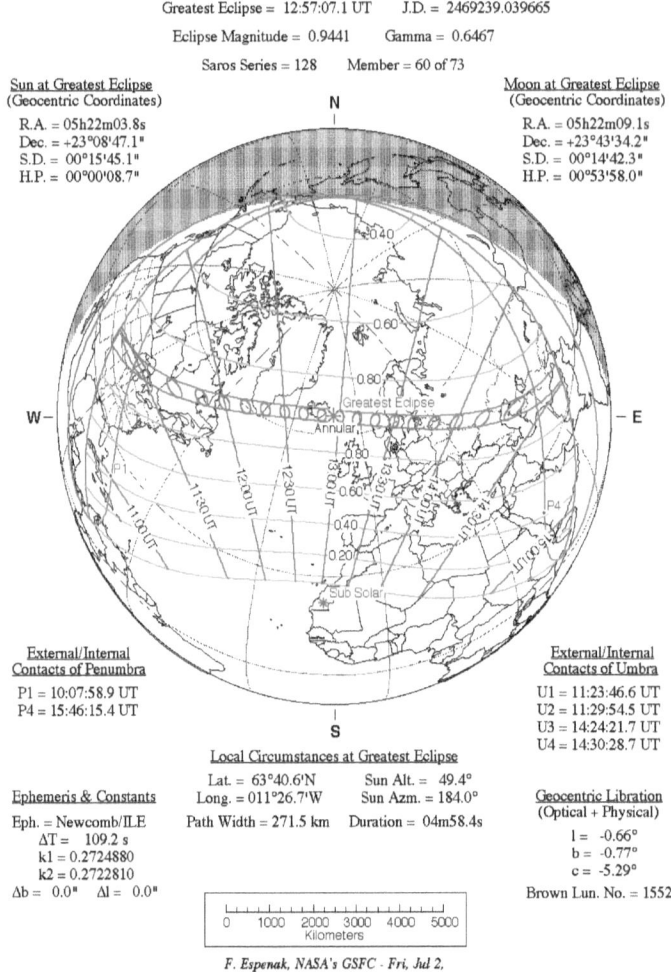

Sun at Greatest Eclipse
(Geocentric Coordinates)
R.A. = 05h22m03.8s
Dec. = +23°08'47.1"
S.D. = 00°15'45.1"
H.P. = 00°00'08.7"

Moon at Greatest Eclipse
(Geocentric Coordinates)
R.A. = 05h22m09.1s
Dec. = +23°43'34.2"
S.D. = 00°14'42.3"
H.P. = 00°53'58.0"

External/Internal Contacts of Penumbra
P1 = 10:07:58.9 UT
P4 = 15:46:15.4 UT

External/Internal Contacts of Umbra
U1 = 11:23:46.6 UT
U2 = 11:29:54.5 UT
U3 = 14:24:21.7 UT
U4 = 14:30:28.7 UT

Local Circumstances at Greatest Eclipse
Lat. = 63°40.6'N   Sun Alt. = 49.4°
Long. = 011°26.7'W   Sun Azm. = 184.0°
Path Width = 271.5 km   Duration = 04m58.4s

Ephemeris & Constants
Eph. = Newcomb/ILE
ΔT = 109.2 s
k1 = 0.2724880
k2 = 0.2722810
Δb = 0.0"   Δl = 0.0"

Geocentric Libration
(Optical + Physical)
l = -0.66°
b = -0.77°
c = -5.29°

Brown Lun. No. = 1552

0   1000   2000   3000   4000   5000
Kilometers

F. Espenak, NASA's GSFC · Fri, Jul 2,
sunearth.gsfc.nasa.gov/eclipse/eclipse.html

Partial Solar Eclipse of 2050 Nov 14

Geocentric Conjunction = 13:09:32.9 UT   J.D. = 2470125.048297
Greatest Eclipse = 13:29:01.8 UT   J.D. = 2470125.061827

Eclipse Magnitude = 0.8869   Gamma = 1.0449

Saros Series = 153   Member = 11 of 70

Sun at Greatest Eclipse
(Geocentric Coordinates)

R.A. = 15h19m50.4s
Dec. = -18°21'18.8"
S.D. = 00°16'09.8"
H.P. = 00°00'08.9"

Moon at Greatest Eclipse
(Geocentric Coordinates)

R.A. = 15h20m29.4s
Dec. = -17°24'00.9"
S.D. = 00°15'10.6"
H.P. = 00°55'42.0"

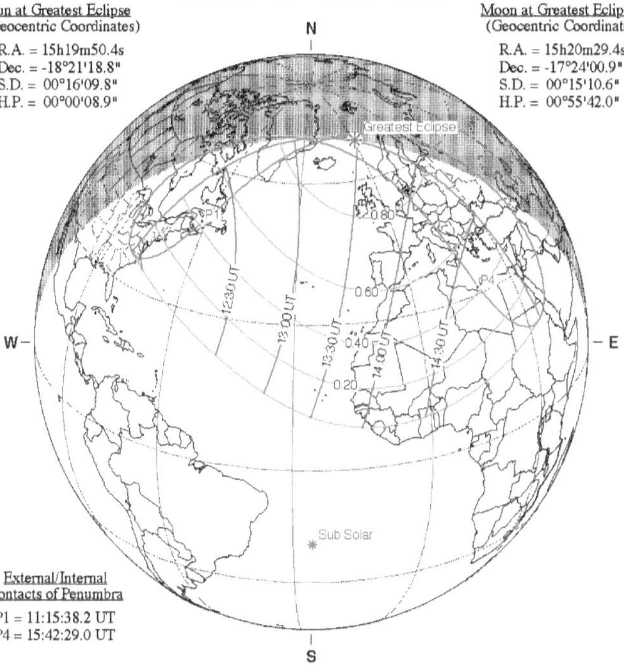

External/Internal
Contacts of Penumbra

P1 = 11:15:38.2 UT
P4 = 15:42:29.0 UT

Ephemeris & Constants

Eph. = Newcomb/ILE
ΔT =   112.2 s
k1 = 0.2724880
k2 = 0.2722810
Δb = 0.0" Δl = 0.0"

Geocentric Libration
(Optical + Physical)

l = -4.35°
b = -1.23°
c = 16.29°

Brown Lun. No. = 1582

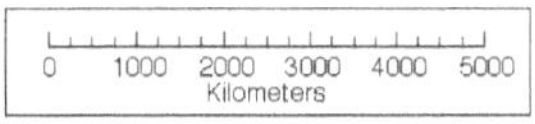

```
0   1000  2000  3000  4000  5000
            Kilometers
```

F. Espenak, NASA's GSFC - Fri, Jul 2,
sunearth.gsfc.nasa.gov/eclipse/eclipse.html

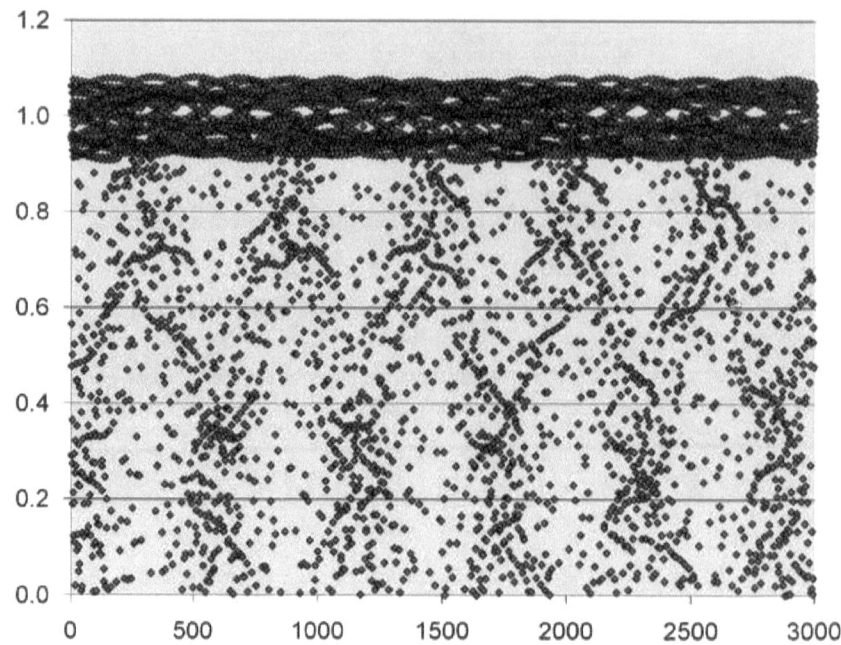

Eclissi di Sole, magnitudine (se maggiore di 1 totali, se minore di 1 parziali)

Solar eclipses, magnitude (if over 1 total, if below di 1 partial)

ECLISSI CON MAG>1
ECLIPSES WITH MAG>1
2000-2100

GG MM AAAA : data nel formato giorno/mese/anno
HH MM SS : ore, minuti e secondi
DT : differenza TDT-UT
TIPO : A=anulare T=totale P=parziale H=ibrida
GAMMA : distanza dell'asse del cono d'ombra lunare dal centro
della Terra
MAG : magnitudine dell'eclisse
DURATA : durata in minuti e secondi della fase totale o anulare

GG MM AAAA : date in the format dd/mm/yyyy
HH MM SS: hours, minutes and seconds
DT : difference between Dynamical Time and Universal Time
TIPO : A=annular T=total P=partial H=hybrid
GAMMA : distance of the shadow cone axis from the center
of Earth (units of equatorial radii)
MAG : magnitude of the eclipse (fraction of the Sun's diameter
obscured by the Moon)
DURATA : central line duration of total or annular phase at
greatest eclipse (mm:ss)

GG	MM	AAAA	HH	MM	SS	DT	TIPO	GAMMA	MAG	DURATA	
21	6	2001	12	4	46	64	T	-0.570	1.050	4	57
4	12	2002	7	32	16	64	T	-0.302	1.024	2	4
23	11	2003	22	50	22	64	T	-0.964	1.038	1	57
8	4	2005	20	36	51	65	H	-0.347	1.007	0	42
29	3	2006	10	12	23	65	T	0.384	1.052	4	7
1	8	2008	10	22	12	66	T	0.831	1.039	2	27
22	7	2009	2	36	25	66	T	0.070	1.080	6	39
11	7	2010	19	34	38	67	T	-0.679	1.058	5	20
13	11	2012	22	12	55	68	T	-0.372	1.050	4	2
3	11	2013	12	47	36	68	H	0.327	1.016	1	40
20	3	2015	9	46	47	69	T	0.945	1.044	2	47
9	3	2016	1	58	19	70	T	0.261	1.045	4	9
21	8	2017	18	26	40	70	T	0.437	1.031	2	40
2	7	2019	19	24	8	71	T	-0.647	1.046	4	33
14	12	2020	16	14	39	72	T	-0.294	1.025	2	10
4	12	2021	7	34	38	73	T	-0.953	1.037	1	54
20	4	2023	4	17	56	73	H	-0.395	1.013	1	16
8	4	2024	18	18	29	74	T	0.343	1.057	4	28
12	8	2026	17	47	6	75	T	0.898	1.039	2	18
2	8	2027	10	7	50	76	T	0.142	1.079	6	23
22	7	2028	2	56	40	77	T	-0.606	1.056	5	10
25	11	2030	6	51	37	78	T	-0.387	1.047	3	44
14	11	2031	21	7	31	79	H	0.308	1.011	1	8
30	3	2033	18	2	36	80	T	0.978	1.046	2	37
20	3	2034	10	18	45	80	T	0.289	1.046	4	9
2	9	2035	1	56	46	81	T	0.373	1.032	2	54
13	7	2037	2	40	36	83	T	-0.725	1.041	3	58
26	12	2038	1	0	10	84	T	-0.288	1.027	2	18
15	12	2039	16	23	46	85	T	-0.946	1.036	1	51
30	4	2041	11	52	21	86	T	-0.449	1.019	1	51
20	4	2042	2	17	30	86	T	0.296	1.061	4	51
9	4	2043	18	57	49	87	T	1.003	1.010	0	0
23	8	2044	1	17	2	88	T	0.961	1.036	2	4
12	8	2045	17	42	39	89	T	0.212	1.077	6	6
2	8	2046	10	21	13	90	T	-0.535	1.053	4	51
5	12	2048	15	35	27	92	T	-0.397	1.044	3	28
25	11	2049	5	33	48	93	H	0.294	1.006	0	38
20	5	2050	20	42	50	94	H	-0.869	1.004	0	21
30	3	2052	18	31	53	97	T	0.324	1.047	4	8
12	9	2053	9	34	9	100	T	0.314	1.033	3	4
24	7	2055	9	57	50	104	T	-0.801	1.036	3	17
5	1	2057	9	47	52	107	T	-0.284	1.029	2	29
26	12	2057	1	14	35	109	T	-0.941	1.035	1	50
11	5	2059	19	22	16	112	T	-0.508	1.024	2	23
30	4	2060	10	10	0	114	T	0.242	1.066	5	15
20	4	2061	2	56	49	116	T	0.958	1.048	2	37
24	8	2063	1	22	11	121	T	0.277	1.075	5	49
12	8	2064	17	46	6	123	T	-0.465	1.050	4	28
17	12	2066	0	23	40	128	T	-0.404	1.042	3	14
6	12	2067	14	3	43	130	H	0.284	1.001	0	8
31	5	2068	3	56	39	131	T	-0.797	1.011	1	6
11	4	2070	2	36	9	135	T	0.365	1.047	4	4
23	9	2071	17	20	28	139	T	0.262	1.033	3	11

GG	MM	AAAA	HH	MM	SS	DT	TIPO	GAMMA	MAG	DURATA
12	9	2072	8	59	20	141	T	0.966	1.056	3 13
3	8	2073	17	15	23	143	T	-0.876	1.029	2 29
16	1	2075	18	36	4	146	T	-0.280	1.031	2 42
6	1	2076	10	7	27	148	T	-0.937	1.034	1 49
22	5	2077	2	46	5	151	T	-0.573	1.029	2 54
11	5	2078	17	56	55	153	T	0.184	1.070	5 40
1	5	2079	10	50	13	155	T	0.908	1.051	2 55
3	9	2081	9	7	31	160	T	0.338	1.072	5 33
24	8	2082	1	16	21	163	T	-0.400	1.045	4 1
27	12	2084	9	13	48	168	T	-0.409	1.040	3 4
11	6	2086	11	7	14	171	T	-0.722	1.017	1 48
21	4	2088	10	31	49	175	T	0.413	1.047	3 58
4	10	2089	1	15	23	179	T	0.217	1.033	3 14
23	9	2090	16	56	36	181	T	0.916	1.056	3 36
15	8	2091	0	34	43	183	T	-0.949	1.022	1 38
27	1	2093	3	22	16	186	T	-0.274	1.034	2 58
16	1	2094	18	59	3	189	T	-0.933	1.034	1 51
2	6	2095	10	7	40	192	T	-0.640	1.033	3 18
22	5	2096	1	37	14	194	T	0.120	1.074	6 7
11	5	2097	18	34	31	196	T	0.852	1.054	3 10
14	9	2099	16	57	53	202	T	0.394	1.068	5 18
4	9	2100	8	49	20	204	T	-0.338	1.040	3 32

ECLISSI CON MAG<0.1
ECLIPSES WITH MAG<0.1
2000-2100

GG MM AAAA : data nel formato giorno/mese/anno
HH MM SS : ore, minuti e secondi
DT : differenza TDT-UT
TIPO : A=anulare T=totale P=parziale H=ibrida
GAMMA : distanza dell'asse del cono d'ombra lunare dal centro
della Terra
MAG : magnitudine dell'eclisse
DURATA : durata in minuti e secondi della fase totale o anulare

GG MM AAAA : date in the format dd/mm/yyyy
HH MM SS: hours, minutes and seconds
DT : difference between Dynamical Time and Universal Time
TIPO : A=annular T=total P=partial H=hybrid
GAMMA : distance of the shadow cone axis from the center
of Earth (units of equatorial radii)
MAG : magnitude of the eclipse (fraction of the Sun's diameter
obscured by the Moon)
DURATA : central line duration of total or annular phase at
greatest eclipse (mm:ss)

GG	MM	AAAA	HH	MM	SS	DT	TIPO	GAMMA	MAG	DURATA	
1	7	2011	8	39	30	67	P	-1.492	0.097	0	0
3	8	2054	18	4	2	102	P	-1.494	0.066	0	0
20	5	2069	17	53	18	133	P	-1.485	0.088	0	0
15	7	2083	0	14	23	165	P	1.546	0.017	0	0
24	10	2098	10	36	11	200	P	-1.541	0.006	0	0
24	6	2112	7	9	53	232	P	-1.536	0.028	0	0
4	11	2116	18	50	9	243	P	-1.510	0.061	0	0
23	5	2134	23	1	18	287	P	1.528	0.031	0	0
16	10	2145	9	11	28	317	P	1.519	0.036	0	0
27	10	2163	17	20	52	358	P	1.492	0.089	0	0
1	4	2174	22	39	9	381	P	1.511	0.047	0	0
13	5	2181	14	55	43	397	P	-1.532	0.051	0	0
7	7	2195	15	41	21	430	P	1.510	0.035	0	0
6	9	2203	14	50	23	450	P	1.537	0.007	0	0
29	10	2228	0	15	43	514	P	-1.541	0.048	0	0
28	8	2250	13	51	18	572	P	-1.528	0.012	0	0
15	4	2257	12	5	15	591	P	-1.512	0.063	0	0
20	10	2264	21	35	23	612	P	1.511	0.093	0	0
1	11	2282	5	6	24	664	P	1.545	0.037	0	0
25	3	2286	20	37	48	674	P	1.539	0.047	0	0
10	9	2333	5	42	0	823	P	1.530	0.059	0	0
9	8	2344	11	59	5	859	P	-1.497	0.079	0	0
11	5	2347	12	7	8	868	P	1.535	0.039	0	0
9	4	2358	10	37	39	905	P	-1.531	0.047	0	0
1	8	2391	11	14	32	1023	P	1.492	0.077	0	0
25	10	2394	17	7	13	1035	P	1.535	0.030	0	0
17	12	2419	7	40	7	1129	P	-1.486	0.092	0	0
11	3	2434	9	12	47	1184	P	-1.512	0.084	0	0
27	12	2437	16	29	7	1199	P	-1.492	0.082	0	0
21	3	2452	17	1	31	1256	P	-1.546	0.026	0	0
8	1	2456	1	21	4	1271	P	-1.495	0.076	0	0
3	5	2459	2	35	54	1285	P	1.519	0.021	0	0
25	9	2470	8	39	57	1332	P	1.513	0.036	0	0
18	1	2474	10	12	11	1345	P	-1.500	0.067	0	0
29	1	2492	19	3	43	1422	P	-1.505	0.058	0	0
5	9	2499	22	5	19	1454	P	-1.527	0.034	0	0
10	2	2510	3	51	56	1500	P	-1.512	0.043	0	0
6	8	2510	0	38	56	1502	P	1.540	0.036	0	0
21	2	2528	12	36	45	1580	P	-1.523	0.022	0	0
17	8	2593	21	53	4	1890	P	-1.514	0.030	0	0
5	7	2597	17	53	16	1909	P	1.537	0.044	0	0
4	6	2608	23	55	35	1964	P	-1.525	0.029	0	0
27	5	2655	22	51	50	2207	P	1.505	0.054	0	0
20	10	2666	5	56	28	2268	P	1.520	0.023	0	0
30	10	2684	14	11	22	2367	P	1.486	0.087	0	0
11	12	2691	21	5	53	2406	P	-1.550	0.011	0	0
23	12	2709	5	25	45	2507	P	-1.535	0.037	0	0
3	1	2728	13	50	32	2611	P	-1.523	0.057	0	0
28	4	2731	13	11	25	2630	P	1.516	0.052	0	0
9	6	2738	15	23	2	2671	P	-1.510	0.090	0	0
13	1	2746	22	18	11	2716	P	-1.513	0.073	0	0
8	4	2760	3	22	7	2801	P	-1.510	0.048	0	0
1	10	2760	8	36	13	2804	P	1.544	0.018	0	0

87

GG	MM	AAAA	HH	MM	SS	DT	TIPO	GAMMA	MAG	DURATA	
3	7	2763	9	58	23	2820	P	-1.513	0.056	0	0
25	1	2764	6	48	13	2824	P	-1.505	0.086	0	0
1	6	2774	13	10	10	2886	P	1.520	0.074	0	0
24	11	2785	1	44	26	2957	P	-1.550	0.027	0	0
11	9	2789	18	18	50	2980	P	-1.485	0.086	0	0
5	12	2803	9	36	34	3069	P	-1.531	0.060	0	0
15	12	2821	17	34	54	3183	P	-1.518	0.085	0	0
27	11	2839	7	5	15	3299	P	1.520	0.085	0	0
20	4	2843	22	9	23	3321	P	1.555	0.021	0	0
13	6	2857	9	35	5	3414	P	-1.497	0.064	0	0
7	12	2857	14	52	22	3417	P	1.541	0.050	0	0
23	9	2872	22	50	2	3515	P	1.538	0.036	0	0
18	12	2875	22	44	21	3537	P	1.558	0.023	0	0
23	8	2883	22	19	19	3589	P	-1.552	0.001	0	0
29	12	2893	6	42	3	3660	P	1.571	0.003	0	0
23	4	2897	2	43	17	3682	P	-1.544	0.038	0	0
5	6	2904	7	24	50	3732	P	1.543	0.004	0	0
28	11	2904	11	32	6	3735	P	-1.496	0.087	0	0
4	8	2912	8	4	45	3788	P	1.511	0.031	0	0
9	12	2922	19	59	54	3861	P	-1.507	0.066	0	0
28	9	2926	4	26	34	3887	P	-1.526	0.066	0	0
20	12	2940	4	34	38	3988	P	-1.514	0.053	0	0
20	11	2951	9	57	41	4067	P	1.497	0.081	0	0
31	12	2958	13	13	25	4118	P	-1.519	0.045	0	0
30	11	2969	18	20	54	4198	P	1.521	0.039	0	0
10	1	2977	21	56	20	4250	P	-1.520	0.041	0	0
5	5	2980	22	48	34	4275	P	1.496	0.070	0	0
12	12	2987	2	50	4	4331	P	1.540	0.007	0	0
29	9	2991	6	52	19	4360	P	1.533	0.016	0	0
22	1	2995	6	39	24	4384	P	-1.522	0.036	0	0
17	8	2995	13	3	11	4389	P	-1.554	0.004	0	0

LE MAGGIORI ECLISSI CON MAG>1
THE GREATEST ECLIPSES WITH MAG>1
2000-3000

GG MM AAAA : data nel formato giorno/mese/anno
HH MM SS : ore, minuti e secondi
DT : differenza TDT-UT
TIPO : A=anulare T=totale P=parziale H=ibrida
GAMMA : distanza dell'asse del cono d'ombra lunare dal centro della Terra
MAG : magnitudine dell'eclisse
DURATA : durata in minuti e secondi della fase totale o anulare

GG MM AAAA : date in the format dd/mm/yyyy
HH MM SS: hours, minutes and seconds
DT : difference between Dynamical Time and Universal Time
TIPO : A=annular T=total P=partial H=hybrid
GAMMA : distance of the shadow cone axis from the center
of Earth (units of equatorial radii)
MAG : magnitude of the eclipse (fraction of the Sun's diameter
obscured by the Moon)
DURATA : central line duration of total or annular phase at
greatest eclipse (mm:ss)

GG	MM	AAAA	HH	MM	SS	DT	TIPO	GAMMA	MAG	DURATA	
16	7	2186	15	14	54	409	T	-0.240	1.081	7	29
5	7	2168	7	45	23	368	T	-0.166	1.081	7	26
30	6	2345	20	26	17	862	T	0.327	1.080	6	7
25	6	2150	0	17	25	329	T	-0.091	1.080	7	14
22	7	2009	2	36	25	66	T	0.070	1.080	6	39
13	6	2132	16	46	24	282	T	-0.019	1.079	6	55
2	8	2027	10	7	50	76	T	0.142	1.079	6	23
20	6	2327	12	55	1	802	T	0.254	1.079	6	21
12	7	2363	3	55	3	923	T	0.401	1.079	5	51
27	7	2204	22	44	32	452	T	-0.313	1.079	7	22
16	7	2903	1	0	45	3725	T	-0.318	1.078	7	4
31	7	2744	19	48	25	2707	T	0.408	1.078	5	59
21	7	2726	12	17	48	2602	T	0.481	1.078	5	43
9	6	2309	5	21	55	745	T	0.183	1.078	6	30
22	7	2381	11	25	2	987	T	0.475	1.078	5	33
3	7	2885	17	29	55	3602	T	-0.391	1.078	7	11

LE MINORI ECLISSI CON MAG<1
THE SMALLEST ECLIPSES WITH MAG<1
2000-3000

GG MM AAAA : data nel formato giorno/mese/anno
HH MM SS : ore, minuti e secondi
DT : differenza TDT-UT
TIPO : A=anulare T=totale P=parziale H=ibrida
GAMMA : distanza dell'asse del cono d'ombra lunare dal centro
della Terra
MAG : magnitudine dell'eclisse
DURATA : durata in minuti e secondi della fase totale o anulare

GG MM AAAA : date in the format dd/mm/yyyy
HH MM SS: hours, minutes and seconds
DT : difference between Dynamical Time and Universal Time
TIPO : A=annular T=total P=partial H=hybrid
GAMMA : distance of the shadow cone axis from the center
of Earth (units of equatorial radii)
MAG : magnitude of the eclipse (fraction of the Sun's diameter
obscured by the Moon)
DURATA : central line duration of total or annular phase at
greatest eclipse (mm:ss)

GG	MM	AAAA	HH	MM	SS	DT	TIPO	GAMMA	MAG	DURATA	
1	10	2760	8	36	13	2804	P	1.544	0.018	0	0
15	7	2083	0	14	23	165	P	1.546	0.017	0	0
29	9	2991	6	52	19	4360	P	1.533	0.016	0	0
28	8	2250	13	51	18	572	P	-1.528	0.012	0	0
11	12	2691	21	5	53	2406	P	-1.550	0.011	0	0
12	12	2987	2	50	4	4331	P	1.540	0.007	0	0
6	9	2203	14	50	23	450	P	1.537	0.007	0	0
24	10	2098	10	36	11	200	P	-1.541	0.006	0	0
5	6	2904	7	24	50	3732	P	1.543	0.004	0	0
17	8	2995	13	3	11	4389	P	-1.554	0.004	0	0
29	12	2893	6	42	3	3660	P	1.571	0.003	0	0
23	8	2883	22	19	19	3589	P	-1.552	0.001	0	0

ECLISSI IBRIDE
HYBRID ECLIPSES
2000-3000

GG MM AAAA : data nel formato giorno/mese/anno
HH MM SS : ore, minuti e secondi
DT : differenza TDT-UT
TIPO : A=anulare T=totale P=parziale H=ibrida
GAMMA : distanza dell'asse del cono d'ombra lunare dal centro
della Terra
MAG : magnitudine dell'eclisse
DURATA : durata in minuti e secondi della fase totale o anulare

SONO LE ECLISSI PER UN TRATTO ANULARI E PER L'ALTRO TOTALI

GG MM AAAA : date in the format dd/mm/yyyy
HH MM SS: hours, minutes and seconds
DT : difference between Dynamical Time and Universal Time
TIPO : A=annular T=total P=partial H=hybrid
GAMMA : distance of the shadow cone axis from the center
of Earth (units of equatorial radii)
MAG : magnitude of the eclipse (fraction of the Sun's diameter
obscured by the Moon)
DURATA : central line duration of total or annular phase at
greatest eclipse (mm:ss)

THEY ARE THE ECLIPSES ANNULAR AND TOTAL SIMULTANEOUSLY

GG	MM	AAAA	HH	MM	SS	DT	TIPO	GAMMA	MAG	DURATA
8	4	2005	20	36	51	65	H	-0.347	1.007	0 42
3	11	2013	12	47	36	68	H	0.327	1.016	1 40
20	4	2023	4	17	56	73	H	-0.395	1.013	1 16
14	11	2031	21	7	31	79	H	0.308	1.011	1 8
25	11	2049	5	33	48	93	H	0.294	1.006	0 38
20	5	2050	20	42	50	94	H	-0.869	1.004	0 21
6	12	2067	14	3	43	130	H	0.284	1.001	0 8
23	3	2164	0	2	47	359	H	0.509	1.005	0 29
17	10	2172	16	1	36	378	H	-0.148	1.017	1 34
3	4	2182	7	59	43	399	H	0.544	1.011	0 58
29	10	2190	0	5	50	419	H	-0.116	1.012	1 4
9	11	2208	8	17	12	463	H	-0.090	1.006	0 34
5	5	2209	0	56	53	464	H	0.741	1.006	0 28
20	11	2226	16	34	56	509	H	-0.071	1.000	0 3
8	3	2323	3	5	10	788	H	-0.691	1.002	0 11
18	3	2341	11	18	20	847	H	-0.714	1.008	0 36
13	10	2349	3	28	54	876	H	-0.053	1.013	1 18
7	4	2350	21	6	3	878	H	-0.645	1.001	0 6
24	10	2367	11	25	4	938	H	-0.090	1.006	0 40
18	4	2368	4	51	38	940	H	-0.599	1.008	0 47
3	11	2385	19	27	30	1002	H	-0.121	1.000	0 3
29	4	2386	12	32	25	1004	H	-0.548	1.015	1 30
1	3	2500	14	14	47	1457	H	0.904	1.003	0 12
26	9	2508	7	14	51	1494	H	0.205	1.013	1 14
22	3	2509	0	20	47	1496	H	0.468	1.002	0 12
7	10	2526	14	54	21	1574	H	0.256	1.007	0 40
2	4	2527	8	23	26	1576	H	0.434	1.009	0 45
17	10	2544	22	41	14	1657	H	0.300	1.001	0 4
12	4	2545	16	19	46	1659	H	0.394	1.015	1 17
10	9	2667	11	25	5	2273	H	-0.339	1.013	1 22
5	3	2668	3	17	8	2276	H	-0.270	1.004	0 21
20	9	2685	18	50	12	2371	H	-0.401	1.007	0 42
16	3	2686	11	34	58	2374	H	-0.249	1.009	0 54
11	10	2694	4	4	20	2422	H	-0.926	1.005	0 21
3	10	2703	2	21	25	2472	H	-0.457	1.001	0 3
27	3	2704	19	45	56	2475	H	-0.221	1.015	1 29
22	10	2712	11	55	16	2523	H	-0.887	1.001	0 3
5	2	2809	21	20	58	3101	H	0.068	1.001	0 6
24	8	2826	15	52	15	3213	H	0.456	1.012	1 3
17	2	2827	5	54	44	3216	H	0.059	1.005	0 30
3	9	2844	23	5	38	3330	H	0.528	1.006	0 32
27	2	2845	14	25	3	3333	H	0.047	1.010	0 55
24	9	2853	8	3	33	3389	H	0.788	1.011	0 52
10	3	2863	22	51	8	3452	H	0.030	1.015	1 21
5	10	2871	15	39	10	3509	H	0.737	1.006	0 30
15	10	2889	23	21	8	3631	H	0.692	1.000	0 2
26	8	2910	2	59	33	3775	H	0.066	1.001	0 6
5	9	2928	10	9	23	3901	H	-0.005	1.002	0 16
16	9	2946	17	27	21	4030	H	-0.071	1.004	0 23
9	1	2950	15	4	40	4053	H	0.157	1.002	0 13
27	9	2964	0	52	8	4160	H	-0.131	1.004	0 27
28	7	2967	13	27	22	4181	H	-0.489	1.015	1 37
20	1	2968	23	43	38	4184	H	0.162	1.004	0 29

GG	MM	AAAA	HH	MM	SS	DT	TIPO	GAMMA	MAG	DURATA
8	10	2982	8	26	58	4293	H	-0.184	1.005	0 29
7	8	2985	20	31	50	4314	H	-0.569	1.010	1 2
31	1	2986	8	22	37	4317	H	0.167	1.008	0 48
19	10	3000	16	10	16	4428	H	-0.230	1.005	0 29

LE ECLISSI TOTALI PIU' LUNGHE DI 5 MINUTI
TOTAL ECLIPSES LONGER THEN 5 MINUTS
2000-3000

GG MM AAAA : data nel formato giorno/mese/anno
HH MM SS : ore, minuti e secondi
DT : differenza TDT-UT
TIPO : A=anulare T=totale P=parziale H=ibrida
GAMMA : distanza dell'asse del cono d'ombra lunare dal centro
della Terra
MAG : magnitudine dell'eclisse
DURATA : durata in minuti e secondi della fase totale o anulare

GG MM AAAA : date in the format dd/mm/yyyy
HH MM SS: hours, minutes and seconds
DT : difference between Dynamical Time and Universal Time
TIPO : A=annular T=total P=partial H=hybrid
GAMMA : distance of the shadow cone axis from the center
of Earth (units of equatorial radii)
MAG : magnitude of the eclipse (fraction of the Sun's diameter
obscured by the Moon)
DURATA : central line duration of total or annular phase at
greatest eclipse (mm:ss)

GG	MM	AAAA	HH	MM	SS	DT	TIPO	GAMMA	MAG	DURATA
22	7	2009	2	36	25	66	T	0.070	1.080	6 39
11	7	2010	19	34	38	67	T	-0.679	1.058	5 20
2	8	2027	10	7	50	76	T	0.142	1.079	6 23
22	7	2028	2	56	40	77	T	-0.606	1.056	5 10
12	8	2045	17	42	39	89	T	0.212	1.077	6 6
30	4	2060	10	10	0	114	T	0.242	1.066	5 15
24	8	2063	1	22	11	121	T	0.277	1.075	5 49
11	5	2078	17	56	55	153	T	0.184	1.070	5 40
3	9	2081	9	7	31	160	T	0.338	1.072	5 33
22	5	2096	1	37	14	194	T	0.120	1.074	6 7
14	9	2099	16	57	53	202	T	0.394	1.068	5 18
3	6	2114	9	14	9	237	T	0.052	1.077	6 32
26	9	2117	0	55	42	245	T	0.444	1.065	5 3
13	6	2132	16	46	24	282	T	-0.019	1.079	6 55
25	6	2150	0	17	25	329	T	-0.091	1.080	7 14
5	7	2168	7	45	23	368	T	-0.166	1.081	7 26
16	7	2186	15	14	54	409	T	-0.240	1.081	7 29
4	4	2201	6	19	57	444	T	-0.149	1.058	5 20
27	7	2204	22	44	32	452	T	-0.313	1.079	7 22
15	4	2219	14	26	33	489	T	-0.109	1.063	5 45
8	8	2222	6	17	5	498	T	-0.384	1.077	7 6
25	4	2237	22	25	4	536	T	-0.061	1.067	6 5
18	8	2240	13	52	25	545	T	-0.452	1.075	6 40
7	5	2255	6	18	6	585	T	-0.008	1.071	6 22
29	8	2258	21	33	5	595	T	-0.516	1.071	6 9
17	5	2273	14	4	31	636	T	0.051	1.074	6 31
9	9	2276	5	18	47	646	T	-0.576	1.067	5 33
28	5	2291	21	45	28	690	T	0.115	1.076	6 34
9	6	2309	5	21	55	745	T	0.183	1.078	6 30
29	5	2310	22	4	50	748	T	-0.560	1.053	5 10
20	6	2327	12	55	1	802	T	0.254	1.079	6 21
9	6	2328	5	33	53	805	T	-0.493	1.052	5 16
30	6	2345	20	26	17	862	T	0.327	1.080	6 7
20	6	2346	12	58	44	865	T	-0.422	1.052	5 12
12	7	2363	3	55	3	923	T	0.401	1.079	5 51
30	6	2364	20	19	48	927	T	-0.349	1.050	5 0
22	7	2381	11	25	2	987	T	0.475	1.078	5 33
9	4	2396	2	33	17	1040	T	-0.085	1.062	5 12
2	8	2399	18	55	14	1052	T	0.548	1.075	5 14
22	8	2408	2	7	39	1086	T	0.677	1.072	5 0
20	4	2414	10	39	39	1107	T	-0.128	1.066	5 33
2	9	2426	9	48	47	1155	T	0.613	1.071	5 14
30	4	2432	18	37	31	1177	T	-0.178	1.069	5 56
12	9	2444	17	35	35	1226	T	0.555	1.069	5 24
12	5	2450	2	29	44	1248	T	-0.233	1.072	6 19
24	9	2462	1	28	8	1299	T	0.501	1.066	5 28
22	5	2468	10	15	11	1322	T	-0.294	1.074	6 41
4	10	2480	9	27	58	1374	T	0.454	1.063	5 26
2	6	2486	17	55	28	1398	T	-0.359	1.076	6 59
23	6	2495	1	8	6	1436	T	-0.872	1.070	5 39
15	10	2498	17	34	44	1451	T	0.413	1.060	5 21
14	6	2504	1	31	3	1475	T	-0.428	1.077	7 10
4	7	2513	8	38	16	1515	T	-0.799	1.073	6 9

GG	MM	AAAA	HH	MM	SS	DT	TIPO	GAMMA	MAG	DURATA
27	10	2516	1	48	46	1530	T	0.378	1.056	5 11
25	6	2522	9	3	45	1555	T	-0.499	1.077	7 12
15	7	2531	16	7	33	1596	T	-0.726	1.075	6 25
5	7	2540	16	34	26	1637	T	-0.572	1.076	7 4
25	7	2549	23	37	26	1679	T	-0.652	1.076	6 30
24	3	2555	6	16	23	1705	T	0.250	1.057	5 4
17	7	2558	0	3	14	1721	T	-0.647	1.074	6 43
6	8	2567	7	9	9	1764	T	-0.580	1.076	6 26
3	4	2573	14	36	16	1791	T	0.281	1.061	5 13
27	7	2576	7	32	31	1807	T	-0.720	1.071	6 12
16	8	2585	14	42	33	1851	T	-0.509	1.075	6 16
14	4	2591	22	49	7	1878	T	0.319	1.064	5 19
7	8	2594	15	2	42	1895	T	-0.793	1.068	5 32
28	8	2603	22	20	26	1940	T	-0.443	1.074	6 2
26	4	2609	6	54	26	1968	T	0.363	1.067	5 23
8	9	2621	6	2	19	2031	T	-0.379	1.071	5 45
7	5	2627	14	52	4	2060	T	0.413	1.069	5 22
19	9	2639	13	50	24	2124	T	-0.321	1.068	5 28
17	5	2645	22	43	18	2154	T	0.469	1.071	5 17
29	9	2657	21	43	7	2219	T	-0.268	1.065	5 11
29	5	2663	6	28	21	2250	T	0.529	1.072	5 7
28	6	2671	21	15	30	2293	T	-0.037	1.053	5 7
9	7	2689	4	36	31	2392	T	-0.112	1.057	5 31
28	6	2690	21	18	7	2398	T	0.627	1.076	5 0
21	7	2707	11	58	10	2493	T	-0.187	1.059	5 48
10	7	2708	4	49	16	2499	T	0.555	1.077	5 22
31	7	2725	19	21	13	2597	T	-0.261	1.061	5 57
21	7	2726	12	17	48	2602	T	0.481	1.078	5 43
12	8	2743	2	47	40	2702	T	-0.333	1.062	5 56
31	7	2744	19	48	25	2707	T	0.408	1.078	5 59
22	8	2761	10	17	10	2809	T	-0.403	1.063	5 47
12	8	2762	3	19	41	2815	T	0.337	1.077	6 11
29	4	2777	19	10	9	2904	T	-0.763	1.061	5 0
2	9	2779	17	52	25	2918	T	-0.468	1.062	5 31
22	8	2780	10	53	34	2924	T	0.267	1.075	6 16
20	4	2786	19	4	46	2959	T	-0.556	1.062	5 5
11	5	2795	3	6	46	3015	T	-0.713	1.065	5 37
13	9	2797	1	33	6	3030	T	-0.529	1.061	5 11
2	9	2798	18	30	51	3036	T	0.201	1.072	6 14
1	5	2804	3	9	24	3071	T	-0.602	1.064	5 21
21	5	2813	10	57	38	3128	T	-0.657	1.069	6 11
13	9	2816	2	13	14	3149	T	0.139	1.069	6 6
12	5	2822	11	4	34	3185	T	-0.655	1.065	5 34
1	6	2831	18	42	34	3244	T	-0.596	1.072	6 39
24	9	2834	10	1	22	3265	T	0.082	1.065	5 51
22	5	2840	18	55	22	3302	T	-0.712	1.066	5 41
12	6	2849	2	21	56	3361	T	-0.531	1.075	7 0
4	10	2852	17	54	44	3383	T	0.030	1.060	5 31
3	6	2858	2	37	58	3420	T	-0.775	1.066	5 38
23	6	2867	9	57	35	3480	T	-0.462	1.077	7 10
16	10	2870	1	55	41	3502	T	-0.015	1.056	5 7
13	6	2876	10	16	45	3541	T	-0.841	1.065	5 25
3	7	2885	17	29	55	3602	T	-0.391	1.078	7 11

98

GG	MM	AAAA	HH	MM	SS	DT	TIPO	GAMMA	MAG	DURATA	
16	7	2903	1	0	45	3725	T	-0.318	1.078	7	4
26	7	2921	8	29	29	3851	T	-0.243	1.077	6	50
6	8	2939	15	59	27	3979	T	-0.170	1.076	6	33
16	8	2957	23	30	11	4108	T	-0.098	1.074	6	14
28	8	2975	7	3	32	4240	T	-0.028	1.071	5	53
26	5	2989	6	52	44	4342	T	-0.256	1.052	5	0
7	9	2993	14	40	11	4374	T	0.039	1.067	5	33

LE ECLISSI TOTALI PIU'
BREVI DI 1 MINUTO
TOTAL ECLIPSES SHORTER
THEN 1 MINUTE
2000-3000

GG MM AAAA : data nel formato giorno/mese/anno
HH MM SS : ore, minuti e secondi
DT : differenza TDT-UT
TIPO : A=anulare T=totale P=parziale H=ibrida
GAMMA : distanza dell'asse del cono d'ombra lunare dal centro
della Terra
MAG : magnitudine dell'eclisse
DURATA : durata in minuti e secondi della fase totale o anulare

GG MM AAAA : date in the format dd/mm/yyyy
HH MM SS: hours, minutes and seconds
DT : difference between Dynamical Time and Universal Time
TIPO : A=annular T=total P=partial H=hybrid
GAMMA : distance of the shadow cone axis from the center
of Earth (units of equatorial radii)
MAG : magnitude of the eclipse (fraction of the Sun's diameter
obscured by the Moon)
DURATA : central line duration of total or annular phase at
greatest eclipse (mm:ss)

GG	MM	AAAA	HH	MM	SS	DT	TIPO	GAMMA	MAG	DURATA	
9	4	2043	18	57	49	87	T	1.003	1.010	0	0
16	5	2227	8	21	32	510	T	0.677	1.014	0	59
1	6	2459	9	59	50	1285	T	-1.010	1.004	0	0
30	1	2511	19	9	33	1504	T	-0.882	1.016	0	57
12	3	2518	22	37	2	1536	T	0.920	1.007	0	31
10	2	2529	3	52	31	1585	T	-0.891	1.014	0	53
23	3	2536	6	51	6	1617	T	0.944	1.012	0	46
8	12	2542	3	35	1	1648	T	-0.998	1.007	0	0
21	2	2547	12	29	30	1667	T	-0.905	1.013	0	50
3	4	2554	15	0	51	1701	T	0.971	1.015	0	56
18	12	2560	12	17	54	1732	T	-0.987	1.018	0	55
3	3	2565	21	1	39	1752	T	-0.922	1.012	0	46
15	3	2583	5	25	52	1839	T	-0.946	1.011	0	42
26	3	2601	13	43	55	1928	T	-0.974	1.009	0	35
29	9	2676	20	20	52	2322	T	-0.973	1.009	0	33

LE ECLISSI ANULARI PIU' LUNGHE DI 8 MINUTI
ANNULAR ECLIPSES LONGER THEN 8 MINUTS
2000-3000

GG MM AAAA : data nel formato giorno/mese/anno
HH MM SS : ore, minuti e secondi
DT : differenza TDT-UT
TIPO : A=anulare T=totale P=parziale H=ibrida
GAMMA : distanza dell'asse del cono d'ombra lunare dal centro
della Terra
MAG : magnitudine dell'eclisse
DURATA : durata in minuti e secondi della fase totale o anulare

GG MM AAAA : date in the format dd/mm/yyyy
HH MM SS: hours, minutes and seconds
DT : difference between Dynamical Time and Universal Time
TIPO : A=annular T=total P=partial H=hybrid
GAMMA : distance of the shadow cone axis from the center
of Earth (units of equatorial radii)
MAG : magnitude of the eclipse (fraction of the Sun's diameter
obscured by the Moon)
DURATA : central line duration of total or annular phase at
greatest eclipse (mm:ss)

GG	MM	AAAA	HH	MM	SS	DT	TIPO	GAMMA	MAG	DURATA
15	1	2010	7	7	39	67	A	0.400	0.919	11 8
26	1	2028	15	8	59	76	A	0.390	0.921	10 27
5	2	2046	23	6	26	90	A	0.377	0.923	9 42
24	10	2060	9	24	10	115	A	-0.263	0.928	8 6
17	2	2064	7	0	23	122	A	0.360	0.926	8 56
4	11	2078	16	55	44	154	A	-0.229	0.925	8 29
27	2	2082	14	47	0	162	A	0.336	0.930	8 12
27	11	2095	1	2	57	193	A	0.490	0.933	8 47
15	11	2096	0	36	15	195	A	-0.202	0.924	8 53
8	12	2113	9	3	27	236	A	0.505	0.930	9 35
27	11	2114	8	24	15	238	A	-0.181	0.922	9 15
19	12	2131	17	6	51	281	A	0.516	0.927	10 14
7	12	2132	16	18	43	283	A	-0.166	0.921	9 33
30	12	2149	1	13	4	328	A	0.525	0.924	10 42
19	12	2150	0	17	2	330	A	-0.153	0.921	9 46
10	1	2168	9	19	3	367	A	0.534	0.923	10 55
29	12	2168	8	19	33	369	A	-0.144	0.921	9 52
20	1	2186	17	23	44	408	A	0.543	0.922	10 53
9	1	2187	16	23	41	410	A	-0.137	0.922	9 51
28	9	2201	4	41	51	446	A	0.128	0.936	8 21
2	2	2204	1	25	26	451	A	0.553	0.922	10 38
21	1	2205	0	27	32	454	A	-0.128	0.924	9 42
9	10	2219	11	48	35	491	A	0.074	0.934	8 46
12	2	2222	9	23	18	497	A	0.567	0.922	10 14
1	2	2223	8	29	43	499	A	-0.118	0.926	9 26
19	10	2237	19	6	4	538	A	0.029	0.932	9 7
23	2	2240	17	14	11	544	A	0.586	0.923	9 41
11	2	2241	16	28	39	546	A	-0.105	0.929	9 4
31	10	2255	2	32	4	587	A	-0.009	0.929	9 24
6	3	2258	0	58	23	593	A	0.610	0.924	9 4
23	2	2259	0	23	41	596	A	-0.087	0.933	8 36
10	11	2273	10	7	17	638	A	-0.040	0.928	9 34
16	3	2276	8	34	2	645	A	0.641	0.925	8 23
5	3	2277	8	11	55	647	A	-0.065	0.937	8 4
21	11	2291	17	50	53	691	A	-0.064	0.926	9 41
3	12	2309	1	42	5	746	A	-0.083	0.925	9 40
14	12	2327	9	39	47	804	A	-0.097	0.925	9 34
24	12	2345	17	41	4	863	A	-0.108	0.925	9 21
5	1	2364	1	46	48	925	A	-0.116	0.926	9 3
15	1	2382	9	53	22	988	A	-0.124	0.927	8 40
26	1	2400	18	0	10	1054	A	-0.132	0.929	8 13
14	11	2422	17	27	40	1140	A	0.566	0.939	8 1
24	10	2432	12	19	58	1179	TIPO	0.245	0.933	8 1
25	11	2440	1	18	39	1211	A	0.544	0.935	8 52
4	11	2450	19	49	31	1250	A	0.283	0.932	8 30
6	12	2458	9	14	46	1283	A	0.528	0.931	9 34
31	3	2462	6	49	44	1297	A	-0.611	0.930	8 7
15	11	2468	3	28	23	1324	A	0.313	0.930	8 59
16	12	2476	17	15	18	1358	A	0.515	0.928	10 4
10	4	2480	14	7	46	1372	A	-0.566	0.933	8 18
26	11	2486	11	15	8	1400	A	0.336	0.929	9 26
28	12	2494	1	19	29	1434	A	0.506	0.926	10 22
21	4	2498	21	17	12	1448	A	-0.515	0.935	8 26

GG	MM	AAAA	HH	MM	SS	DT	TIPO	GAMMA	MAG	DURATA	
7	12	2504	19	10	9	1477	A	0.353	0.929	9	46
8	1	2513	9	25	23	1513	A	0.498	0.924	10	25
3	5	2516	4	17	47	1528	A	-0.456	0.938	8	28
19	12	2522	3	10	40	1557	A	0.367	0.929	9	58
19	1	2531	17	31	19	1594	A	0.491	0.923	10	17
14	5	2534	11	9	29	1609	A	-0.390	0.940	8	23
29	12	2540	11	15	59	1639	A	0.377	0.929	9	57
30	1	2549	1	34	51	1676	A	0.481	0.922	10	0
24	5	2552	17	54	9	1692	A	-0.317	0.943	8	9
9	1	2559	19	24	29	1723	A	0.384	0.931	9	43
10	2	2567	9	35	51	1761	A	0.470	0.922	9	37
20	1	2577	3	35	0	1809	A	0.390	0.933	9	18
20	2	2585	17	31	56	1848	A	0.455	0.923	9	11
31	1	2595	11	44	3	1897	A	0.398	0.935	8	42
5	3	2603	1	21	16	1937	A	0.434	0.924	8	45
11	2	2613	19	51	44	1987	A	0.408	0.938	8	0
15	3	2621	9	3	8	2028	A	0.408	0.926	8	20
12	12	2653	2	51	33	2199	A	-0.260	0.927	8	21
23	12	2671	10	50	32	2296	A	-0.247	0.925	8	52
2	1	2690	18	52	25	2395	A	-0.236	0.923	9	17
15	1	2708	2	56	17	2496	A	-0.228	0.921	9	38
25	1	2726	10	59	24	2599	A	-0.219	0.921	9	52
5	2	2744	19	0	30	2705	A	-0.209	0.920	10	1
16	2	2762	2	58	17	2812	A	-0.196	0.921	10	4
3	11	2776	13	23	19	2901	A	0.096	0.937	8	25
27	2	2780	10	51	54	2921	A	-0.180	0.922	10	3
14	11	2794	20	57	54	3012	A	0.062	0.933	9	2
3	11	2795	20	29	4	3018	A	0.768	0.928	8	26
9	3	2798	18	37	54	3033	A	-0.158	0.924	9	57
25	11	2812	4	39	2	3125	A	0.034	0.929	9	33
14	11	2813	4	2	23	3131	A	0.733	0.928	9	4
20	3	2816	2	17	34	3146	A	-0.131	0.926	9	48
6	12	2830	12	27	18	3240	A	0.012	0.926	9	57
25	11	2831	11	44	6	3247	A	0.704	0.927	9	32
31	3	2834	9	48	16	3262	A	-0.096	0.928	9	33
16	12	2848	20	21	20	3358	A	-0.004	0.923	10	13
5	12	2849	19	34	20	3364	A	0.681	0.927	9	51
10	4	2852	17	12	1	3379	A	-0.056	0.931	9	13
28	12	2866	4	18	59	3477	A	-0.018	0.921	10	19
17	12	2867	3	31	29	3484	A	0.663	0.927	9	55
22	4	2870	0	24	56	3499	A	-0.006	0.934	8	47
7	1	2885	12	20	24	3598	A	-0.029	0.920	10	20
27	12	2885	11	34	23	3605	A	0.650	0.927	9	46
2	5	2888	7	31	10	3621	A	0.049	0.937	8	17
19	1	2903	20	22	19	3722	A	-0.039	0.919	10	12
8	1	2904	19	40	31	3729	A	0.639	0.928	9	24
30	1	2921	4	24	58	3848	A	-0.048	0.919	10	1
19	1	2922	3	50	4	3854	A	0.629	0.930	8	53
10	2	2939	12	23	38	3975	A	-0.061	0.919	9	45
30	1	2940	11	59	57	3982	A	0.620	0.932	8	15
20	2	2957	20	20	31	4105	A	-0.075	0.920	9	28
9	11	2971	6	51	8	4212	A	0.181	0.932	8	32
4	3	2975	4	11	2	4237	A	-0.094	0.922	9	10

GG	MM	AAAA	HH	MM	SS	DT	TIPO	GAMMA	MAG	DURATA	
19	11	2989	14	25	4	4346	A	0.215	0.928	9	23
14	3	2993	11	55	59	4371	A	-0.118	0.924	8	53

LE ECLISSI ANULARI PIU' BREVI DI 1 MINUTO
ANNULAR ECLIPSES SHORTER THEN 1 MINUTE
2000-3000

GG MM AAAA : data nel formato giorno/mese/anno
HH MM SS : ore, minuti e secondi
DT : differenza TDT-UT
TIPO : A=anulare T=totale P=parziale H=ibrida
GAMMA : distanza dell'asse del cono d'ombra lunare dal centro
della Terra
MAG : magnitudine dell'eclisse
DURATA : durata in minuti e secondi della fase totale o anulare

GG MM AAAA : date in the format dd/mm/yyyy
HH MM SS: hours, minutes and seconds
DT : difference between Dynamical Time and Universal Time
TIPO : A=annular T=total P=partial H=hybrid
GAMMA : distance of the shadow cone axis from the center
of Earth (units of equatorial radii)
MAG : magnitude of the eclipse (fraction of the Sun's diameter
obscured by the Moon)
DURATA : central line duration of total or annular phase at
greatest eclipse (mm:ss)

GG	MM	AAAA	HH	MM	SS	DT	TIPO	GAMMA	MAG	DURATA	
10	6	2002	23	45	22	64	A	0.199	0.996	0	23
29	4	2014	6	4	33	69	A	-1.000	0.987	0	0
26	2	2017	14	54	33	70	A	-0.458	0.992	0	44
21	6	2020	6	41	15	72	A	0.121	0.994	0	38
9	5	2032	13	26	42	79	A	-0.938	0.996	0	22
9	3	2035	23	5	54	81	A	-0.437	0.992	0	48
3	10	2043	3	1	49	88	A	-1.010	0.950	0	0
20	3	2053	7	8	19	99	A	-0.409	0.992	0	50
31	3	2071	15	1	6	138	A	-0.374	0.992	0	52
16	12	2085	22	37	48	170	A	0.279	0.997	0	19
10	4	2089	22	44	42	178	A	-0.332	0.992	0	53
29	12	2103	7	13	18	212	A	0.275	0.994	0	43
17	12	2104	13	48	27	214	A	1.012	0.938	0	0
23	4	2107	6	18	41	220	A	-0.283	0.992	0	56
28	12	2122	22	0	56	258	A	1.007	0.945	0	0
3	5	2125	13	42	33	264	A	-0.226	0.992	0	59
22	4	2126	18	4	22	267	A	-1.005	0.951	0	0
1	3	2128	7	48	32	271	A	0.460	0.994	0	37
8	1	2141	6	12	38	304	A	1.002	0.952	0	0
12	3	2146	15	58	15	318	A	0.482	1.000	0	3
19	1	2159	14	23	27	347	A	0.997	0.960	0	0
12	4	2173	9	49	40	379	A	0.852	0.992	0	35
23	4	2191	17	26	6	420	A	0.799	0.999	0	3
1	12	2244	0	58	17	557	A	-0.057	0.996	0	27
12	12	2262	9	25	2	607	A	-0.046	0.991	0	56
2	2	2269	1	53	6	624	A	-0.653	0.988	0	54
13	2	2287	10	21	25	677	A	-0.661	0.993	0	35
24	2	2305	18	46	9	732	A	-0.673	0.997	0	13
27	3	2332	13	11	34	818	A	-0.683	0.994	0	30
15	11	2403	3	36	24	1068	A	-0.146	0.995	0	33
27	1	2446	12	43	51	1231	A	0.879	0.990	0	53
7	2	2464	21	17	16	1304	A	0.884	0.994	0	31
27	11	2467	4	10	21	1320	A	1.005	0.943	0	0
27	2	2473	7	56	51	1342	A	0.517	0.991	0	53
18	2	2482	5	48	52	1379	A	0.891	0.998	0	9
7	12	2485	12	2	0	1395	A	1.024	0.910	0	0
10	3	2491	16	11	57	1418	A	0.495	0.996	0	20
13	7	2493	21	56	36	1428	A	0.656	0.988	0	56
13	4	2507	16	23	43	1488	A	-1.001	0.954	0	0
26	7	2511	4	49	26	1506	A	0.735	0.990	0	45
5	8	2529	11	45	36	1587	A	0.811	0.991	0	39
16	8	2547	18	46	36	1670	A	0.884	0.991	0	37
29	10	2562	6	34	40	1741	A	0.338	0.994	0	35
27	8	2565	1	53	56	1754	A	0.953	0.990	0	39
9	11	2618	10	39	32	2016	A	-1.003	0.947	0	0
12	2	2632	10	25	37	2085	A	-0.297	0.994	0	36
2	1	2644	2	31	7	2147	A	1.002	0.976	0	0
22	2	2650	18	53	59	2179	A	-0.286	0.998	0	9
12	1	2662	11	2	26	2242	A	1.000	0.979	0	0
9	7	2670	9	25	19	2288	A	-0.838	0.992	0	52
19	7	2688	16	22	31	2387	A	-0.914	0.993	0	41
31	7	2706	23	20	38	2488	A	-0.989	0.991	0	41
13	10	2721	9	57	38	2575	A	-0.508	0.994	0	34

GG	MM	AAAA	HH	MM	SS	DT	TIPO	GAMMA	MAG	DURATA	
2	11	2730	19	52	57	2627	A	-0.854	0.996	0	17
31	8	2733	15	30	17	2643	A	-0.259	0.992	0	49
13	11	2748	3	56	37	2733	A	-0.827	0.991	0	37
11	9	2751	22	41	5	2750	A	-0.190	0.993	0	40
4	1	2755	19	33	47	2769	A	0.086	0.992	0	52
24	11	2766	12	7	7	2841	A	-0.805	0.986	0	59
22	9	2769	5	59	23	2858	A	-0.125	0.994	0	33
15	1	2773	4	8	33	2878	A	0.080	0.995	0	35
3	10	2787	13	27	30	2968	A	-0.069	0.995	0	29
26	1	2791	12	45	16	2988	A	0.075	0.998	0	15
13	10	2805	21	4	29	3080	A	-0.018	0.995	0	27
12	6	2811	6	58	46	3116	A	0.862	0.988	0	47
25	10	2823	4	50	58	3195	A	0.025	0.996	0	26
22	6	2829	14	1	25	3231	A	0.933	0.990	0	35
4	11	2841	12	47	1	3311	A	0.061	0.996	0	25
13	8	2846	6	14	4	3342	A	-1.006	0.952	0	0
23	7	2856	6	1	10	3408	A	0.301	0.993	0	43
15	11	2859	20	52	40	3430	A	0.090	0.996	0	23
15	9	2862	6	23	8	3449	A	0.596	1.000	0	1
3	8	2874	12	56	53	3528	A	0.220	0.996	0	24
26	11	2877	5	6	29	3550	A	0.113	0.997	0	21
25	9	2880	13	45	31	3569	A	0.658	0.993	0	36
13	8	2892	19	55	10	3650	A	0.141	0.999	0	8
7	12	2895	13	27	23	3673	A	0.131	0.997	0	17
28	10	2907	7	9	47	3755	A	0.653	0.995	0	31
18	12	2913	21	55	6	3798	A	0.143	0.999	0	10
30	12	2931	6	28	24	3925	A	0.151	1.000	0	0
16	6	2941	3	25	38	3992	A	1.000	0.966	0	0
30	10	2999	9	34	33	4420	A	-1.002	0.959	0	0

LE ECLISSI IBRIDE PIU' LUNGHE DI 1 MINUTO
HYBRID ECLIPSES LONGER THEN 1 MINUTE
2000-3000

GG MM AAAA : data nel formato giorno/mese/anno
HH MM SS : ore, minuti e secondi
DT : differenza TDT-UT
TIPO : A=anulare T=totale P=parziale H=ibrida
GAMMA : distanza dell'asse del cono d'ombra lunare dal centro
della Terra
MAG : magnitudine dell'eclisse
DURATA : durata in minuti e secondi della fase totale o anulare

GG MM AAAA : date in the format dd/mm/yyyy
HH MM SS: hours, minutes and seconds
DT : difference between Dynamical Time and Universal Time
TIPO : A=annular T=total P=partial H=hybrid
GAMMA : distance of the shadow cone axis from the center
of Earth (units of equatorial radii)
MAG : magnitude of the eclipse (fraction of the Sun's diameter
obscured by the Moon)
DURATA : central line duration of total or annular phase at
greatest eclipse (mm:ss)

GG	MM	AAAA	HH	MM	SS	DT	TIPO	GAMMA	MAG	DURATA	
3	11	2013	12	47	36	68	H	0.327	1.016	1	40
20	4	2023	4	17	56	73	H	-0.395	1.013	1	16
14	11	2031	21	7	31	79	H	0.308	1.011	1	8
17	10	2172	16	1	36	378	H	-0.148	1.017	1	34
29	10	2190	0	5	50	419	H	-0.116	1.012	1	4
13	10	2349	3	28	54	876	H	-0.053	1.013	1	18
29	4	2386	12	32	25	1004	H	-0.548	1.015	1	30
26	9	2508	7	14	51	1494	H	0.205	1.013	1	14
12	4	2545	16	19	46	1659	H	0.394	1.015	1	17
10	9	2667	11	25	5	2273	H	-0.339	1.013	1	22
27	3	2704	19	45	56	2475	H	-0.221	1.015	1	29
24	8	2826	15	52	15	3213	H	0.456	1.012	1	3
10	3	2863	22	51	8	3452	H	0.030	1.015	1	21
28	7	2967	13	27	22	4181	H	-0.489	1.015	1	37
7	8	2985	20	31	50	4314	H	-0.569	1.010	1	2

LE ECLISSI IBRIDE PIU' BREVI DI 1 MINUTI
HYBRID ECLIPSES SHORTER THEN 1 MINUTE
2000-3000

GG MM AAAA : data nel formato giorno/mese/anno
HH MM SS : ore, minuti e secondi
DT : differenza TDT-UT
TIPO : A=anulare T=totale P=parziale H=ibrida
GAMMA : distanza dell'asse del cono d'ombra lunare dal centro della Terra
MAG : magnitudine dell'eclisse
DURATA : durata in minuti e secondi della fase totale o anulare

GG MM AAAA : date in the format dd/mm/yyyy
HH MM SS: hours, minutes and seconds
DT : difference between Dynamical Time and Universal Time
TIPO : A=annular T=total P=partial H=hybrid
GAMMA : distance of the shadow cone axis from the center of Earth (units of equatorial radii)
MAG : magnitude of the eclipse (fraction of the Sun's diameter obscured by the Moon)
DURATA : central line duration of total or annular phase at greatest eclipse (mm:ss)

GG	MM	AAAA	HH	MM	SS	DT	TIPO	GAMMA	MAG	DURATA	
8	4	2005	20	36	51	65	H	-0.347	1.007	0	42
25	11	2049	5	33	48	93	H	0.294	1.006	0	38
20	5	2050	20	42	50	94	H	-0.869	1.004	0	21
6	12	2067	14	3	43	130	H	0.284	1.001	0	8
23	3	2164	0	2	47	359	H	0.509	1.005	0	29
3	4	2182	7	59	43	399	H	0.544	1.011	0	58
9	11	2208	8	17	12	463	H	-0.090	1.006	0	34
5	5	2209	0	56	53	464	H	0.741	1.006	0	28
20	11	2226	16	34	56	509	H	-0.071	1.000	0	3
8	3	2323	3	5	10	788	H	-0.691	1.002	0	11
18	3	2341	11	18	20	847	H	-0.714	1.008	0	36
7	4	2350	21	6	3	878	H	-0.645	1.001	0	6
24	10	2367	11	25	4	938	H	-0.090	1.006	0	40
18	4	2368	4	51	38	940	H	-0.599	1.008	0	47
3	11	2385	19	27	30	1002	H	-0.121	1.000	0	3
1	3	2500	14	14	47	1457	H	0.904	1.003	0	12
22	3	2509	0	20	47	1496	H	0.468	1.002	0	12
7	10	2526	14	54	21	1574	H	0.256	1.007	0	40
2	4	2527	8	23	26	1576	H	0.434	1.009	0	45
17	10	2544	22	41	14	1657	H	0.300	1.001	0	4
5	3	2668	3	17	8	2276	H	-0.270	1.004	0	21
20	9	2685	18	50	12	2371	H	-0.401	1.007	0	42
16	3	2686	11	34	58	2374	H	-0.249	1.009	0	54
11	10	2694	4	4	20	2422	H	-0.926	1.005	0	21
3	10	2703	2	21	25	2472	H	-0.457	1.001	0	3
22	10	2712	11	55	16	2523	H	-0.887	1.001	0	3
5	2	2809	21	20	58	3101	H	0.068	1.001	0	6
17	2	2827	5	54	44	3216	H	0.059	1.005	0	30
3	9	2844	23	5	38	3330	H	0.528	1.006	0	32
27	2	2845	14	25	3	3333	H	0.047	1.010	0	55
24	9	2853	8	3	33	3389	H	0.788	1.011	0	52
5	10	2871	15	39	10	3509	H	0.737	1.006	0	30
15	10	2889	23	21	8	3631	H	0.692	1.000	0	2
26	8	2910	2	59	33	3775	H	0.066	1.001	0	6
5	9	2928	10	9	23	3901	H	-0.005	1.002	0	16
16	9	2946	17	27	21	4030	H	-0.071	1.004	0	23
9	1	2950	15	4	40	4053	H	0.157	1.002	0	13
27	9	2964	0	52	8	4160	H	-0.131	1.004	0	27
20	1	2968	23	43	38	4184	H	0.162	1.004	0	29
8	10	2982	8	26	58	4293	H	-0.184	1.005	0	29
31	1	2986	8	22	37	4317	H	0.167	1.008	0	48
19	10	3000	16	10	16	4428	H	-0.230	1.005	0	29

LE ECLISSI CON LA FASCIA DI TOTALITA'/ANULARITA' MAGGIORE DI 500 KM TOTAL AND ANNULAR ECLIPSES WITH PATH GREATER THAN 500 KM 2000-3000

GG MM AAAA : data nel formato giorno/mese/anno
HH MM SS : ore, minuti e secondi
DT : differenza TDT-UT
TIPO : A=anulare T=totale P=parziale H=ibrida
GAMMA : distanza dell'asse del cono d'ombra lunare dal centro della Terra
MAG : magnitudine dell'eclisse
DURATA : durata in minuti e secondi della fase totale o anulare

GG MM AAAA : date in the format dd/mm/yyyy
HH MM SS: hours, minutes and seconds
DT : difference between Dynamical Time and Universal Time
TIPO : A=annular T=total P=partial H=hybrid
GAMMA : distance of the shadow cone axis from the center of Earth (units of equatorial radii)
MAG : magnitude of the eclipse (fraction of the Sun's diameter obscured by the Moon)
DURATA : central line duration of total or annular phase at greatest eclipse (mm:ss)

GG	MM	AAAA	HH	MM	SS	DT	TIPO	GAMMA	MAG	DURATA		KM
10	6	2021	10	43	7	72	A	0.915	0.944	3	51	527
17	2	2026	12	13	6	75	A	-0.974	0.963	2	20	616
30	3	2033	18	2	36	80	T	0.978	1.046	2	37	781
20	4	2061	2	56	49	116	T	0.958	1.048	2	37	559
13	10	2061	10	32	10	117	A	-0.964	0.947	3	41	743
12	9	2072	8	59	20	141	T	0.966	1.056	3	13	732
15	7	2102	8	15	14	208	A	0.908	0.940	4	14	539
3	5	2144	1	2	6	313	A	-0.944	0.936	6	9	727
26	9	2155	17	14	27	340	A	-0.965	0.959	2	55	570
21	2	2213	14	30	14	474	A	0.964	0.923	6	44	1080
17	8	2213	5	56	32	475	T	-0.916	1.065	4	35	525
4	3	2231	22	20	24	520	A	0.943	0.925	6	32	838
18	6	2243	5	49	56	553	A	-0.934	0.938	6	41	652
15	3	2249	6	0	45	568	A	0.915	0.927	6	18	666
26	3	2267	13	33	45	619	A	0.881	0.929	6	3	549
30	7	2307	13	31	16	739	A	-0.957	0.960	3	37	501
9	7	2336	19	58	22	832	T	0.960	1.066	3	17	800
4	1	2345	18	40	23	860	A	-0.787	0.916	6	45	517
16	1	2363	2	45	7	922	A	-0.795	0.915	6	52	532
10	5	2366	20	22	8	933	A	0.898	0.932	5	3	583
26	1	2381	10	46	38	985	A	-0.806	0.915	6	57	546
21	5	2384	3	5	26	997	A	0.970	0.932	4	28	1115
6	2	2399	18	46	44	1051	A	-0.818	0.915	7	1	557
25	10	2413	5	13	20	1106	A	0.913	0.930	6	43	628
17	2	2417	2	40	42	1118	A	-0.835	0.915	7	4	574
5	11	2431	12	45	40	1175	A	0.950	0.924	7	15	902
28	2	2435	10	29	45	1188	A	-0.855	0.916	7	5	599
22	5	2449	10	19	15	1244	T	-0.979	1.033	2	24	567
10	3	2453	18	9	42	1260	A	-0.882	0.918	7	4	647
22	3	2471	1	43	37	1334	A	-0.914	0.919	7	0	738
11	6	2477	17	35	28	1360	T	-0.942	1.065	4	53	642
1	4	2489	9	7	55	1410	A	-0.954	0.920	6	50	997
16	9	2536	17	50	18	1619	A	-0.973	0.939	4	48	1025
14	6	2542	19	3	9	1646	A	0.982	0.974	1	30	540
25	5	2571	1	47	0	1782	A	-0.979	0.952	4	21	926
5	5	2600	6	53	54	1923	T	0.947	1.055	2	57	579
28	9	2611	13	41	25	1980	T	0.986	1.028	1	42	630
30	8	2630	6	10	52	2077	T	-0.930	1.057	3	53	514
1	12	2654	2	3	29	2204	A	-0.948	0.916	5	41	1021
10	8	2659	8	11	51	2229	A	0.945	0.949	3	30	584
11	12	2672	9	56	21	2301	A	-0.929	0.916	5	47	874
22	12	2690	17	55	30	2401	A	-0.914	0.917	5	52	795
16	4	2694	15	1	10	2419	A	0.949	0.942	4	5	679
3	1	2709	1	57	50	2502	A	-0.902	0.917	5	55	737
14	1	2727	10	3	51	2605	A	-0.892	0.919	5	57	691
25	2	2734	20	45	26	2646	A	0.977	0.962	2	55	674
1	10	2741	22	44	42	2691	A	0.916	0.930	6	14	652
24	1	2745	18	10	38	2710	A	-0.882	0.921	5	58	646
8	3	2752	4	57	54	2752	A	0.963	0.962	2	52	511
13	10	2759	5	50	16	2798	A	0.860	0.930	7	0	509
5	2	2763	2	16	47	2818	A	-0.872	0.923	5	58	596
3	8	2771	3	38	34	2869	T	0.959	1.059	3	5	704
15	2	2781	10	20	50	2927	A	-0.860	0.926	5	57	543

GG	MM	AAAA	HH	MM	SS	DT	TIPO	GAMMA	MAG	DURATA		KM
13	7	2800	5	50	34	3047	A	-0.975	0.948	4	52	893
23	8	2864	12	47	18	3461	A	-0.923	0.938	5	47	586
24	7	2875	0	34	50	3535	T	0.964	1.039	2	4	514
24	6	2894	17	49	14	3663	T	-0.913	1.062	4	55	502
29	12	2912	14	58	37	3791	A	0.880	0.936	7	10	507
9	1	2931	23	12	5	3918	A	0.886	0.937	6	52	510
20	1	2949	7	27	37	4046	A	0.892	0.939	6	26	504
8	10	2963	18	51	34	4153	A	-0.910	0.943	4	32	514
19	10	2981	2	8	17	4286	A	-0.960	0.940	4	14	820
17	7	2987	3	54	36	4328	A	0.975	0.937	4	1	1130

LE ECLISSI CON LA FASCIA DI TOTALITA'/ANULARITA' MINORE DI 50 KM
TOTAL AND ANNULAR ECLIPSES WITH PATH SMALLER THAN 50 KM
2000-3000

GG MM AAAA : data nel formato giorno/mese/anno
HH MM SS : ore, minuti e secondi
DT : differenza TDT-UT
TIPO : A=anulare T=totale P=parziale H=ibrida
GAMMA : distanza dell'asse del cono d'ombra lunare dal centro
della Terra
MAG : magnitudine dell'eclisse
DURATA : durata in minuti e secondi della fase totale o anulare

GG MM AAAA : date in the format dd/mm/yyyy
HH MM SS: hours, minutes and seconds
DT : difference between Dynamical Time and Universal Time
TIPO : A=annular T=total P=partial H=hybrid
GAMMA : distance of the shadow cone axis from the center
of Earth (units of equatorial radii)
MAG : magnitude of the eclipse (fraction of the Sun's diameter
obscured by the Moon)
DURATA : central line duration of total or annular phase at
greatest eclipse (mm:ss)

GG	MM	AAAA	HH	MM	SS	DT	TIPO	GAMMA	MAG	DURATA		KM
10	6	2002	23	45	22	64	A	0.199	0.996	0	23	13
31	5	2003	4	9	22	64	A	0.996	0.938	3	37	0
8	4	2005	20	36	51	65	H	-0.347	1.007	0	42	27
29	4	2014	6	4	33	69	A	-1.000	0.987	0	0	0
26	2	2017	14	54	33	70	A	-0.458	0.992	0	44	31
21	6	2020	6	41	15	72	A	0.121	0.994	0	38	21
20	4	2023	4	17	56	73	H	-0.395	1.013	1	16	49
14	11	2031	21	7	31	79	H	0.308	1.011	1	8	38
9	5	2032	13	26	42	79	A	-0.938	0.996	0	22	44
9	3	2035	23	5	54	81	A	-0.437	0.992	0	48	31
2	7	2038	13	32	55	84	A	0.040	0.991	1	0	31
9	4	2043	18	57	49	87	T	1.003	1.010	0	0	0
3	10	2043	3	1	49	88	A	-1.010	0.950	0	0	0
28	2	2044	20	24	40	88	A	-0.995	0.960	2	27	0
25	11	2049	5	33	48	93	H	0.294	1.006	0	38	21
20	5	2050	20	42	50	94	H	-0.869	1.004	0	21	27
20	3	2053	7	8	19	99	A	-0.409	0.992	0	50	31
12	7	2056	20	21	59	106	A	-0.043	0.988	1	26	43
6	12	2067	14	3	43	130	H	0.284	1.001	0	8	4
31	3	2071	15	1	6	138	A	-0.374	0.992	0	52	31
16	12	2085	22	37	48	170	A	0.279	0.997	0	19	10
10	4	2089	22	44	42	178	A	-0.332	0.992	0	53	30
28	2	2101	2	16	26	205	A	0.996	0.961	2	44	0
29	12	2103	7	13	18	212	A	0.275	0.994	0	43	23
17	12	2104	13	48	27	214	A	1.012	0.938	0	0	0
23	4	2107	6	18	41	220	A	-0.283	0.992	0	56	30
18	2	2110	23	31	35	227	A	0.444	0.989	1	12	44
25	7	2120	14	40	2	252	A	0.995	0.934	4	0	0
8	1	2122	15	48	51	256	A	0.271	0.991	1	2	34
28	12	2122	22	0	56	258	A	1.007	0.945	0	0	0
3	5	2125	13	42	33	264	A	-0.226	0.992	0	59	31
22	4	2126	18	4	22	267	A	-1.005	0.951	0	0	0
1	3	2128	7	48	32	271	A	0.460	0.994	0	37	24
20	1	2140	0	23	11	302	A	0.268	0.988	1	17	43
8	1	2141	6	12	38	304	A	1.002	0.952	0	0	0
14	5	2143	20	58	14	310	A	-0.164	0.991	1	5	33
12	3	2146	15	58	15	318	A	0.482	1.000	0	3	2
30	1	2158	8	54	37	345	A	0.262	0.986	1	27	50
19	1	2159	14	23	27	347	A	0.997	0.960	0	0	0
25	5	2161	4	5	43	352	A	-0.095	0.990	1	12	36
23	3	2164	0	2	47	359	H	0.509	1.005	0	29	20
25	8	2166	16	13	35	364	A	0.990	0.953	3	0	0
29	1	2177	22	30	30	387	A	0.990	0.921	6	55	0
5	6	2179	11	5	36	393	A	-0.021	0.988	1	21	41
3	4	2182	7	59	43	399	H	0.544	1.011	0	58	44
26	7	2185	22	38	16	407	T	-0.997	1.037	2	27	0
29	10	2190	0	5	50	419	H	-0.116	1.012	1	4	40
23	4	2191	17	26	6	420	A	0.799	0.999	0	3	4
10	2	2195	6	34	27	430	A	0.980	0.922	6	52	0
5	8	2195	22	21	3	431	T	-0.984	1.062	4	3	0
15	6	2197	17	59	33	435	A	0.057	0.986	1	32	48
9	11	2208	8	17	12	463	H	-0.090	1.006	0	34	20
5	5	2209	0	56	53	464	H	0.741	1.006	0	28	34

117

GG	MM	AAAA	HH	MM	SS	DT	TIPO	GAMMA	MAG	DURATA		KM
20	11	2226	16	34	56	509	H	-0.071	1.000	0	3	2
1	12	2244	0	58	17	557	A	-0.057	0.996	0	27	16
12	12	2262	9	25	2	607	A	-0.046	0.991	0	56	32
22	12	2280	17	55	44	659	A	-0.039	0.987	1	23	46
13	2	2287	10	21	25	677	A	-0.661	0.993	0	35	34
24	2	2305	18	46	9	732	A	-0.673	0.997	0	13	13
8	3	2323	3	5	10	788	H	-0.691	1.002	0	11	11
27	3	2332	13	11	34	818	A	-0.683	0.994	0	30	26
18	3	2341	11	18	20	847	H	-0.714	1.008	0	36	36
13	10	2349	3	28	54	876	H	-0.053	1.013	1	18	43
7	4	2350	21	6	3	878	H	-0.645	1.001	0	6	5
24	10	2367	11	25	4	938	H	-0.090	1.006	0	40	22
18	4	2368	4	51	38	940	H	-0.599	1.008	0	47	34
21	6	2373	19	45	29	958	T	-0.995	1.019	1	24	0
3	11	2385	19	27	30	1002	H	-0.121	1.000	0	3	2
15	11	2403	3	36	24	1068	A	-0.146	0.995	0	33	19
25	11	2421	11	51	41	1136	A	-0.165	0.989	1	6	38
15	11	2449	20	23	56	1246	A	0.981	0.919	7	35	0
1	6	2459	9	59	50	1285	T	-1.010	1.004	0	0	0
7	2	2464	21	17	16	1304	A	0.884	0.994	0	31	44
27	11	2467	4	10	21	1320	A	1.005	0.943	0	0	0
27	2	2473	7	56	51	1342	A	0.517	0.991	0	53	37
18	2	2482	5	48	52	1379	A	0.891	0.998	0	9	14
7	12	2485	12	2	0	1395	A	1.024	0.910	0	0	0
10	3	2491	16	11	57	1418	A	0.495	0.996	0	20	14
1	3	2500	14	14	47	1457	H	0.904	1.003	0	12	21
13	4	2507	16	23	43	1488	A	-1.001	0.954	0	0	0
26	9	2508	7	14	51	1494	H	0.205	1.013	1	14	47
22	3	2509	0	20	47	1496	H	0.468	1.002	0	12	9
7	10	2526	14	54	21	1574	H	0.256	1.007	0	40	25
2	4	2527	8	23	26	1576	H	0.434	1.009	0	45	33
8	12	2542	3	35	1	1648	T	-0.998	1.007	0	0	0
29	10	2543	9	36	30	1652	T	0.992	1.032	2	2	0
17	10	2544	22	41	14	1657	H	0.300	1.001	0	4	2
29	10	2562	6	34	40	1741	A	0.338	0.994	0	35	21
8	11	2580	14	34	19	1827	A	0.370	0.988	1	15	44
23	4	2582	22	55	56	1834	T	0.997	1.046	2	17	0
1	2	2614	1	55	16	1992	A	-0.306	0.990	1	0	38
9	11	2618	10	39	32	2016	A	-1.003	0.947	0	0	0
12	2	2632	10	25	37	2085	A	-0.297	0.994	0	36	23
19	11	2636	18	16	59	2109	A	-0.972	0.916	5	33	0
2	1	2644	2	31	7	2147	A	1.002	0.976	0	0	0
9	9	2648	13	51	23	2171	T	-0.993	1.048	2	48	0
22	2	2650	18	53	59	2179	A	-0.286	0.998	0	9	6
12	1	2662	11	2	26	2242	A	1.000	0.979	0	0	0
10	11	2664	1	46	10	2258	A	0.159	0.986	1	36	50
7	5	2665	8	55	9	2260	A	-0.994	0.967	2	35	0
10	9	2667	11	25	5	2273	H	-0.339	1.013	1	22	49
5	3	2668	3	17	8	2276	H	-0.270	1.004	0	21	13
5	4	2676	7	35	27	2319	A	0.995	0.934	4	25	0
23	1	2680	19	32	56	2340	A	0.997	0.964	2	46	0
21	11	2682	9	54	31	2356	A	0.135	0.987	1	32	48
20	9	2685	18	50	12	2371	H	-0.401	1.007	0	42	27

118

GG	MM	AAAA	HH	MM	SS	DT	TIPO	GAMMA	MAG	DURATA		KM
16	3	2686	11	34	58	2374	H	-0.249	1.009	0	54	32
11	10	2694	4	4	20	2422	H	-0.926	1.005	0	21	49
9	8	2697	1	29	22	2437	A	-0.412	0.988	1	20	47
3	2	2698	4	1	19	2440	A	0.993	0.963	2	52	0
2	12	2700	18	9	37	2456	A	0.116	0.987	1	26	45
3	10	2703	2	21	25	2472	H	-0.457	1.001	0	3	2
22	10	2712	11	55	16	2523	H	-0.887	1.001	0	3	6
21	8	2715	8	26	53	2539	A	-0.333	0.990	1	3	37
15	2	2716	12	26	26	2542	A	0.987	0.962	2	55	0
14	12	2718	2	32	46	2558	A	0.103	0.989	1	17	41
13	10	2721	9	57	38	2575	A	-0.508	0.994	0	34	24
21	9	2723	15	48	55	2586	A	0.980	0.929	5	24	0
2	11	2730	19	52	57	2627	A	-0.854	0.996	0	17	28
31	8	2733	15	30	17	2643	A	-0.259	0.992	0	49	29
21	8	2734	2	59	13	2649	T	-0.994	1.033	2	8	0
24	12	2736	11	0	57	2663	A	0.093	0.990	1	6	35
11	9	2751	22	41	5	2750	A	-0.190	0.993	0	40	24
4	1	2755	19	33	47	2769	A	0.086	0.992	0	52	28
22	9	2769	5	59	23	2858	A	-0.125	0.994	0	33	20
15	1	2773	4	8	33	2878	A	0.080	0.995	0	35	19
3	10	2787	13	27	30	2968	A	-0.069	0.995	0	29	18
26	1	2791	12	45	16	2988	A	0.075	0.998	0	15	9
13	10	2805	21	4	29	3080	A	-0.018	0.995	0	27	16
5	2	2809	21	20	58	3101	H	0.068	1.001	0	6	4
25	10	2823	4	50	58	3195	A	0.025	0.996	0	26	15
24	8	2826	15	52	15	3213	H	0.456	1.012	1	3	47
17	2	2827	5	54	44	3216	H	0.059	1.005	0	30	18
12	7	2838	23	8	16	3290	A	0.383	0.989	1	3	42
4	11	2841	12	47	1	3311	A	0.061	0.996	0	25	14
3	9	2844	23	5	38	3330	H	0.528	1.006	0	32	25
27	2	2845	14	25	3	3333	H	0.047	1.010	0	55	34
13	8	2846	6	14	4	3342	A	-1.006	0.952	0	0	0
23	7	2856	6	1	10	3408	A	0.301	0.993	0	43	26
15	11	2859	20	52	40	3430	A	0.090	0.996	0	23	13
15	9	2862	6	23	8	3449	A	0.596	1.000	0	1	0
10	3	2863	22	51	8	3452	H	0.030	1.015	1	21	50
5	10	2871	15	39	10	3509	H	0.737	1.006	0	30	29
3	8	2874	12	56	53	3528	A	0.220	0.996	0	24	14
26	11	2877	5	6	29	3550	A	0.113	0.997	0	21	12
25	9	2880	13	45	31	3569	A	0.658	0.993	0	36	31
15	10	2889	23	21	8	3631	H	0.692	1.000	0	2	2
13	8	2892	19	55	10	3650	A	0.141	0.999	0	8	4
7	12	2895	13	27	23	3673	A	0.131	0.997	0	17	9
28	10	2907	7	9	47	3755	A	0.653	0.995	0	31	23
26	8	2910	2	59	33	3775	H	0.066	1.001	0	6	3
6	7	2912	1	20	7	3788	T	-0.985	1.057	3	59	0
18	12	2913	21	55	6	3798	A	0.143	0.999	0	10	5
7	11	2925	15	5	14	3881	A	0.620	0.989	1	8	47
5	9	2928	10	9	23	3901	H	-0.005	1.002	0	16	8
30	12	2931	6	28	24	3925	A	0.151	1.000	0	0	0
16	6	2941	3	25	38	3992	A	1.000	0.966	0	0	0
16	9	2946	17	27	21	4030	H	-0.071	1.004	0	23	12
9	1	2950	15	4	40	4053	H	0.157	1.002	0	13	7

GG	MM	AAAA	HH	MM	SS	DT	TIPO	GAMMA	MAG	DURATA		KM
27	9	2964	0	52	8	4160	H	-0.131	1.004	0	27	15
20	1	2968	23	43	38	4184	H	0.162	1.004	0	29	16
8	10	2982	8	26	58	4293	H	-0.184	1.005	0	29	17
7	8	2985	20	31	50	4314	H	-0.569	1.010	1	2	41
31	1	2986	8	22	37	4317	H	0.167	1.008	0	48	26
26	6	2997	3	41	44	4403	A	-0.279	0.992	1	0	31
30	10	2999	9	34	33	4420	A	-1.002	0.959	0	0	0
19	10	3000	16	10	16	4428	H	-0.230	1.005	0	29	17

ECLISSI NAZIONE PER NAZIONE
ECLIPSES PER COUNTRY
2010-2040

11/07/2010 totale : Cile, Argentina
20/05/2012 anulare : Cina, Taiwan, Giappone, Usa
03/11/2013 anulare : Gabon, Congo, Repubblica democratica del
Congo, Uganda, Kenia, Etiopia, Somalia
10/05/2013 anulare : Australia, Papua Nuova Guinea, Isole
Salomon
29/04/2014 anulare : Antartide
15/01/2015 anulare : Ciad, Repubblica Centrafricana, Repubblica
democratica del Congo, Uganda, Tanzania, Kenia, Somalia, India,
Sry Lanka, Myanmar, Cina
20/03/2015 totale : Artide
09/03/2016 totale : Indonesia
01/09/2016 anulare : Gabon, Congo, Repubblica democratica del
Congo, Tanzania, Mozambico, Madagascar
21/08/2017 totale : Usa
26/02/2017 anulare : Cile, Argentina, Angola, Repubblica
democratica del Congo, Zambia
02/07/2019 totale : Cile, Argentina
26/12/2019 anulare : Quatar, Emirati Arabi Uniti, Oman, India,
Sry Lanka, Indonesia, Malesia, Filippine
21/06/2020 anulare : Repubblica democratica del Congo,
Repubblica centrafricana, Sudan, Etiopia, Eritrea, Yemen, Oman,
Arabia Saudita, Pakistan, India, Cina, Taiwan
10/06/2021 anulare : Artico
04/12/2021 totale : Antartide
04/12/2021 totale : Antartide
10/06/2021 anulare : Canada, Artide
10/06/2021 anulare : Russia, Groenlandia, Canada
14/10/2023 anulare : Usa, Messico, Guatemala, Belize, Honduras,
Nicaragua, Costa Rica, Panama, Colombia, Brasile
14/10/2023 anulare : Usa, Messico, Belize, Honduras, Nicaragua,
Costa Rica, Panama, Colombia, Brasile
20/04/2023 anulare : Australia, Indonesia, Micronesia
20/04/2023 totale : Indonesia
02/10/2024 anulare : Cile, Argentina
08/04/2024 totale : Messico, Usa, Canada
08/04/2024 totale : Messico, Usa, Canada
02/10/2024 anulare : Cile, Argentina
12/08/2026 totale : Spagna, Portogallo, Artide
06/02/2027 anulare : Cile, Argentina, Uruguay, Costa d'avorio,
Ghana, Togo, Benin, Nigeria
02/08/2027 totale : Spagna, Italia, Marocco, Algeria, Tunisia,
Libia, Egitto, Arabia Saudita, Yemen, Somalia
22/07/2028 totale : Australia, Nuova Zelanda
26/01/2028 anulare : Ecuador, Perù, Brasile, Suriname, Guyana
francese, Spagna, Portogallo, Marocco
01/06/2030 anulare : Grecia, Algeria, Tunisia, Libia, Bulgaria,
Turchia, Ucraina, Russia, Kazakistan, Cina, Giappone
25/11/2030 totale : Namibia, Sudafrica, Botswana, Lesotho,
Australia
21/05/2031 anulare : Namibia, Angola, Zambia, Repubblica
democratica del Congo, Malawi, Tanzania, India, Sri Lanka,
Thailandia, Malaysia, Indonesia
14/11/2031 totale : Panama
30/04/2033 totale : Alaska

12/09/2034 anulare : Cile, Bolivia, Argentina, Paraguay, Brasile
20/03/2034 totale : Nigeria, Camerun, Ciad, Sudan, Egitto,
Arabia, Kuwait, Iran, Afghanistan, Pakistan, Tagikistan, Cina,
India
09/03/2035 anulare : Nuova Zelanda
02/09/2035 totale : Cina, Corea del nord, Giappone
13/07/2037 totale : Australia, Nuova Zelanda
26/12/2038 totale : Australia, Nuova Zelanda
05/01/2038 anulare : Cuba, Haiti, Repubblica dominicana,
Dominica, Barbados, Liberia, Costa d'avorio, Ghana, Benin,
Niger, Nigeria, Ciad, Libia, Egitto, Sudan
02/07/2038 anulare : Colombia, Venezuela, Trinidad e Tobago,
Sahara occident., Mali, Mauritania, Algeria, Niger, Ciad, Sudan,
Etiopia, Kenia, Somalia
21/06/2039 anulare : Alaska, Canada, Groenlandia, Norvegia,
Svezia, Finlandia, Estonia, Lettonia, Lituania, Russia,
Bielorussia
15/12/2039 totale : Antartide

2 ECLISSI NELLO STESSO POSTO IN UN BREVE PERIODO
2 TOTAL AND ANNULAR SOLAR ECLIPSES IN A SHORT TIME INTERVAL IN THE SAME PLACE
2000-2100

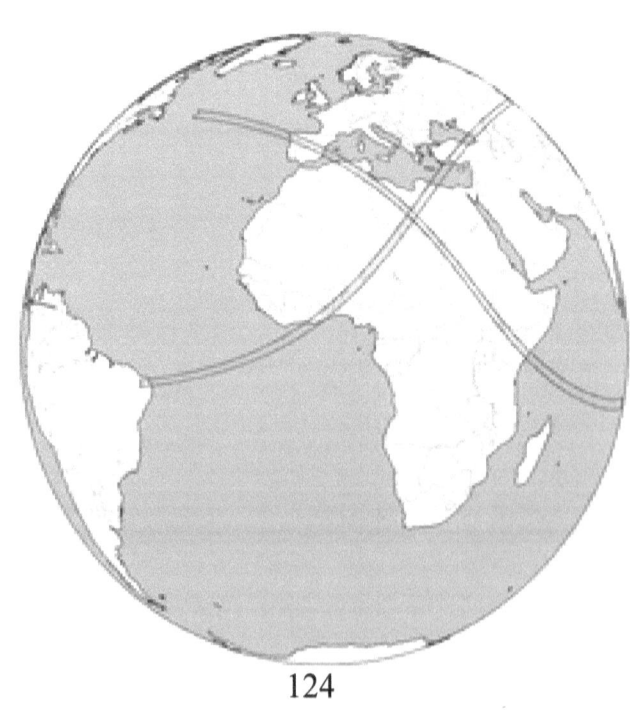

3/10/2005 Anulare / 29/03/2006 Totale
3/10/2005 Annular / 29/03/2006 Total

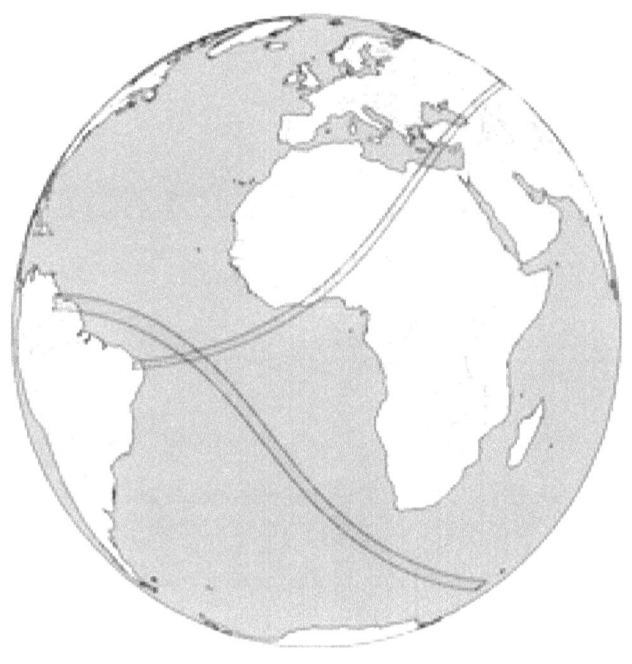

29/03/2006 Totale / 22/09/2006 Anulare
29/03/2006 Total / 22/09/2006 Annular

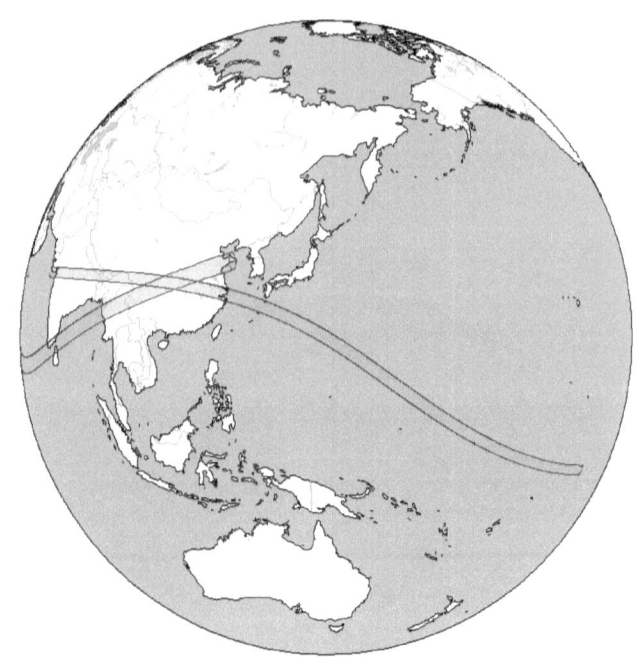

22/07/2009 Totale / 15/01/2010 Anulare
22/07/2009 Total / 15/01/2010 Annular

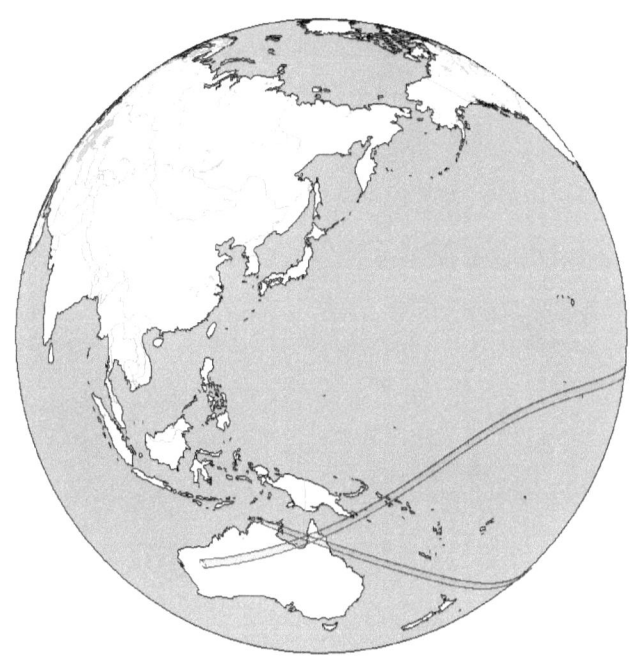

13/11/2012 Totale / 10/05/2013 Anulare
13/11/2012 Total / 10/05/2013 Annular

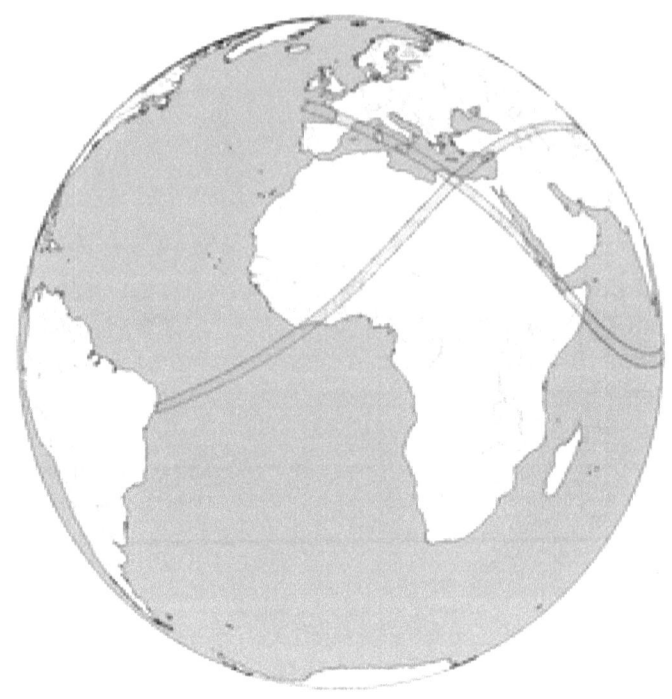

26/12/2019 Anulare / 21/06/2020 Anulare
26/12/2019 Annular / 21/06/2020 Annular

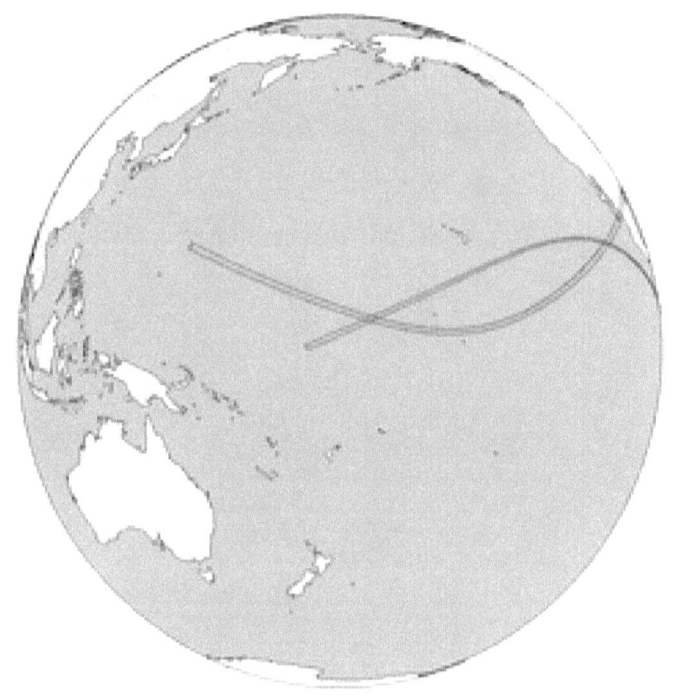

14/10/2023 Anulare / 8/04/2024 Totale
14/10/2023 Annular / 8/04/2024 Total

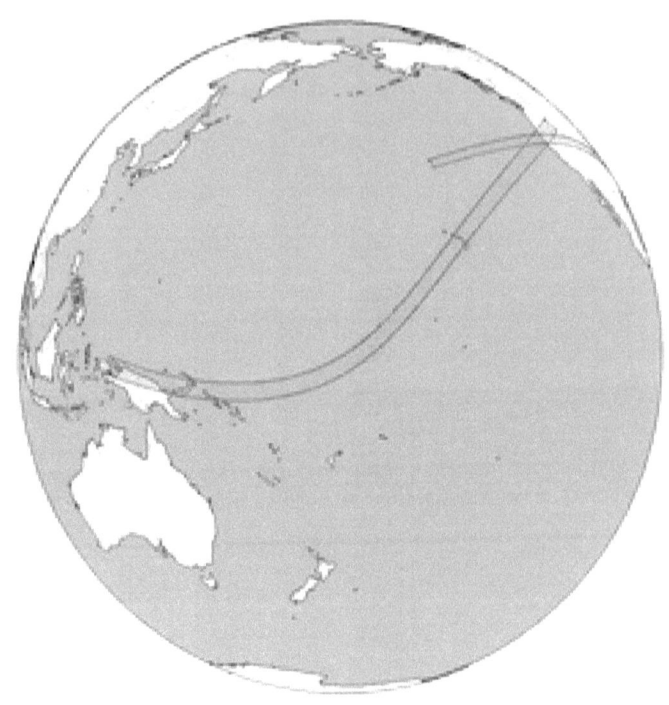

8/04/2024 Totale / 2/10/2024 Anulare
8/04/2024 Total / 2/10/2024 Annular

130

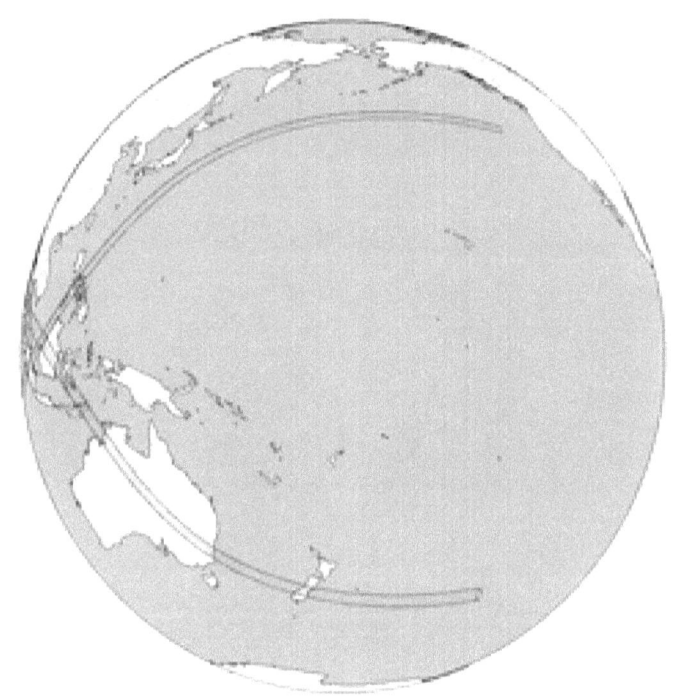

2/08/2027 Totale / 26/01/2028 Anulare
2/08/2027 Total / 26/01/2028 Annular

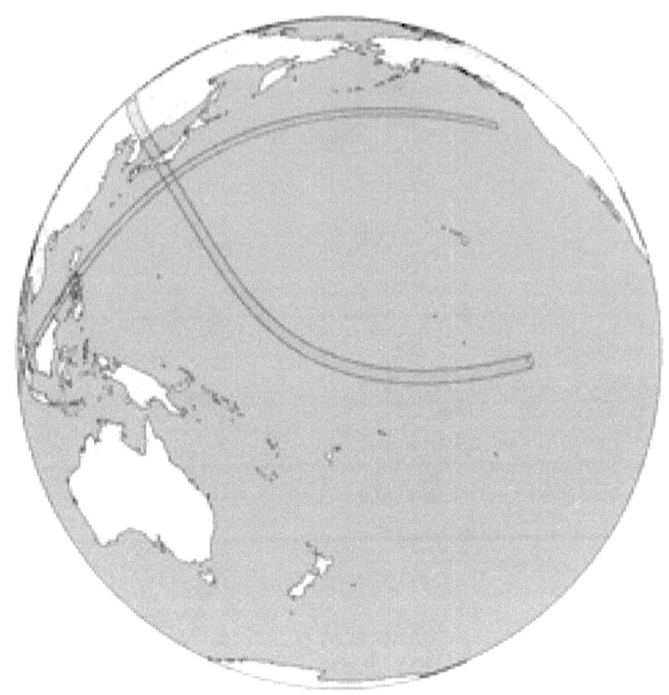

5/01/2038 Anulare / 2/07/2038 Anulare
5/01/2038 Annular / 2/07/2038 Annular

25/10/2041 Anulare / 20/04/2042 Totale
25/10/2041 Annular / 20/04/2042 Total

20/04/2042 Totale / 14/10/2042 Anulare
20/04/2042 Total / 14/10/2042 Annular

12/08/2045 Totale / 5/02/2046 Anulare
12/08/2045 Total / 5/02/2046 Annular

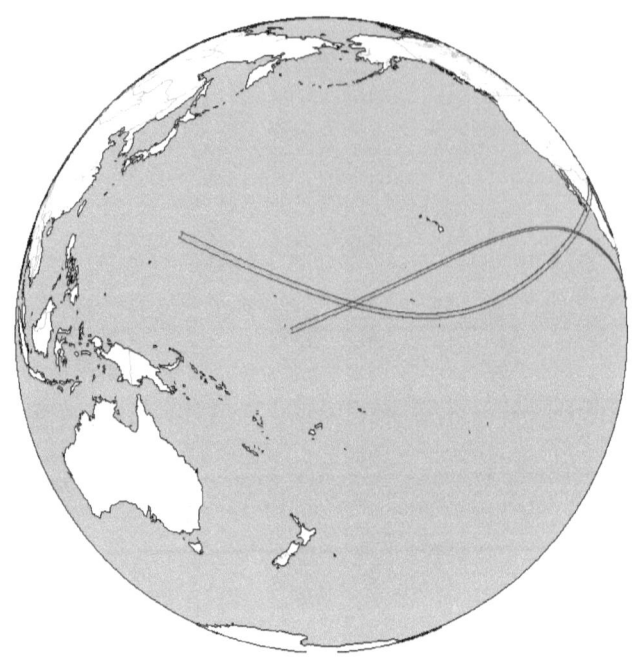

16/01/2056 Anulare / 12/07/2056 Anulare
16/01/2056 Annular / 12/07/2056 Annular

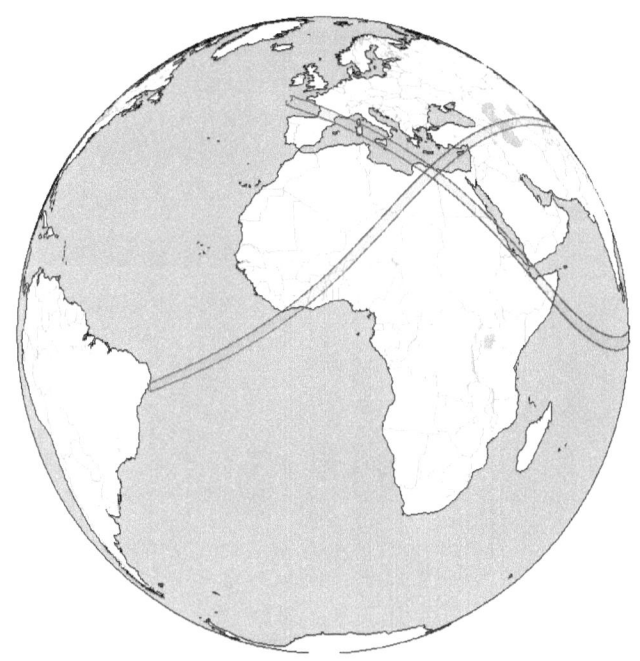

5/11/2059 Anulare / 30/04/2060 Totale
5/11/2059 Annular / 30/04/2060 Total

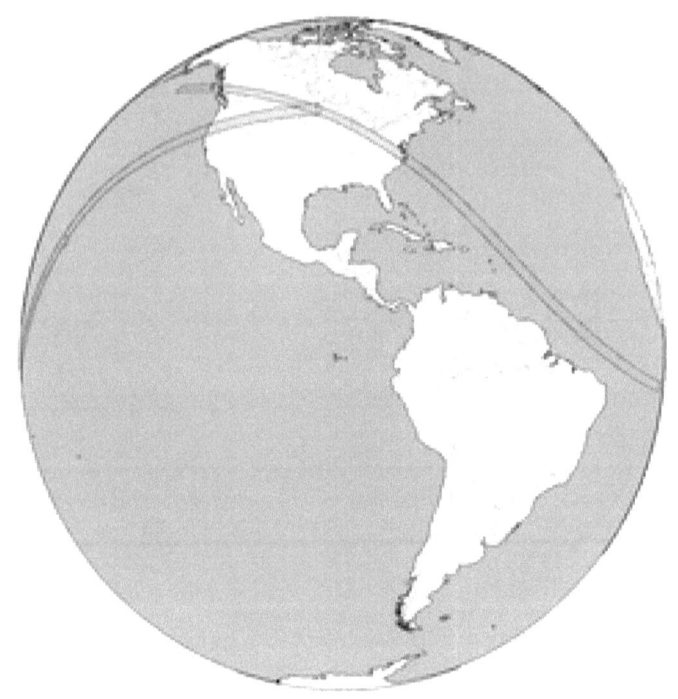

30/04/2060 Totale / 24/10/2060 Anulare
30/04/2060 Total / 24/10/2060 Annular

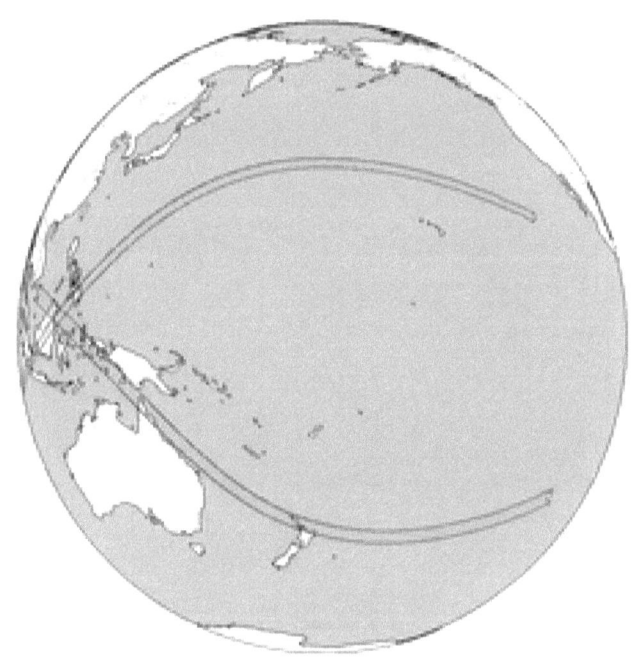

24/08/2063 Totale / 17/02/2064 Anulare
24/08/2063 Total / 17/02/2064 Annular

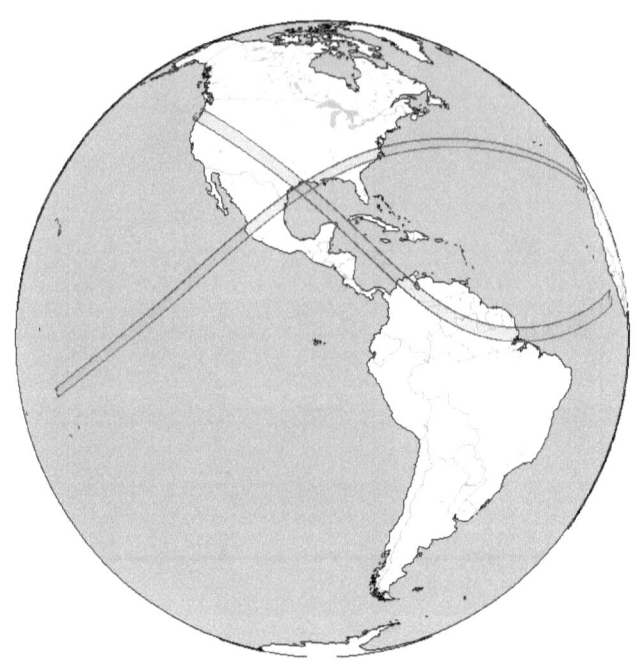

15/11/2077 Anulare / 11/05/2078 Totale
15/11/2077 Annular / 11/05/2078 Total

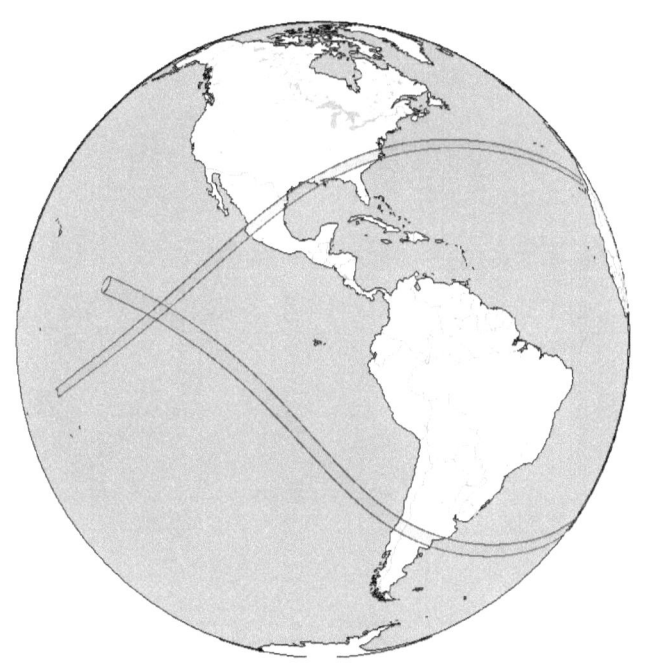

11/05/2078 Totale / 4/11/2078 Anulare
11/05/2078 Total / 4/11/2078 Annular

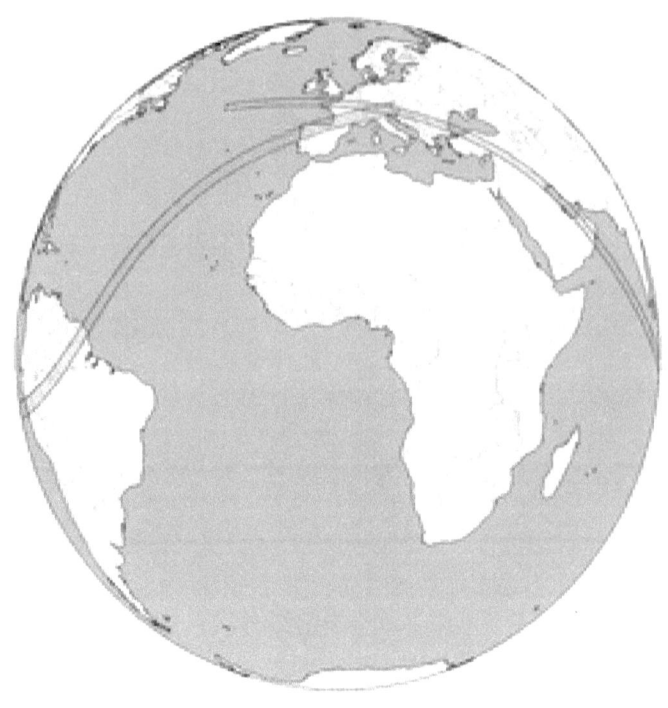

3/09/2081 Totale / 27/02/2082 Anulare
3/09/2081 Total / 27/02/2082 Annular

10/04/2089 Anulare / 4/10/2089 Totale
10/04/2089 Annular / 4/10/2089 Total

143

27/11/2095 Anulare / 22/05/2096 Totale
27/11/2095 Annular / 22/05/2096 Total

22/05/2096 Totale / 15/11/2096 Anulare
22/05/2096 Total / 15/11/2096 Annular

14/09/2099 Totale / 10/03/2100 Anulare
14/09/2099 Total / 10/03/2100 Annular

146

3 ECLISSI NELLO STESSO POSTO IN UN BREVE PERIODO
3 TOTAL AND ANNULAR SOLAR ECLIPSES IN A SHORT TIME INTERVAL IN THE SAME PLACE
2000-2100

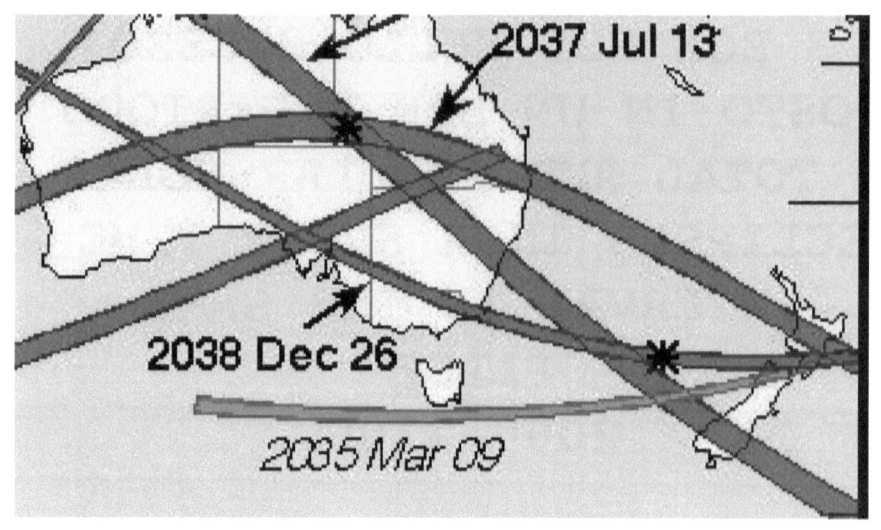

9/03/2035 – 26/12/2038 – 13/07/2037

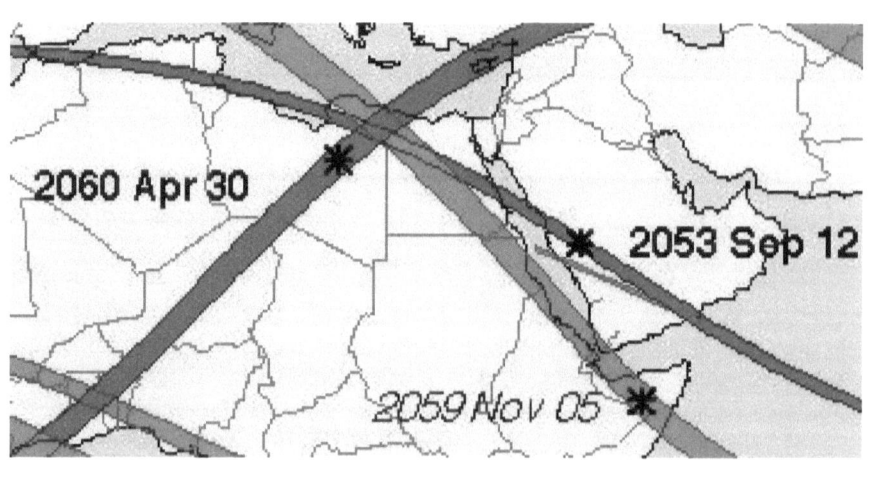

12/09/2053 – 5/11/2059 – 30/04/2060

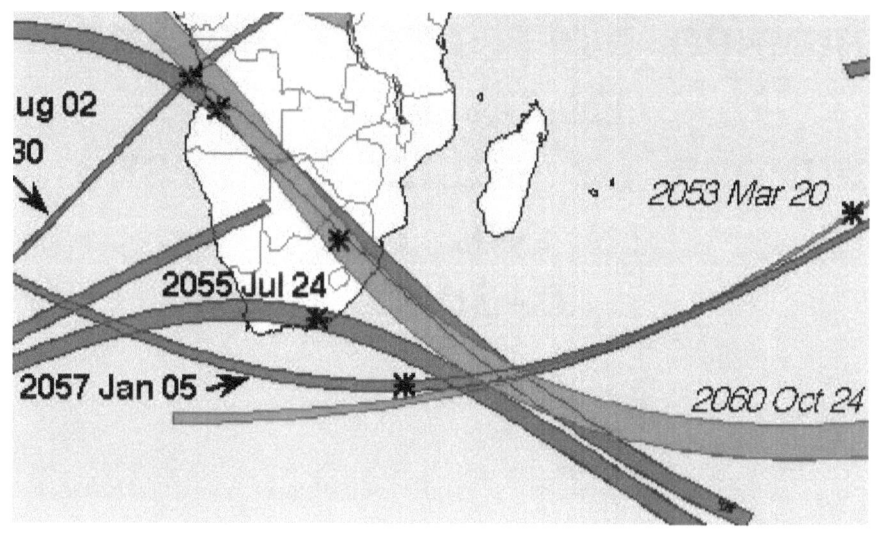

20/03/2053 - 24/07/2055 - 5/01/2057

NUMERO DI ECLISSI SOLARI
IN UN ANNO
NUMBER OF SOLAR ECLIPSES
IN ONE YEAR
0-3000

```
 1  2  4  5  6  8  9 11 12 13 15 16 17 19 20 22 23 24 26 27 30 31 33
34 35 38 40 41 42 44 45 48 49 50 51 52 53 55 58 59 60 62 63 66
67 68 69 70 71 73 74 76 77 78 80 81 82 84 85 86 87 88 89 91 92
95 96 98 99 100 103 104 105 106 107 109 110 113 114 115 116 117
118 120 122 124 125 127 128 131 132 133 134 135 136 138 139 142
143 145 146 147 149 150 151 152 153 154 156 157 158 160 161 162
163 164 165 168 169 170 171 172 173 174 175 176 178 179 180 181
182 183 185 187 189 190 191 192 193 194 196 197 198 199 200 201
203 204 207 208 209 210 211 212 214 215 216 217 218 219 221 222
223 225 226 227 228 229 230 233 234 236 237 238 239 240 241 243
244 245 246 247 248 250 252 254 255 256 257 258 259 261 262 263
265 266 267 268 269 272 273 274 275 276 277 279 280 281 283 284
285 286 287 288 290 291 292 293 294 295 296 298 299 301 302 303
304 305 306 308 309 310 311 312 313 314 315 317 319 320 321 322
323 324 326 327 328 330 331 332 333 334 337 338 339 340 341 342
343 345 346 348 349 350 351 352 353 355 356 357 358 359 360 361
362 364 366 367 368 369 370 371 373 374 375 377 378 379 380 381
384 385 386 388 389 391 392 393 395 396 397 398 399 402 403 404
406 407 408 410 411 413 414 415 417 418 420 421 422 424 425 426
427 429 431 432 433 435 436 438 439 440 442 443 444 445 446 448
449 450 451 453 454 457 458 460 461 462 464 465 467 468 469 471
472 473 475 476 478 479 480 482 483 485 486 487 489 490 491 494
496 497 498 500 501 503 504 505 507 508 509 511 514 515 516 518
519 521 522 523 525 526 527 529 530 532 533 534 536 537 538 540
541 543 544 545 547 548 551 552 554 555 556 559 561 562 563 565
566 569 570 572 573 574 576 579 580 581 583 584 587 588 590 591
592 594 595 597 598 599 601 602 603 605 606 608 609 610 612 613
616 617 619 620 621 624 626 627 628 630 631 634 635 637 638 639
641 644 645 646 648 649 652 653 655 656 657 659 660 663 664 666
667 668 670 671 672 673 674 675 677 678 681 682 684 685 686 689
690 691 692 693 695 696 699 700 702 703 704 706 708 709 710 711
712 713 714 717 718 720 721 722 724 725 728 729 730 731 732 733
735 736 737 738 739 740 742 743 744 746 747 748 749 750 751 754
755 756 757 758 760 761 762 764 765 766 767 768 769 771 773 774
775 776 778 779 780 782 783 784 785 786 787 789 790 793 794 795
796 797 798 800 801 802 804 805 806 807 808 809 811 812 813 814
815 816 819 820 822 823 824 825 826 827 829 830 831 832 833 834
835 836 838 840 841 842 843 844 845 847 848 849 851 852 853 854
855 858 859 860 861 862 863 864 866 867 869 870 871 872 873 874
876 877 878 879 880 881 882 883 885 887 888 889 890 891 892 894
895 896 897 898 899 900 901 902 905 906 907 908 909 910 912 913
914 915 916 917 918 919 920 921 923 924 925 926 927 928 931 932
934 935 936 937 938 939 941 942 943 945 946 947 948 950 952 953
954 955 956 957 959 960 961 963 964 965 966 967 970 971 972 973
974 975 977 978 979 981 982 983 985 986 988 989 990 992 993 994
996 997 999 1000 1001 1003 1004 1006 1007 1008 1010 1011 1012
1013 1015 1017 1018 1019 1021 1022 1024 1025 1026 1028 1029 1030
1031 1032 1035 1036 1037 1039 1040 1042 1043 1044 1046 1047 1048
1050 1051 1053 1054 1055 1057 1058 1059 1061 1062 1064 1065 1066
1068 1069 1071 1072 1073 1075 1076 1077 1080 1082 1083 1084 1086
1087 1089 1090 1091 1093 1094 1095 1097 1100 1101 1102 1104 1105
1107 1108 1109 1111 1112 1113 1115 1116 1118 1119 1120 1122 1123
1124 1126 1127 1129 1130 1131 1133 1134 1137 1138 1140 1141 1142
1145 1147 1148 1149 1151 1152 1155 1156 1158 1159 1160 1162 1165
1166 1167 1169 1170 1173 1174 1176 1177 1178 1180 1181 1183 1184
```

151

```
1185 1187 1188 1189 1191 1192 1194 1195 1196 1198 1199 1202 1203
1205 1206 1207 1210 1211 1212 1213 1214 1216 1217 1220 1221 1223
1224 1225 1227 1229 1230 1231 1232 1234 1235 1238 1239 1241 1242
1243 1245 1246 1249 1250 1252 1253 1254 1256 1257 1258 1259 1260
1261 1263 1264 1265 1267 1268 1270 1271 1272 1275 1276 1277 1278
1279 1281 1282 1283 1285 1286 1288 1289 1290 1292 1294 1295 1296
1297 1299 1300 1301 1303 1304 1305 1306 1307 1308 1310 1311 1313
1314 1315 1317 1318 1319 1321 1322 1323 1324 1325 1326 1328 1329
1330 1332 1333 1334 1335 1336 1337 1340 1341 1342 1343 1344 1346
1347 1348 1350 1351 1352 1353 1354 1355 1357 1359 1361 1362 1363
1364 1365 1366 1368 1369 1370 1371 1372 1373 1375 1376 1379 1380
1381 1382 1383 1384 1387 1388 1390 1391 1392 1393 1394 1395 1397
1398 1399 1400 1401 1402 1403 1404 1406 1408 1409 1410 1411 1412
1413 1415 1416 1417 1418 1419 1420 1421 1422 1423 1426 1427 1428
1429 1430 1431 1433 1434 1435 1436 1437 1438 1439 1440 1441 1442
1444 1445 1446 1447 1448 1449 1452 1453 1454 1455 1456 1457 1458
1459 1460 1462 1463 1464 1465 1466 1467 1468 1469 1471 1473 1474
1475 1476 1477 1478 1480 1481 1482 1483 1484 1485 1486 1487 1488
1491 1492 1493 1494 1495 1496 1498 1499 1500 1502 1503 1504 1505
1506 1507 1509 1510 1511 1513 1514 1517 1518 1520 1521 1522 1523
1524 1525 1527 1528 1529 1531 1532 1533 1534 1536 1538 1539 1540
1542 1543 1545 1546 1547 1549 1550 1551 1552 1553 1556 1557 1558
1560 1561 1563 1564 1565 1567 1568 1569 1570 1571 1572 1574 1575
1576 1578 1579 1580 1582 1583 1585 1586 1587 1588 1589 1590 1592
1593 1594 1596 1597 1598 1599 1600 1603 1604 1605 1606 1607 1608
1610 1611 1612 1614 1615 1616 1618 1619 1621 1622 1623 1625 1626
1627 1629 1630 1632 1633 1634 1636 1637 1640 1641 1643 1644 1645
1646 1648 1650 1651 1652 1654 1655 1658 1659 1661 1662 1663 1665
1668 1669 1670 1672 1673 1676 1677 1679 1680 1681 1683 1684 1686
1687 1688 1690 1691 1692 1694 1695 1697 1698 1699 1701 1702 1705
1706 1708 1709 1710 1713 1715 1716 1717 1719 1720 1723 1724 1726
1727 1728 1730 1733 1734 1735 1737 1738 1741 1742 1744 1745 1746
1748 1749 1751 1752 1753 1755 1756 1757 1759 1760 1762 1763 1764
1766 1767 1770 1771 1773 1774 1775 1778 1780 1781 1782 1784 1785
1788 1789 1791 1792 1793 1795 1797 1798 1799 1800 1802 1803 1804
1806 1807 1809 1810 1811 1813 1814 1816 1817 1818 1820 1821 1822
1825 1827 1828 1829 1831 1832 1833 1835 1836 1838 1839 1840 1843
1845 1846 1847 1849 1850 1851 1853 1854 1855 1856 1857 1858 1860
1863 1864 1865 1867 1868 1869 1871 1872 1873 1874 1875 1876 1878
1879 1881 1882 1883 1885 1886 1887 1890 1891 1892 1893 1894 1896
1897 1900 1901 1903 1904 1905 1907 1909 1910 1911 1912 1914 1915
1918 1919 1920 1921 1922 1923 1925 1926 1929 1930 1932 1933 1934
1936 1937 1938 1939 1940 1941 1943 1944 1945 1947 1948 1949 1950
1951 1952 1955 1956 1957 1958 1959 1960 1961 1962 1963 1965 1966
1967 1968 1969 1970 1972 1974 1975 1976 1977 1978 1979 1980 1981
1983 1984 1985 1986 1987 1988 1989 1990 1991 1993 1994 1995 1996
1997 1998 1999 2001 2002 2003 2004 2005 2006 2007 2008 2009 2010
2012 2013 2014 2015 2016 2017 2020 2021 2022 2023 2024 2025 2026
2027 2028 2030 2031 2032 2033 2034 2035 2037 2039 2040 2041 2042
2043 2044 2045 2046 2048 2049 2050 2051 2052 2053 2055 2056 2059
2060 2061 2062 2063 2064 2066 2067 2068 2070 2071 2072 2073 2074
2075 2077 2078 2079 2080 2081 2082 2085 2086 2088 2089 2090 2091
2092 2093 2095 2096 2097 2099 2100 2101 2102 2104 2106 2107 2108
2109 2110 2111 2113 2114 2115 2117 2118 2119 2120 2121 2124 2125
2126 2127 2128 2129 2131 2132 2133 2135 2136 2137 2138 2139 2140
```

```
2142 2143 2144 2146 2147 2148 2150 2151 2153 2154 2155 2156 2157
2158 2160 2161 2162 2164 2165 2166 2167 2169 2171 2172 2173 2175
2176 2178 2179 2180 2182 2183 2184 2185 2186 2189 2190 2191 2193
2194 2196 2197 2198 2200 2201 2202 2204 2205 2207 2208 2209 2211
2212 2213 2214 2216 2218 2219 2220 2222 2223 2226 2227 2229 2230
2231 2232 2234 2236 2237 2238 2240 2241 2244 2245 2247 2248 2249
2251 2254 2255 2256 2258 2259 2260 2262 2263 2265 2266 2267 2269
2270 2273 2274 2276 2277 2278 2281 2283 2284 2285 2287 2288 2291
2292 2294 2295 2296 2298 2301 2302 2303 2305 2306 2309 2310 2312
2313 2314 2316 2317 2319 2320 2321 2323 2324 2325 2327 2328 2330
2331 2332 2334 2335 2336 2338 2339 2341 2342 2343 2346 2348 2349
2350 2352 2353 2354 2356 2357 2359 2360 2361 2363 2366 2367 2368
2370 2371 2372 2374 2375 2377 2378 2379 2381 2382 2384 2385 2386
2388 2389 2390 2392 2393 2395 2396 2397 2399 2400 2403 2404 2406
2407 2408 2411 2412 2413 2414 2415 2417 2418 2421 2422 2424 2425
2426 2428 2430 2431 2432 2433 2435 2436 2439 2440 2442 2443 2444
2446 2447 2449 2450 2451 2453 2454 2455 2457 2458 2460 2461 2462
2464 2465 2466 2468 2469 2471 2472 2473 2476 2477 2478 2479 2480
2482 2483 2484 2486 2487 2488 2489 2490 2491 2493 2495 2496 2497
2498 2500 2501 2502 2504 2505 2506 2507 2508 2509 2511 2512 2514
2515 2516 2517 2518 2519 2520 2522 2523 2524 2525 2526 2527 2529
2530 2531 2533 2534 2535 2536 2537 2538 2541 2542 2543 2544 2545
2546 2547 2548 2549 2551 2552 2553 2554 2555 2556 2558 2560 2561
2562 2563 2564 2565 2566 2567 2569 2570 2571 2572 2573 2574 2576
2577 2579 2580 2581 2582 2583 2584 2585 2587 2588 2589 2590 2591
2592 2594 2595 2596 2598 2599 2600 2601 2602 2603 2605 2607 2609
2610 2611 2612 2613 2614 2616 2617 2618 2619 2620 2621 2623 2624
2627 2628 2629 2630 2631 2632 2634 2635 2636 2637 2638 2639 2640
2641 2642 2643 2645 2646 2647 2648 2649 2650 2651 2653 2654 2656
2657 2658 2659 2660 2661 2663 2664 2665 2667 2668 2669 2670 2672
2674 2675 2676 2677 2678 2679 2681 2682 2683 2685 2686 2687 2688
2689 2692 2693 2694 2695 2696 2697 2699 2700 2701 2703 2704 2705
2706 2707 2708 2710 2711 2712 2713 2714 2715 2718 2719 2721 2722
2723 2724 2725 2726 2729 2730 2732 2733 2734 2735 2737 2739 2740
2741 2742 2743 2744 2747 2748 2750 2751 2752 2753 2754 2757 2758
2759 2761 2762 2765 2766 2768 2769 2770 2771 2772 2773 2775 2776
2777 2779 2780 2781 2783 2784 2786 2787 2788 2790 2791 2794 2795
2797 2798 2799 2802 2804 2805 2806 2808 2809 2812 2813 2815 2816
2817 2819 2822 2823 2824 2826 2827 2830 2831 2833 2834 2835 2837
2838 2840 2841 2842 2844 2845 2846 2848 2849 2851 2852 2853 2855
2856 2859 2860 2862 2863 2864 2867 2869 2870 2871 2873 2874 2877
2878 2880 2881 2882 2884 2887 2888 2889 2891 2892 2895 2896 2898
2899 2900 2902 2903 2905 2906 2907 2909 2910 2911 2913 2914 2916
2917 2918 2920 2921 2924 2925 2927 2928 2929 2932 2934 2935 2936
2938 2939 2942 2943 2945 2946 2947 2949 2952 2953 2954 2956 2957
2960 2961 2963 2964 2965 2967 2968 2970 2971 2972 2974 2975 2976
2978 2979 2981 2982 2983 2985 2986 2989 2990 2992 2993 2994 2997
```

3 ECLISSI IN UN ANNO - 3 ECLIPSES IN ONE YEAR

```
  3  21  28  29  37  39  46  56  57  61  64  79  93  97 102 111 121 123 126
129 140 141 144 155 167 184 186 188 202 205 206 220 231 232 235
249 251 253 264 270 271 278 282 297 300 307 316 318 325 329 335
336 344 347 363 365 376 382 383 387 390 394 400 401 405 409 412
416 419 423 428 430 434 437 441 447 452 455 456 459 463 466 477
481 484 492 493 495 502 510 512 513 520 531 549 550 558 560 567
568 577 578 585 589 600 607 614 615 618 623 625 632 633 636 642
643 650 654 662 679 683 688 694 697 701 707 715 719 723 726 727
741 753 759 770 772 777 788 791 792 803 817 818 821 837 839 846
850 856 857 865 868 884 886 903 904 929 930 933 944 949 951 962
968 969 976 980 984 987 995 998 1002 1005 1014 1016 1020 1023
1033 1034 1038 1041 1049 1056 1067 1070 1078 1079 1085 1088 1098
1106 1128 1135 1136 1143 1144 1146 1153 1154 1161 1163 1164 1171
1172 1193 1200 1201 1209 1218 1228 1236 1240 1247 1248 1251 1269
1274 1280 1287 1293 1298 1312 1316 1327 1338 1339 1345 1356 1358
1360 1374 1377 1378 1385 1386 1389 1405 1407 1424 1425 1450 1451
1470 1472 1489 1490 1501 1512 1515 1516 1519 1530 1535 1537 1541
1544 1548 1554 1555 1559 1562 1566 1577 1581 1584 1595 1601 1602
1609 1617 1628 1635 1639 1647 1656 1657 1664 1666 1674 1675 1682
1700 1703 1704 1711 1712 1718 1721 1722 1731 1732 1739 1740 1761
1768 1769 1777 1779 1786 1787 1796 1808 1815 1824 1826 1834 1837
1842 1844 1852 1861 1862 1866 1877 1884 1888 1889 1895 1898 1899
1902 1906 1908 1913 1916 1924 1927 1928 1931 1942 1953 1954 1971
1973 1992 2018 2019 2036 2038 2054 2057 2058 2069 2083 2084 2087
2098 2103 2105 2116 2122 2123 2130 2145 2149 2163 2168 2174 2187
2192 2203 2210 2215 2221 2224 2225 2233 2239 2242 2243 2250 2252
2253 2268 2271 2272 2279 2280 2289 2290 2297 2299 2300 2307 2308
2315 2337 2345 2355 2364 2365 2373 2376 2387 2394 2401 2402 2405
2409 2410 2419 2420 2423 2427 2429 2437 2438 2441 2445 2448 2459
2463 2467 2470 2475 2481 2494 2499 2513 2528 2539 2540 2557 2559
2575 2578 2593 2604 2606 2608 2622 2625 2626 2652 2655 2666 2671
2673 2684 2690 2702 2716 2717 2720 2728 2731 2736 2746 2749 2755
2764 2767 2789 2792 2793 2800 2801 2807 2810 2811 2818 2820 2825
2828 2829 2836 2854 2858 2865 2866 2875 2876 2885 2893 2894 2915
2922 2923 2930 2931 2933 2940 2941 2944 2948 2950 2951 2958 2959
2962 2966 2980 2984 2987 2988 2996
```

4 ECLISSI IN UN ANNO - 4 ECLIPSES IN ONE YEAR

```
  7  10  14  25  32  36  43  47  54  65  72  75  90  94 101 108 112 119 130 137
159 166 177 195 213 224 242 260 289 354 372 470 474 488 499 506
517 524 528 535 539 542 546 553 557 564 571 575 582 586 593 596
611 622 629 640 647 651 658 661 665 676 680 687 698 705 716 745
752 763 781 799 810 828 875 893 911 922 940 958 991 1009 1027
1045 1052 1060 1063 1074 1081 1092 1096 1099 1103 1110 1114 1117
1121 1125 1132 1139 1150 1157 1168 1175 1179 1182 1186 1190 1197
1204 1208 1215 1219 1222 1226 1233 1237 1244 1262 1266 1273 1284
1291 1302 1309 1320 1331 1349 1367 1396 1414 1432 1443 1461 1479
1497 1508 1526 1573 1591 1613 1620 1624 1631 1638 1642 1649 1653
1660 1667 1671 1678 1685 1689 1693 1696 1707 1714 1725 1729 1736
1743 1747 1750 1754 1758 1765 1772 1776 1783 1790 1794 1801 1812
1819 1823 1830 1841 1848 1859 1870 1880 1917 1946 1964 1982 2000
2011 2029 2047 2065 2076 2094 2112 2134 2141 2152 2159 2170 2177
2181 2188 2195 2199 2217 2228 2235 2246 2257 2261 2264 2275 2282
2286 2293 2304 2311 2318 2322 2326 2329 2333 2340 2344 2347 2351
```

```
2358 2362 2369 2380 2383 2391 2398 2416 2434 2452 2456 2474 2485
2492 2503 2510 2521 2532 2550 2568 2586 2597 2615 2633 2644 2662
2680 2691 2698 2727 2738 2745 2756 2760 2763 2778 2782 2785 2796
2803 2814 2821 2832 2843 2847 2850 2857 2861 2868 2872 2879 2883
2886 2890 2897 2901 2908 2912 2919 2926 2937 2955 2969 2973 2977
2991 2995
```

5 ECLISSI IN UN ANNO - 5 ECLIPSES IN ONE YEAR

```
 18  83 148 604 669 734 1255 1805 1935 2206 2709 2774 2839 2904
```

TIPOLOGIA DELLE ECLISSI SOLARI IN UN ANNO
TYPE OF SOLAR ECLIPSES IN ONE YEAR
0-3000

2 ECLISSI IN UN
ANNO

2 ECLIPSES IN ONE
YEAR

P = parziale
T = totale
A = anulare
H = ibrida

P = partial
T = total
A = annular
H = hybrid

1	TA	58	PA	135	AT		
2	HH	59	TA	136	AT		
4	AH	60	TA	138	TA		
5	HA	62	AT	139	TA		
6	TA	63	AT	142	TA		
8	AT	66	AT	143	HH		
9	AT	67	AH	145	AT		
11	AT	68	PP	146	AA		
12	AT	69	TA	147	TA		
13	AT	70	TA	149	TA		
15	TA	71	HH	150	TA		
16	TA	73	AT	151	TP		
17	HH	74	AA	152	AT		
19	TA	76	PA	153	AT		
20	HH	77	TA	154	AT		
22	AH	78	TA	156	TA		
23	HA	80	AT	157	TA		
24	TA	81	AT	158	AT		
26	AT	82	AT	160	TA		
27	AT	84	AT	161	HT		
30	AT	85	AH	162	PP		
31	AT	86	HP	163	AH		
33	TA	87	TA	164	HA		
34	TA	88	TA	165	TA		
35	HH	89	HH	168	TA		
38	HH	91	AT	169	TP		
40	AA	92	AA	170	PT		
41	HA	95	TA	171	AT		
42	TA	96	TA	172	AT		
44	AT	98	AT	173	PP		
45	AT	99	AT	174	TA		
48	AT	100	AT	175	TA		
49	AH	103	AH	176	AT		
50	PP	104	HP	178	TA		
51	TA	105	TA	179	HT		
52	TA	106	TA	180	PP		
53	HH	107	HH	181	PA		
55	AT	109	AT	182	HA		
		110	AA	183	TA		
		113	TA	185	AT		
		114	TA	187	TP		
		115	TP	189	AT		
		116	AT	190	AH		
		117	AT	191	PP		
		118	AT	192	TP		
		120	TA	193	TA		
		122	TP	194	AT		
		124	TA	196	TA		
		125	HH	197	AT		
		127	AT	198	AP		
		128	AA	199	PA		
		131	TA	200	HA		
		132	TA	201	TA		
		133	TP	203	AT		
		134	AT	204	AT		

207	AT	276	AT	343	PP
208	AH	277	AT	345	TA
209	PP	279	AT	346	TA
210	TP	280	AA	348	AT
211	TA	281	TP	349	AH
212	AT	283	TA	350	AA
214	TA	284	AT	351	TP
215	AT	285	PT	352	TA
216	AP	286	PT	353	AT
217	PA	287	AA	355	TA
218	TA	288	TA	356	AT
219	TA	290	TA	357	AT
221	AT	291	TA	358	PP
222	AT	292	TA	359	HA
223	AT	293	PP	360	TA
225	AT	294	AT	361	TA
226	AH	295	AT	362	PT
227	HP	296	PP	364	TA
228	TP	298	AA	366	AT
229	TA	299	TP	367	AH
230	AT	301	TA	368	AA
233	AT	302	AT	369	PP
234	AP	303	PT	370	TA
236	TA	304	PP	371	AT
237	TA	305	AA	373	TA
238	PP	306	TA	374	AT
239	AT	308	TA	375	AT
240	AT	309	TA	377	TA
241	AT	310	TA	378	TA
243	AT	311	PP	379	TA
244	AH	312	AT	380	PP
245	HP	313	AT	381	AT
246	TP	314	PP	384	AT
247	TA	315	TP	385	AH
248	AT	317	TP	386	HA
250	PT	319	TA	388	TA
252	AP	320	AT	389	AT
254	TA	321	PT	391	TA
255	TA	322	PP	392	AT
256	TP	323	HA	393	AT
257	AP	324	TA	395	TA
258	AT	326	TA	396	TA
259	AT	327	TA	397	TA
261	AT	328	TA	398	PP
262	AA	330	AT	399	AT
263	TP	331	AT	402	AT
265	TA	332	AP	403	AH
266	AT	333	TP	404	TA
267	PT	334	TA	406	TA
268	PT	337	TA	407	AT
269	AA	338	AT	408	PT
272	TA	339	AT	410	AT
273	TA	340	PP	411	AT
274	TA	341	HA	413	TA
275	AP	342	TA	414	TA

415	TA	491	AA	574	TA
417	AT	494	TA	576	AT
418	AT	496	TA	579	AT
420	AT	497	AT	580	AA
421	AA	498	AT	581	TA
422	TA	500	HA	583	TA
424	TA	501	TA	584	AT
425	AT	503	TA	587	AT
426	PT	504	TA	588	AT
427	PT	505	TA	590	TA
429	AT	507	AT	591	TA
431	TA	508	AH	592	TA
432	TA	509	AA	594	AT
433	TA	511	TA	595	AT
435	AT	514	TA	597	PT
436	AT	515	AT	598	AA
438	AT	516	AT	599	TA
439	AA	518	HA	601	TA
440	TA	519	TA	602	AT
442	TA	521	PA	603	AT
443	AT	522	TA	605	AT
444	AT	523	TA	606	AT
445	PP	525	AT	608	TA
446	AA	526	AH	609	TA
448	PP	527	HA	610	TA
449	TA	529	TA	612	AT
450	TA	530	AT	613	AT
451	TA	532	TA	616	AA
453	AT	533	AT	617	TA
454	AT	534	AT	619	TA
457	AA	536	TA	620	AT
458	TA	537	TA	621	AT
460	TA	538	TA	624	AT
461	AT	540	TA	626	TA
462	AT	541	TA	627	TA
464	AA	543	AT	628	TA
465	TA	544	AH	630	AT
467	TA	545	HA	631	AT
468	TA	547	TA	634	AA
469	TA	548	AT	635	TA
471	AT	551	AT	637	TA
472	AT	552	AT	638	AT
473	AA	554	TA	639	AT
475	AA	555	TA	641	AA
476	TA	556	TA	644	TA
478	TA	559	TA	645	TA
479	AT	561	AT	646	TA
480	AT	562	AA	648	AT
482	AA	563	TA	649	AT
483	TA	565	TA	652	AA
485	TA	566	AT	653	TA
486	TA	569	AT	655	TA
487	TA	570	AT	656	AT
489	AT	572	TA	657	AT
490	AT	573	TA	659	HA

159

660	TA	738	PT	808	AT
663	TA	739	AA	809	AA
664	TA	740	TA	811	AA
666	AT	742	TA	812	TA
667	AT	743	AT	813	TP
668	AA	744	AT	814	TP
670	AA	746	AT	815	AT
671	TA	747	AT	816	AT
672	TP	748	PP	819	AT
673	TA	749	TA	820	AP
674	AT	750	TA	822	TA
675	AT	751	TA	823	TA
677	HA	754	TA	824	PP
678	TA	755	AP	825	AT
681	TA	756	PT	826	AT
682	TA	757	AA	827	AA
684	AT	758	TA	829	AA
685	AH	760	TA	830	TA
686	HA	761	AT	831	TP
689	TA	762	AT	832	TP
690	TP	764	AT	833	AT
691	TA	765	AT	834	AT
692	AT	766	AP	835	PP
693	AT	767	TA	836	HA
695	TA	768	TA	838	AP
696	TA	769	TA	840	TA
699	TA	771	AT	841	TA
700	TA	773	AP	842	PT
702	AT	774	PT	843	PT
703	AH	775	AA	844	AH
704	HA	776	TA	845	HA
706	TA	778	TA	847	AA
708	TP	779	AT	848	TA
709	PA	780	AT	849	TP
710	AT	782	AT	851	AT
711	AT	783	AT	852	AT
712	PP	784	AP	853	PP
713	TA	785	TP	854	TA
714	TA	786	TA	855	TA
717	TA	787	TA	858	TA
718	TA	789	AT	859	TA
720	AT	790	AT	860	PT
721	AA	793	AA	861	PT
722	TA	794	TA	862	AH
724	TA	795	TP	863	HA
725	AT	796	TP	864	PP
728	AT	797	AT	866	TA
729	AT	798	AT	867	TP
730	PP	800	AT	869	AT
731	TA	801	AT	870	AT
732	TA	802	AP	871	PP
733	TA	804	TA	872	TA
735	TA	805	TA	873	TA
736	TA	806	PP	874	TA
737	AP	807	AT	876	TA

877	TA	943	AA	1017	TA
878	AT	945	TA	1018	TA
879	PP	946	TA	1019	AT
880	AA	947	PT	1021	AH
881	HA	948	PT	1022	HA
882	PP	950	AT	1024	AA
883	TA	952	AA	1025	TA
885	TP	953	TA	1026	TA
887	AT	954	TA	1028	AT
888	AT	955	PP	1029	AT
889	PP	956	AT	1030	AH
890	TP	957	AT	1031	PP
891	TA	959	AT	1032	TA
892	TA	960	AT	1035	TA
894	TA	961	AA	1036	TA
895	TA	963	TA	1037	AT
896	AT	964	TA	1039	AA
897	PP	965	PT	1040	HA
898	AA	966	PT	1042	AA
899	TA	967	AT	1043	TA
900	PP	970	AA	1044	TA
901	TA	971	TA	1046	AT
902	AT	972	TA	1047	AT
905	AT	973	PP	1048	AA
906	AT	974	AT	1050	TA
907	AA	975	AT	1051	TA
908	PP	977	AT	1053	TA
909	TA	978	AT	1054	TA
910	TA	979	AA	1055	AT
912	TA	981	TA	1057	AA
913	TA	982	TA	1058	TA
914	AT	983	PT	1059	TA
915	PP	985	AT	1061	TA
916	AA	986	HA	1062	TA
917	TA	988	AA	1064	AT
918	TP	989	TA	1065	AT
919	TP	990	TA	1066	AA
920	AT	992	AT	1068	TA
921	AT	993	AT	1069	TA
923	AT	994	AT	1071	TA
924	AT	996	AT	1072	TA
925	AA	997	AA	1073	AT
926	PP	999	TA	1075	AA
927	TA	1000	TA	1076	TA
928	TA	1001	AT	1077	TA
931	TA	1003	AH	1080	TA
932	AT	1004	HA	1082	AT
934	AA	1006	AA	1083	AT
935	TA	1007	TA	1084	AA
936	TA	1008	TA	1086	TA
937	PP	1010	AT	1087	TA
938	AT	1011	AT	1089	TA
939	AT	1012	AT	1090	TA
941	AT	1013	PP	1091	AT
942	AT	1015	AA	1093	AA

161

1094	TA	1178	AT	1259	AT
1095	TA	1180	AH	1260	AT
1097	AT	1181	HA	1261	AA
1100	AT	1183	PA	1263	TA
1101	AT	1184	TA	1264	HH
1102	AA	1185	TA	1265	AT
1104	TA	1187	AT	1267	TH
1105	TH	1188	AT	1268	AT
1107	TA	1189	AH	1270	AA
1108	TA	1191	AT	1271	TA
1109	AT	1192	AA	1272	TA
1111	AA	1194	TA	1275	TA
1112	TA	1195	TH	1276	TP
1113	TA	1196	AT	1277	AT
1115	AT	1198	AA	1278	AT
1116	AT	1199	HA	1279	AA
1118	AT	1202	TA	1281	TA
1119	AT	1203	TA	1282	HH
1120	AA	1205	AT	1283	AT
1122	TA	1206	AT	1285	HH
1123	TH	1207	AH	1286	AT
1124	AT	1210	HA	1288	AA
1126	TH	1211	TP	1289	TA
1127	AT	1212	TA	1290	TA
1129	AA	1213	TH	1292	AT
1130	TA	1214	AT	1294	TP
1131	TA	1216	AA	1295	PT
1133	AT	1217	TA	1296	AT
1134	AT	1220	TA	1297	AA
1137	AT	1221	TA	1299	TA
1138	AA	1223	AT	1300	HH
1140	TA	1224	AT	1301	AT
1141	TH	1225	AA	1303	HH
1142	AT	1227	TA	1304	AT
1145	AT	1229	TP	1305	PP
1147	AA	1230	TA	1306	AA
1148	TA	1231	TH	1307	TA
1149	TA	1232	AT	1308	TA
1151	AT	1234	AA	1310	AT
1152	AT	1235	TA	1311	AT
1155	AT	1238	TA	1313	PT
1156	AA	1239	TA	1314	AT
1158	TA	1241	AT	1315	AA
1159	TH	1242	AT	1317	TA
1160	AT	1243	AA	1318	HH
1162	AH	1245	TA	1319	AT
1165	AA	1246	HH	1321	HH
1166	TA	1249	TH	1322	AT
1167	TA	1250	AT	1323	AP
1169	AT	1252	AA	1324	PA
1170	AT	1253	TA	1325	TA
1173	AT	1254	TA	1326	TA
1174	AA	1256	TA	1328	AT
1176	TA	1257	TA	1329	AT
1177	TH	1258	PP	1330	AT

1332	AT	1402	AA	1467	TA
1333	AA	1403	PP	1468	PP
1334	PP	1404	TA	1469	PT
1335	TP	1406	TP	1471	TA
1336	HH	1408	HH	1473	AT
1337	AT	1409	AT	1474	AA
1340	AT	1410	PP	1475	TP
1341	AP	1411	AA	1476	TP
1342	PA	1412	TA	1477	HT
1343	TA	1413	TA	1478	AT
1344	TA	1415	TA	1480	HH
1346	AT	1416	TA	1481	AT
1347	AT	1417	TP	1482	AT
1348	AH	1418	PT	1483	PP
1350	AH	1419	AT	1484	TA
1351	HA	1420	AA	1485	TA
1352	TP	1421	PP	1486	PP
1353	TP	1422	TA	1487	PT
1354	HH	1423	HH	1488	AT
1355	AT	1426	HH	1491	AT
1357	AA	1427	AT	1492	AA
1359	AP	1428	PT	1493	TP
1361	TA	1429	PA	1494	TP
1362	TA	1430	TA	1495	HT
1363	PP	1431	TA	1496	AT
1364	AT	1433	TA	1498	AT
1365	AT	1434	TA	1499	AT
1366	AH	1435	TA	1500	AT
1368	AH	1436	PP	1502	TA
1369	HA	1437	AT	1503	TA
1370	TP	1438	AA	1504	PA
1371	TP	1439	PP	1505	PT
1372	HH	1440	TA	1506	AT
1373	AT	1441	HT	1507	AH
1375	AA	1442	AT	1509	AH
1376	TA	1444	HH	1510	HA
1379	TA	1445	AT	1511	TA
1380	TA	1446	PT	1513	HT
1381	PP	1447	PP	1514	AT
1382	AT	1448	TA	1517	AT
1383	AT	1449	TA	1518	AT
1384	AA	1452	TA	1520	TA
1387	HA	1453	TA	1521	TA
1388	TP	1454	PP	1522	TA
1390	HH	1455	AT	1523	PT
1391	AT	1456	AA	1524	AT
1392	PP	1457	PP	1525	AH
1393	AA	1458	TP	1527	AH
1394	TA	1459	HT	1528	HA
1395	TA	1460	AT	1529	TA
1397	TA	1462	HH	1531	HT
1398	TA	1463	AT	1532	AT
1399	PP	1464	AT	1533	PT
1400	AT	1465	PP	1534	PA
1401	AT	1466	TA	1536	AT

1538	TA	1610	TA	1691	AT
1539	TA	1611	TA	1692	AT
1540	TA	1612	TH	1694	AT
1542	AT	1614	AT	1695	AT
1543	AH	1615	AA	1697	TA
1545	AH	1616	TA	1698	TA
1546	HA	1618	AT	1699	HH
1547	TA	1619	AT	1701	AT
1549	HT	1621	AT	1702	AH
1550	AT	1622	AT	1705	HA
1551	PT	1623	AT	1706	TA
1552	PA	1625	TA	1708	AT
1553	TA	1626	TA	1709	AT
1556	TA	1627	HH	1710	AT
1557	TA	1629	TA	1713	AH
1558	TA	1630	HH	1715	TA
1560	AT	1632	AT	1716	TA
1561	AA	1633	AA	1717	HH
1563	AH	1634	TA	1719	AT
1564	HA	1636	AT	1720	AA
1565	TA	1637	AT	1723	TA
1567	HT	1640	AT	1724	TA
1568	AT	1641	AT	1726	AT
1569	AT	1643	TA	1727	AT
1570	PP	1644	TA	1728	AT
1571	TA	1645	HH	1730	TA
1572	TA	1646	PT	1733	TA
1574	TA	1648	HH	1734	TA
1575	TA	1650	AT	1735	HH
1576	TA	1651	AA	1737	AT
1578	AT	1652	TA	1738	AA
1579	AA	1654	AT	1741	TA
1580	TP	1655	AT	1742	TA
1582	TA	1658	AT	1744	AT
1583	TA	1659	AT	1745	AT
1585	HT	1661	TA	1746	AT
1586	AT	1662	TA	1748	TA
1587	AT	1663	HH	1749	TA
1588	PP	1665	AT	1751	TA
1589	TA	1668	AH	1752	TA
1590	TA	1669	HA	1753	HH
1592	TA	1670	TA	1755	AT
1593	TA	1672	AT	1756	AA
1594	TA	1673	AT	1757	TA
1596	AT	1676	AT	1759	TA
1597	AA	1677	AT	1760	TA
1598	TA	1679	TA	1762	AT
1599	PP	1680	TA	1763	AT
1600	AT	1681	HH	1764	AT
1603	AT	1683	AT	1766	TA
1604	AT	1684	AH	1767	TA
1605	AT	1686	AH	1770	TA
1606	PP	1687	HA	1771	HH
1607	TA	1688	TA	1773	AT
1608	TA	1690	AT	1774	AA

1775	TA	1856	TA	1934	TA
1778	TA	1857	TA	1936	TA
1780	AT	1858	AT	1937	TA
1781	AT	1860	AT	1938	TP
1782	AT	1863	PA	1939	AT
1784	TA	1864	HA	1940	AT
1785	TA	1865	TA	1941	AT
1788	TA	1867	AT	1943	TA
1789	HH	1868	AT	1944	TA
1791	AT	1869	AT	1945	AT
1792	AA	1871	AT	1947	TA
1793	TA	1872	AH	1948	AT
1795	AT	1873	PP	1949	PP
1797	TP	1874	TA	1950	AT
1798	AT	1875	TA	1951	AA
1799	AT	1876	AT	1952	TA
1800	AT	1878	AT	1955	TA
1802	TA	1879	AA	1956	TP
1803	TA	1881	PA	1957	AT
1804	HT	1882	TA	1958	AT
1806	TA	1883	TA	1959	AT
1807	HH	1885	AT	1960	PP
1809	AT	1886	AT	1961	TA
1810	AA	1887	AT	1962	TA
1811	TA	1890	AH	1963	AT
1813	AT	1891	AP	1965	TA
1814	AT	1892	TP	1966	AT
1816	AT	1893	TA	1967	PT
1817	AT	1894	HT	1968	PT
1818	AT	1896	AT	1969	AA
1820	TA	1897	AA	1970	TA
1821	TA	1900	TA	1972	AT
1822	AT	1901	TA	1974	TP
1825	HH	1903	AT	1975	PP
1827	AH	1904	AT	1976	AT
1828	HA	1905	AT	1977	AT
1829	TA	1907	TA	1978	PP
1831	AT	1909	HP	1979	TA
1832	AT	1910	TP	1980	TA
1833	AT	1911	TA	1981	AT
1835	AT	1912	HT	1983	TA
1836	AT	1914	AT	1984	AT
1838	TA	1915	AA	1985	PT
1839	TA	1918	TA	1986	PH
1840	AT	1919	TA	1987	HA
1843	HT	1920	PP	1988	TA
1845	AH	1921	AT	1989	PP
1846	HA	1922	AT	1990	AT
1847	TA	1923	AT	1991	AT
1849	AT	1925	TA	1993	PP
1850	AT	1926	TA	1994	AT
1851	AT	1929	TA	1995	AT
1853	AT	1930	HT	1996	PP
1854	AH	1932	AT	1997	TP
1855	PP	1933	AA	1998	TA

1999	AT	2066	AT	2136	AT
2001	TA	2067	AH	2137	AP
2002	AT	2068	TP	2138	PP
2003	AT	2070	TA	2139	TA
2004	PP	2071	AT	2140	AT
2005	HA	2072	PT	2142	TA
2006	TA	2073	PT	2143	AT
2007	PP	2074	AA	2144	AT
2008	AT	2075	TA	2146	AA
2009	AT	2077	TA	2147	TA
2010	AT	2078	TA	2148	TP
2012	AT	2079	TA	2150	TA
2013	AH	2080	PP	2151	TA
2014	AP	2081	AT	2153	AT
2015	TP	2082	AT	2154	AT
2016	TA	2085	AA	2155	AA
2017	AT	2086	TP	2156	PP
2020	AT	2088	TA	2157	TA
2021	AT	2089	AT	2158	AT
2022	PP	2090	PT	2160	TA
2023	HA	2091	PT	2161	AT
2024	TA	2092	AA	2162	AT
2025	PP	2093	TA	2164	HA
2026	AT	2095	TA	2165	TA
2027	AT	2096	TA	2166	TA
2028	AT	2097	TA	2167	PT
2030	AT	2099	AT	2169	TA
2031	AH	2100	AT	2171	AT
2032	AP	2101	AP	2172	AH
2033	TP	2102	PA	2173	AA
2034	TA	2104	TA	2175	TA
2035	AT	2106	TA	2176	AT
2037	PT	2107	AT	2178	TA
2039	AT	2108	PT	2179	AT
2040	PP	2109	PP	2180	AT
2041	TA	2110	AA	2182	HA
2042	TA	2111	TA	2183	TA
2043	TA	2113	TA	2184	TA
2044	AT	2114	TA	2185	PT
2045	AT	2115	TA	2186	AT
2046	AT	2117	AT	2189	AT
2048	AT	2118	AT	2190	AH
2049	AH	2119	AP	2191	AA
2050	HP	2120	PA	2193	TA
2051	PP	2121	TA	2194	AT
2052	TA	2124	TA	2196	TA
2053	AT	2125	AT	2197	AT
2055	PT	2126	AT	2198	AT
2056	AA	2127	PP	2200	TA
2059	TA	2128	AA	2201	TA
2060	TA	2129	TA	2202	TA
2061	TA	2131	TA	2204	AT
2062	PP	2132	TA	2205	AT
2063	AT	2133	TA	2207	AT
2064	AT	2135	AT	2208	AH

2209	HA	2294	AT	2375	AT
2211	TA	2295	AT	2377	TA
2212	AT	2296	AA	2378	TA
2213	AT	2298	TA	2379	TA
2214	PT	2301	TA	2381	AT
2216	AT	2302	AT	2382	AT
2218	TA	2303	AT	2384	AT
2219	TA	2305	AA	2385	AH
2220	TA	2306	TA	2386	HA
2222	AT	2309	TA	2388	TA
2223	AT	2310	TA	2389	AT
2226	AH	2312	AT	2390	AT
2227	TA	2313	AT	2392	AT
2229	TA	2314	AA	2393	AT
2230	AT	2316	TA	2395	TA
2231	AT	2317	AT	2396	TA
2232	PT	2319	TA	2397	TA
2234	AT	2320	AT	2399	AT
2236	TA	2321	AT	2400	AT
2237	TA	2323	HA	2403	AA
2238	TA	2324	TA	2404	TA
2240	AT	2325	TA	2406	TA
2241	AT	2327	TA	2407	AT
2244	AA	2328	TA	2408	AT
2245	TA	2330	AT	2411	AT
2247	TA	2331	AT	2412	PP
2248	AT	2332	AA	2413	TA
2249	AT	2334	TA	2414	TA
2251	AA	2335	AT	2415	TA
2254	TA	2336	AT	2417	AT
2255	TA	2338	AT	2418	AT
2256	TA	2339	AT	2421	AA
2258	AT	2341	HA	2422	TA
2259	AT	2342	TA	2424	TA
2260	AP	2343	TA	2425	AT
2262	AA	2346	TA	2426	AT
2263	TA	2348	AT	2428	AA
2265	TA	2349	AH	2430	PP
2266	AT	2350	HA	2431	TA
2267	AT	2352	TA	2432	TA
2269	AA	2353	AT	2433	TA
2270	TA	2354	AT	2435	AT
2273	TA	2356	AT	2436	AT
2274	TA	2357	AT	2439	AA
2276	AT	2359	TA	2440	TA
2277	AT	2360	TA	2442	TA
2278	AA	2361	TA	2443	AT
2281	TA	2363	AT	2444	AT
2283	TA	2366	AT	2446	AA
2284	AT	2367	AH	2447	TA
2285	AT	2368	HA	2449	TA
2287	AA	2370	TA	2450	TA
2288	TA	2371	AT	2451	TA
2291	TA	2372	AT	2453	AT
2292	TA	2374	AT	2454	AT

2455	AA	2526	AH	2592	TA
2457	AA	2527	HA	2594	PT
2458	TA	2529	TA	2595	AT
2460	TA	2530	AT	2596	AA
2461	AT	2531	AT	2598	AA
2462	AT	2533	AT	2599	TA
2464	AA	2534	AT	2600	TP
2465	TA	2535	PP	2601	TP
2466	TA	2536	TA	2602	AT
2468	TA	2537	TA	2603	AT
2469	TA	2538	TA	2605	PA
2471	AT	2541	TA	2607	AP
2472	AT	2542	AT	2609	TA
2473	AA	2543	PT	2610	TA
2476	TA	2544	AH	2611	PT
2477	TP	2545	HA	2612	PT
2478	TP	2546	PP	2613	AT
2479	AT	2547	TA	2614	AA
2480	AT	2548	AT	2616	AA
2482	AA	2549	AT	2617	TA
2483	TA	2551	AT	2618	TA
2484	TA	2552	AT	2619	PP
2486	TA	2553	PP	2620	AT
2487	TA	2554	TP	2621	AT
2488	PP	2555	TA	2623	PA
2489	AT	2556	TA	2624	TA
2490	AT	2558	PT	2627	TA
2491	AA	2560	AT	2628	TA
2493	TA	2561	PP	2629	PT
2495	TP	2562	AA	2630	PT
2496	TP	2563	TA	2631	AT
2497	AT	2564	PP	2632	AA
2498	AT	2565	TA	2634	AA
2500	HA	2566	AT	2635	TA
2501	TA	2567	AT	2636	TA
2502	TA	2569	AT	2637	PP
2504	TA	2570	AT	2638	AT
2505	TA	2571	AP	2639	AT
2506	PP	2572	PP	2640	PP
2507	AT	2573	TA	2641	PA
2508	AH	2574	TA	2642	TA
2509	HA	2576	PT	2643	TA
2511	TA	2577	AT	2645	TA
2512	AT	2579	PP	2646	TA
2514	PP	2580	AA	2647	PT
2515	AT	2581	TA	2648	PT
2516	AT	2582	TP	2649	AT
2517	PP	2583	TP	2650	AA
2518	TA	2584	AT	2651	TP
2519	TA	2585	AT	2653	TA
2520	TA	2587	AT	2654	TA
2522	TA	2588	AT	2656	AT
2523	TA	2589	AP	2657	AT
2524	PP	2590	PP	2658	PP
2525	PT	2591	TA	2659	PA

2660	TA	2732	TA	2812	TA
2661	TA	2733	TA	2813	TA
2663	TA	2734	AT	2815	AT
2664	TA	2735	PT	2816	AT
2665	AT	2737	AT	2817	AT
2667	AH	2739	AA	2819	TA
2668	HA	2740	TA	2822	TA
2669	TP	2741	TA	2823	TA
2670	PA	2742	PP	2824	AT
2672	TA	2743	AT	2826	AH
2674	AT	2744	AT	2827	HA
2675	AT	2747	AT	2830	TA
2676	AT	2748	AA	2831	TA
2677	PP	2750	TA	2833	AT
2678	TA	2751	TA	2834	AT
2679	TA	2752	AT	2835	AT
2681	TA	2753	PT	2837	TA
2682	TA	2754	AT	2838	TA
2683	AT	2757	AA	2840	TA
2685	AH	2758	TA	2841	TA
2686	HA	2759	TA	2842	AT
2687	TP	2761	AT	2844	AH
2688	PA	2762	AT	2845	HA
2689	AT	2765	AT	2846	TA
2692	AT	2766	AA	2848	TA
2693	AT	2768	TA	2849	TA
2694	AH	2769	TA	2851	AT
2695	PP	2770	AT	2852	AT
2696	TA	2771	PT	2853	AH
2697	TA	2772	AT	2855	TA
2699	TA	2773	AA	2856	TA
2700	TA	2775	AA	2859	TA
2701	AT	2776	TA	2860	AT
2703	AH	2777	TA	2862	AA
2704	HA	2779	AT	2863	HA
2705	TP	2780	AT	2864	TA
2706	PA	2781	AP	2867	TA
2707	AT	2783	AT	2869	AT
2708	AT	2784	AA	2870	AT
2710	AT	2786	TA	2871	AH
2711	AT	2787	TA	2873	TA
2712	AH	2788	AT	2874	TA
2713	PP	2790	AT	2877	TA
2714	TA	2791	AA	2878	AT
2715	TA	2794	TA	2880	AA
2718	TA	2795	TA	2881	TA
2719	AT	2797	AT	2882	TA
2721	AA	2798	AT	2884	AT
2722	TA	2799	AT	2887	AT
2723	TA	2802	AA	2888	AT
2724	PP	2804	TA	2889	AH
2725	AT	2805	TA	2891	TA
2726	AT	2806	AT	2892	TA
2729	AT	2808	AT	2895	TA
2730	AA	2809	HA	2896	AT

169

2898	AA	2981	TA	155	PPP
2899	TA	2982	TH	167	ATA
2900	TA	2983	AT	184	PPP
2902	AT	2985	AH	186	ATA
2903	AT	2986	HA	188	PPT
2905	AT	2989	TA	202	PPP
2906	AT	2990	TA	205	ATP
2907	AA	2992	AT	206	PPT
2909	TA	2993	AT	220	PPP
2910	TH	2994	AT	231	PPP
2911	AT	2997	AA	232	ATA
2913	TA	2998	PP	235	PPA
2914	AT	2999	TA	249	PPP
2916	AA	3000	TH	251	AAT
2917	TA			253	PPP
2918	TA	3 ECLISSI IN UN		264	PPP
2920	AT	ANNO		270	TAP
2921	AT			271	PPP
2924	AT	3 ECLIPSES IN ONE		278	PPT
2925	AA	YEAR		282	PPP
2927	TA			297	TAT
2928	TH	P = parziale		300	PPP
2929	AT	T = totale		307	PPP
2932	AT	A = anulare		316	TAA
2934	AA	H = ibrida		318	PPP
2935	TA			325	PPP
2936	TA	P = partial		329	PPP
2938	AT	T = total		335	ATP
2939	AT	A = annular		336	PPP
2942	AT	H = hybrid		344	PTA
2943	AA			347	PPP
2945	TA			363	ATA
2946	TH	3	PPP	365	PPP
2947	AT	21	PPP	376	PPP
2949	AT	28	ATP	382	ATA
2952	AA	29	PPT	383	PPP
2953	TA	37	ATA	387	PPP
2954	TA	39	PPP	390	PTP
2956	AT	46	ATP	394	PPP
2957	AT	56	AAT	400	ATA
2960	AT	57	APP	401	PPP
2961	AA	61	PPP	405	PPP
2963	TA	64	ATP	409	PTA
2964	TH	79	PPP	412	PPP
2965	AT	93	TAP	416	PPP
2967	AH	97	PPP	419	APP
2968	HA	102	TAT	423	PPP
2970	AA	111	TAP	428	AAT
2971	TA	121	TAH	430	PPP
2972	TA	123	PPA	434	PPP
2974	AT	126	PPP	437	APP
2975	AT	129	TAP	441	PPP
2976	AT	140	ATP	447	TAT
2978	AT	141	PPA	452	PPP
2979	AA	144	PPP	455	APP

456	PPT	759	PPP	1088	ATP
459	PPP	770	PPP	1098	ATA
463	PPP	772	ATA	1106	ATP
466	TPP	777	PPP	1128	PPP
477	PPP	788	PPP	1135	ATP
481	PPP	791	AAP	1136	PAT
484	TPP	792	PPT	1143	PPP
492	PPP	803	PPP	1144	AHH
493	TAA	817	PPP	1146	PPP
495	PPP	818	AAT	1153	ATP
502	TAP	821	PPP	1154	PPT
510	PPP	837	TAT	1161	PPP
512	ATA	839	PPP	1163	HAT
513	PPP	846	PPT	1164	PPP
520	TAP	850	PPP	1171	ATP
531	ATP	856	TAP	1172	PPT
549	ATP	857	PPP	1193	PPP
550	PTA	865	TAA	1200	TAP
558	ATA	868	PPP	1201	PPA
560	PPP	884	ATA	1209	TAT
567	ATP	886	PPP	1218	TAP
568	PPA	903	ATP	1228	HHA
577	ATA	904	PPP	1236	TAP
578	PPP	929	PPP	1240	PPP
585	ATP	930	PTA	1247	ATP
589	PPP	933	PPP	1248	TPA
600	PPP	944	PPP	1251	PPP
607	PPP	949	ATA	1269	PPP
614	AAP	951	PPP	1274	ATA
615	PPT	962	PPP	1280	PPP
618	PPP	968	AAT	1287	PPP
623	AAT	969	PPP	1293	ATA
625	APP	976	APP	1298	PPP
632	AAP	980	PPP	1312	ATP
633	PPT	984	PPP	1316	PPP
636	PPP	987	TPP	1327	PPP
642	TAT	995	PAT	1338	PPP
643	APP	998	PPP	1339	AHH
650	AAP	1002	PPP	1345	PPP
654	PPP	1005	TPP	1356	PPP
662	PPA	1014	TAT	1358	TAT
679	TAP	1016	PPP	1360	PPA
683	PPP	1020	PPP	1374	PPP
688	TAA	1023	TPP	1377	TAP
694	PPP	1033	TAA	1378	PPA
697	TAP	1034	PPP	1385	PPP
701	PPP	1038	PPP	1386	TAH
707	ATA	1041	TPP	1389	PPP
715	TAP	1049	PPP	1405	HHA
719	PPP	1056	PPP	1407	PPP
723	PPP	1067	PPP	1424	ATP
726	ATP	1070	ATP	1425	PPP
727	PPA	1078	PPP	1450	PPP
741	PPP	1079	ATA	1451	PTA
753	ATA	1085	PPP	1470	ATA

1472	PPP	1786	HTP	2145	PPP
1489	AHA	1787	PTA	2149	PTA
1490	PPP	1796	ATA	2163	PPP
1501	PPP	1808	PPP	2168	ATA
1512	PPP	1815	ATP	2174	PPP
1515	PPP	1824	ATA	2187	ATA
1516	PAT	1826	PPP	2192	PPP
1519	PPP	1834	PPT	2203	PPP
1530	PPP	1837	PPP	2210	PPP
1535	TAT	1842	ATA	2215	AAT
1537	PPP	1844	PPP	2221	PPP
1541	PPP	1852	PPT	2224	APP
1544	HPP	1861	AAT	2225	PAT
1548	PPP	1862	PPP	2233	AAT
1554	TAT	1866	PPP	2239	PPP
1555	PPP	1877	PPP	2242	APP
1559	PPP	1884	PPP	2243	PAT
1562	TPP	1888	PPP	2250	PPP
1566	PPP	1889	TAT	2252	TAT
1577	PPP	1895	PPP	2253	PPP
1581	PPA	1898	TAP	2268	PPP
1584	PPP	1899	PPA	2271	TPP
1595	PPP	1902	PPP	2272	PTA
1601	ATA	1906	PPP	2279	PPP
1602	PPP	1908	TAH	2280	TAA
1609	HPP	1913	PPP	2289	TPP
1617	PPP	1916	TAP	2290	PTA
1628	PTA	1924	PPP	2297	PPP
1635	PPP	1927	ATP	2299	ATA
1639	PAT	1928	TPP	2300	PPP
1647	ATA	1931	PPP	2307	TAP
1656	ATP	1942	PPP	2308	PTA
1657	PAT	1953	PPP	2315	PPP
1664	PPP	1954	ATA	2337	PTA
1666	AHH	1971	PPP	2345	ATA
1674	ATP	1973	ATA	2355	PTA
1675	PAT	1992	ATP	2364	ATA
1682	PPP	2018	PPP	2365	PPP
1700	PPP	2019	PTA	2373	PTA
1703	HPP	2036	PPP	2376	PPP
1704	PAA	2038	AAT	2387	PPP
1711	PPP	2054	PPP	2394	PPP
1712	TAT	2057	TAT	2401	APP
1718	PPP	2058	PPP	2402	PPT
1721	TPP	2069	PPP	2405	PPP
1722	PPA	2083	PPP	2409	PPP
1731	TAH	2084	PAT	2410	AAT
1732	PPP	2087	PPP	2419	AAP
1739	TAP	2098	PPP	2420	PPT
1740	PPA	2103	TAA	2423	PPP
1761	PPP	2105	PPP	2427	PPP
1768	HHP	2116	PPP	2429	TAT
1769	PTA	2122	ATA	2437	AAP
1777	ATA	2123	PPP	2438	PPT
1779	PPP	2130	TPP	2441	PPP

2445	PPP	2828	TPP	36	PPPP
2448	TAP	2829	PAA	43	PPPP
2459	PTP	2836	PPP	47	PPPT
2463	PPP	2854	PPP	54	PPPP
2467	PPA	2858	PTA	65	PPPT
2470	PPP	2865	PPP	72	PPPP
2475	TAA	2866	ATA	75	TAPP
2481	PPP	2875	ATP	90	PPPP
2494	ATA	2876	PTA	94	PPPA
2499	PPP	2885	ATA	101	PPPP
2513	ATP	2893	ATP	108	PPPP
2528	PPP	2894	PTA	112	PPPA
2539	PPP	2915	PPP	119	PPPP
2540	PTA	2922	APP	130	PPPA
2557	PPP	2923	PAT	137	PPPP
2559	ATA	2930	PPP	159	PPPA
2575	PPP	2931	ATA	166	PPPP
2578	AAT	2933	PPP	177	PPPA
2593	PPP	2940	ATP	195	PPPA
2604	PPP	2941	PAT	213	PPPA
2606	TAT	2944	PPP	224	PPPT
2608	PPP	2948	PPP	242	PPPT
2622	PPP	2950	HAT	260	PPPT
2625	TAP	2951	PPP	289	PPPP
2626	PPP	2958	ATP	354	PPPP
2652	PAA	2959	PPT	372	PPPP
2655	PPP	2962	PPP	470	PPPP
2666	PPP	2966	PPP	474	PPPT
2671	ATA	2980	PPP	488	PPPP
2673	PPP	2984	PPP	499	PPPP
2684	PPP	2987	TAP	506	PPPP
2690	ATA	2988	PPA	517	PPPP
2702	PPP	2996	TAT	524	PPPP
2716	APP			528	PPPP
2717	PTA	4 ECLISSI IN UN		535	PPPP
2720	PPP	ANNO		539	PPPA
2728	PAT			542	PPPP
2731	PPP	4 ECLIPSES IN ONE		546	PPPP
2736	ATA	YEAR		553	PPPP
2746	PAT			557	PPPP
2749	PPP	P = parziale		564	PPPP
2755	AAT	T = totale		571	PPPP
2764	PAT	A = anulare		575	PPPP
2767	PPP	H = ibrida		582	PPPP
2789	PPP			586	PPPA
2792	TPP	P = partial		593	PPPP
2793	PAA	T = total		596	AAPP
2800	PPA	A = annular		611	PPPP
2801	TAT	H = hybrid		622	PPPP
2807	PPP			629	PPPP
2810	TPP	7	PPPP	640	PPPP
2811	PAA	10	ATPP	647	PPPP
2818	PPP	14	PPPP	651	PPPT
2820	TAA	25	PPPP	658	PPPP
2825	PPP	32	PPPP	661	TAPP

173

665	PPPP	1233	PPPP	1790	PPPP
676	PPPP	1237	PPPA	1794	PPPP
680	PPPA	1244	PPPP	1801	PPPP
687	PPPP	1262	PPPP	1812	PPPP
698	PPPA	1266	PPPA	1819	PPPP
705	PPPP	1273	PPPP	1823	PPPP
716	PPPA	1284	PPPA	1830	PPPP
745	PPPA	1291	PPPP	1841	PPPP
752	PPPP	1302	PPPA	1848	PPPP
763	PPPA	1309	PPPP	1859	PPPP
781	PPPA	1320	PPPA	1870	PPPT
799	PPPA	1331	PPPT	1880	TAPP
810	PPPT	1349	PPPT	1917	PPPA
828	PPPT	1367	PPPT	1946	PPPP
875	PPPP	1396	PPPA	1964	PPPP
893	PPPP	1414	PPPA	1982	PPPP
911	PPPP	1432	PPPP	2000	PPPP
922	PPPP	1443	PPPP	2011	PPPP
940	PPPP	1461	PPPP	2029	PPPP
958	PPPP	1479	PPPP	2047	PPPP
991	PPPP	1497	PPPP	2065	PPPP
1009	PPPP	1508	APPP	2076	TPPP
1027	PPPP	1526	APPP	2094	TPPP
1045	PPPP	1573	HPPP	2112	TPPP
1052	APPP	1591	HPPP	2134	PPPP
1060	PPPA	1613	PPPP	2141	APPP
1063	PPPP	1620	APPP	2152	PPPP
1074	PPPP	1624	PPPP	2159	APPP
1081	PPPP	1631	PPPP	2170	PPPP
1092	PPPP	1638	APPP	2177	APPP
1096	PPPP	1642	PPPP	2181	PPPP
1099	PPPP	1649	PPPP	2188	PPPP
1103	PPPP	1653	PPPP	2195	APTP
1110	PPPP	1660	PPPP	2199	PPPP
1114	PPPP	1667	PPPP	2217	PPPP
1117	APPP	1671	PPPP	2228	PPPP
1121	PPPP	1678	PPPP	2235	PPPP
1125	PPPA	1685	HPPP	2246	PPPP
1132	PPPP	1689	PPPP	2257	PPPP
1139	PPPP	1693	PPPT	2261	PPPT
1150	PPPP	1696	PPPP	2264	PPPP
1157	PPPP	1707	PPPP	2275	PPPP
1168	PPPP	1714	PPPP	2282	PPPP
1175	PPPP	1725	PPPP	2286	PPPP
1179	PPPP	1729	PPPP	2293	PPPP
1182	TAPP	1736	PPPP	2304	PPPP
1186	PPPP	1743	PPPP	2311	PPPP
1190	PPPT	1747	PPPP	2318	APPP
1197	PPPP	1750	HPPP	2322	PPPP
1204	PPPP	1754	PPPP	2326	PPPA
1208	PPPP	1758	PPPA	2329	PPPP
1215	PPPP	1765	PPPP	2333	PPPP
1219	PPPA	1772	PPPP	2340	PPPP
1222	PPPP	1776	PPPP	2344	PPPP
1226	PPPP	1783	PPPP	2347	PPPP

2351	PPPP	2756	PPPP	2991		PPPP
2358	PPPP	2760	PPPP	2995		PPPP
2362	PPPP	2763	APPP			
2369	PPPP	2778	PPPP	5 ECLISSI IN UN		
2380	PPPP	2782	PPAT	ANNO		
2383	APPP	2785	PPPP			
2391	PPPA	2796	PPPP	5 ECLIPSES IN ONE		
2398	PPPP	2803	PPPP	YEAR		
2416	PPPP	2814	PPPP			
2434	PPPP	2821	PPPP	P = parziale		
2452	PPPP	2832	PPPP	T = totale		
2456	PPPT	2843	PPPP	A = anulare		
2474	PPPP	2847	PPPA	H = ibrida		
2485	PPPA	2850	PPPP			
2492	PPPP	2857	APPP	P = partial		
2503	PPPP	2861	PPPP	T = total		
2510	PPPP	2868	PPPP	A = annular		
2521	PPPP	2872	PPPP	H = hybrid		
2532	PPPP	2879	PPPP			
2550	PPPP	2883	PPPP	18		PPPPA
2568	PPPP	2886	PPPP	83		PPPPT
2586	PPPP	2890	PPPP	148		PPPPA
2597	TPPP	2897	PPPP	604		PPPPA
2615	TPPP	2901	PPPP	669		PPPPT
2633	TPPP	2908	PPPP	734		PPPPA
2644	APPP	2912	PTPA	1255		PPPPA
2662	APPP	2919	PPPP	1805		PPPPA
2680	APPP	2926	PPPP	1935		PPPPA
2691	PPPP	2937	PPPP	2206		APPPP
2698	APPP	2955	PPPP	2709		APPPP
2727	APPP	2969	TPPP	2774		TPPPP
2738	PPPP	2973	PPPP	2839		APPPP
2745	APPP	2977	PPPT	2904		APPPP

ECLISSI SOLARI IN UN ANNO
ORDINATE PER GRUPPI
SOLAR ECLIPSES IN ONE
YEAR : GROUPS
0-3000

2 ECLISSI TOTALI IN UN ANNO - 2 TOTAL ECLIPSES IN ONE YEAR

Il fenomeno non può avvenire - Inexistent

2 ECLISSI PARZIALI - 2 PARTIAL ECLIPSES IN ONE YEAR

```
50 68 162 173 180 191 209 238 293 296 304 311 314 322 340 343
358 369 380 398 445 448 712 730 748 806 824 835 853 864 871 879
882 889 897 900 908 915 926 937 955 973 1013 1031 1258 1305 1334
1363 1381 1392 1399 1403 1410 1421 1436 1439 1447 1454 1457 1465
1468 1483 1486 1570 1588 1599 1606 1855 1873 1920 1949 1960 1975
1978 1989 1993 1996 2004 2007 2022 2025 2040 2051 2062 2080 2109
2127 2138 2156 2412 2430 2488 2506 2514 2517 2524 2535 2546 2553
2561 2564 2572 2579 2590 2619 2637 2640 2658 2677 2695 2713 2724
2742 2998
```

2 ECLISSI ANULARI - 2 ANNULAR ECLIPSES IN ONE YEAR

```
40 74 92 110 128 146 262 269 280 287 298 305 350 368 421 439 446
457 464 473 475 482 491 509 562 580 598 616 634 641 652 668 670
721 739 757 775 793 809 811 827 829 847 880 898 907 916 925 934
943 952 961 970 979 988 997 1006 1015 1024 1039 1042 1048 1057
1066 1075 1084 1093 1102 1111 1120 1129 1138 1147 1156 1165 1174
1192 1198 1216 1225 1234 1243 1252 1261 1270 1279 1288 1297 1306
1315 1333 1357 1375 1384 1393 1402 1411 1420 1438 1456 1474 1492
1561 1579 1597 1615 1633 1651 1720 1738 1756 1774 1792 1810 1879
1897 1915 1933 1951 1969 2056 2074 2085 2092 2110 2128 2146 2155
2173 2191 2244 2251 2262 2269 2278 2287 2296 2305 2314 2332 2403
2421 2428 2439 2446 2455 2457 2464 2473 2482 2491 2562 2580 2596
2598 2614 2616 2632 2634 2650 2721 2730 2739 2748 2757 2766 2773
2775 2784 2791 2802 2862 2880 2898 2907 2916 2925 2934 2943 2952
2961 2970 2979 2997
```

2 ECLISSI IBRIDE - 2 HYBRID ECLIPSES IN ONE YEAR

```
2 17 20 35 38 53 71 89 107 125 143 1246 1264 1282 1285 1300 1303
1318 1321 1336 1354 1372 1390 1408 1423 1426 1444 1462 1480 1627
1630 1645 1648 1663 1681 1699 1717 1735 1753 1771 1789 1807 1825
```

3 ECLISSI PARZIALI - 3 PARTIAL ECLIPSES IN ONE YEAR

```
3 21 39 61 79 97 126 144 155 184 202 220 231 249 253 264 271 282
300 307 318 325 329 336 347 365 376 383 387 394 401 405 412 416
423 430 434 441 452 459 463 477 481 492 495 510 513 560 578 589
600 607 618 636 654 683 694 701 719 723 741 759 770 777 788 803
817 821 839 850 857 868 886 904 929 933 944 951 962 969 980 984
998 1002 1016 1020 1034 1038 1049 1056 1067 1078 1085 1128 1143
1146 1161 1164 1193 1240 1251 1269 1280 1287 1298 1316 1327 1338
1345 1356 1374 1385 1389 1407 1425 1450 1472 1490 1501 1512 1515
1519 1530 1537 1541 1548 1555 1559 1566 1577 1584 1595 1602 1617
1635 1664 1682 1700 1711 1718 1732 1761 1779 1808 1826 1837 1844
1862 1866 1877 1884 1888 1895 1902 1906 1913 1924 1931 1942 1953
1971 2018 2036 2054 2058 2069 2083 2087 2098 2105 2116 2123 2145
2163 2174 2192 2203 2210 2221 2239 2250 2253 2268 2279 2297 2300
2315 2365 2376 2387 2394 2405 2409 2423 2427 2441 2445 2463 2470
```

2481 2499 2528 2539 2557 2575 2593 2604 2608 2622 2626 2655 2666
2673 2684 2702 2720 2731 2749 2767 2789 2807 2818 2825 2836 2854
2865 2915 2930 2933 2944 2948 2951 2962 2966 2980 2984

4 ECLISSI PARZIALI - 4 PARTIAL ECLIPSES IN ONE YEAR

7 14 25 32 36 43 54 72 90 101 108 119 137 166 289 354 372 470
488 499 506 517 524 528 535 542 546 553 557 564 571 575 582 593
611 622 629 640 647 658 665 676 687 705 752 875 893 911 922 940
958 991 1009 1027 1045 1063 1074 1081 1092 1096 1099 1103 1110
1114 1121 1132 1139 1150 1157 1168 1175 1179 1186 1197 1204 1208
1215 1222 1226 1233 1244 1262 1273 1291 1309 1432 1443 1461 1479
1497 1613 1624 1631 1642 1649 1653 1660 1667 1671 1678 1689 1696
1707 1714 1725 1729 1736 1743 1747 1754 1765 1772 1776 1783 1790
1794 1801 1812 1819 1823 1830 1841 1848 1859 1946 1964 1982 2000
2011 2029 2047 2065 2134 2152 2170 2181 2188 2199 2217 2228 2235
2246 2257 2264 2275 2282 2286 2293 2304 2311 2322 2329 2333 2340
2344 2347 2351 2358 2362 2369 2380 2398 2416 2434 2452 2474 2492
2503 2510 2521 2532 2550 2568 2586 2691 2738 2756 2760 2778 2785
2796 2803 2814 2821 2832 2843 2850 2861 2868 2872 2879 2883 2886
2890 2897 2901 2908 2919 2926 2937 2955 2973 2991 2995

NUMERO DELLE ECLISSI SOLARI
NUMBER OF SOLAR ECLIPSES
0-3000

Numero di eclissi

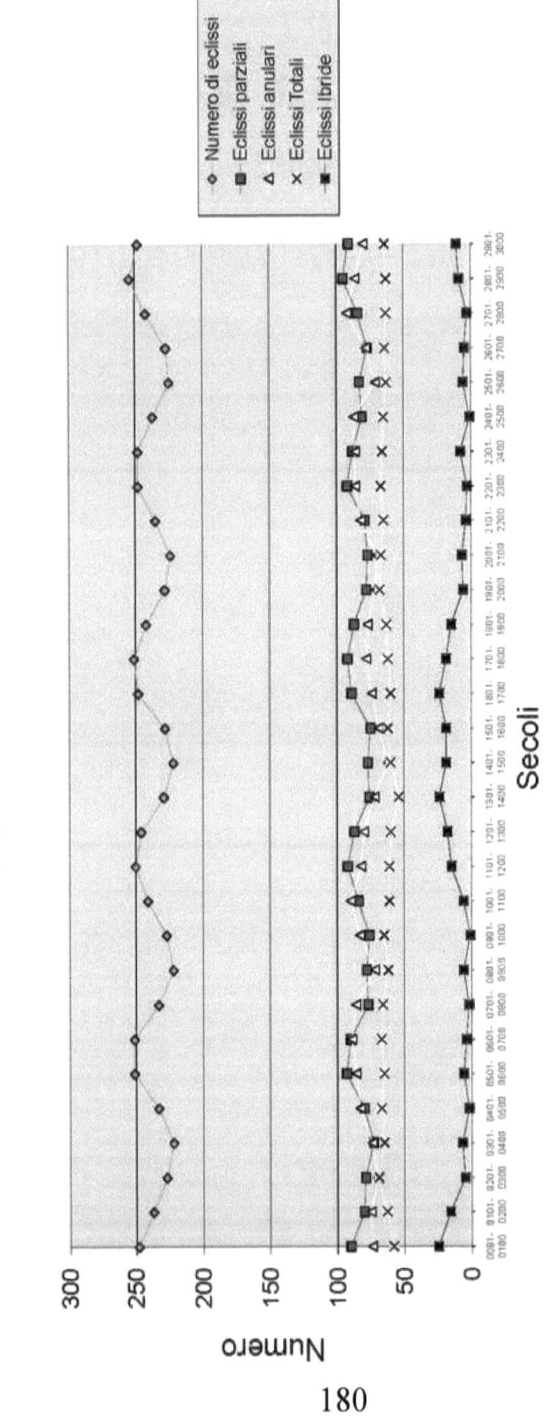

PERIODI SENZA ECLISSI SOLARI TOTALI
YEARS WITHOUT TOTAL SOLAR ECLIPSES
0-3000

Data/Date	Ora-Time	L	Data/Date	Ora-Time	L
10/06/0001	06:44:16		13/09/0098	20:14:32	29
18/03/0006	06:05:10	59	03/09/0099	11:59:15	12
21/07/0008	05:28:07	29	23/08/0100	04:06:15	12
10/07/0009	20:53:09	12	06/01/0102	23:23:12	17
30/06/0010	14:01:10	12	27/12/0102	15:06:16	12
14/11/0011	03:29:00	17	01/05/0105	20:24:44	29
23/10/0013	09:50:43	24	21/04/0106	13:25:03	12
09/03/0015	05:44:12	17	14/08/0109	03:20:13	41
26/02/0016	22:16:04	12	27/01/0111	09:03:03	18
21/06/0019	14:04:18	41	01/06/0113	12:24:30	29
28/03/0024	13:52:19	59	22/05/0114	03:32:43	12
01/08/0026	12:55:45	29	24/09/0116	04:27:28	29
22/07/0027	04:29:07	12	13/09/0117	20:11:32	12
10/07/0028	21:28:53	12	03/09/0118	12:01:49	12
24/11/0029	12:15:21	17	18/01/0120	08:03:34	17
14/11/0030	03:37:26	12	06/01/0121	23:54:07	12
03/11/0031	18:26:45	12	21/06/0122	20:33:47	18
19/03/0033	13:40:16	17	01/05/0124	20:55:09	23
09/03/0034	06:20:44	12	25/08/0127	11:03:53	41
01/07/0037	21:23:24	41	06/02/0129	17:27:01	18
08/04/0042	21:32:29	59	12/06/0131	19:32:12	29
11/08/0044	20:31:57	29	01/06/0132	10:57:16	12
22/07/0046	05:00:32	24	22/05/0133	04:13:35	12
05/12/0047	21:04:34	17	05/10/0134	12:48:19	17
24/11/0048	12:30:09	12	25/09/0135	04:31:21	12
30/03/0051	21:31:07	29	13/09/0136	20:03:55	12
19/03/0052	14:19:19	12	28/01/0138	16:36:21	17
13/07/0055	04:47:03	41	18/01/0139	08:35:48	12
25/12/0056	07:16:33	18	02/07/0140	03:39:41	18
30/04/0059	15:04:34	29	13/05/0142	04:19:27	23
19/04/0060	05:08:12	12	04/09/0145	18:53:49	41
23/08/0062	04:17:02	29	18/02/0147	01:45:03	18
12/08/0063	19:59:34	12	23/06/0149	02:42:52	29
01/08/0064	12:36:13	12	12/06/0150	18:23:03	12
16/12/0065	05:52:32	17	02/06/0151	11:36:59	12
05/12/0066	21:23:09	12	15/10/0152	21:18:07	17
10/04/0069	05:13:17	29	05/10/0153	12:59:47	12
30/03/0070	22:07:59	12	25/09/0154	04:14:23	12
23/07/0073	12:12:48	41	09/02/0156	01:04:40	17
05/01/0075	15:57:02	18	28/01/0157	17:11:51	12
10/05/0077	22:11:37	29	13/07/0158	10:52:07	18
30/04/0078	12:39:31	12	23/05/0160	11:40:03	23
02/09/0080	12:11:02	29	05/11/0161	07:17:14	18
23/08/0081	03:55:59	12	28/02/0165	09:54:09	41
12/08/0082	20:18:16	12	04/07/0167	09:57:52	29
27/12/0083	14:39:57	17	23/06/0168	01:48:53	12
16/12/0084	06:16:36	12	12/06/0169	18:58:55	12
21/04/0087	12:52:07	29	27/10/0170	05:54:29	17
10/04/0088	05:50:43	12	16/10/0171	21:33:43	12
03/08/0091	19:44:06	41	05/10/0172	12:31:27	12
16/01/0093	00:32:32	18	19/02/0174	09:23:59	17
22/05/0095	05:17:54	29	09/02/0175	01:39:26	12
10/05/0096	20:07:02	12	23/07/0176	18:09:39	18

Data/Date	Ora-Time	L	Data/Date	Ora-Time	L
03/06/0178	18:57:36	23	24/05/0263	18:08:00	18
16/11/0179	15:59:19	18	03/04/0265	17:54:54	23
11/03/0183	17:57:10	41	16/09/0266	08:47:23	18
14/07/0185	17:18:39	29	27/07/0268	07:31:46	23
24/06/0187	02:20:57	24	09/01/0270	11:45:03	18
06/11/0188	14:37:31	17	14/05/0272	17:06:05	29
27/10/0189	06:15:28	12	04/05/0273	08:30:52	12
01/03/0192	17:37:08	29	24/04/0274	01:38:24	12
19/02/0193	10:00:11	12	27/08/0276	00:01:24	29
04/08/0194	01:36:08	18	16/08/0277	15:53:34	12
14/06/0196	02:14:22	23	31/12/0278	10:41:52	17
27/11/0197	00:44:28	18	21/12/0279	02:26:27	12
22/03/0201	01:51:41	41	04/06/0281	01:11:00	18
26/07/0203	00:44:37	29	15/04/0283	01:32:54	23
14/07/0204	16:51:47	12	26/09/0284	16:58:52	18
04/07/0205	09:44:16	12	16/09/0285	08:21:02	12
17/11/0206	23:23:19	17	07/08/0286	14:59:28	11
07/11/0207	15:01:09	12	20/01/0288	20:22:45	18
13/03/0210	01:40:48	29	26/05/0290	00:17:58	29
02/03/0211	18:11:38	12	15/05/0291	16:00:04	12
14/08/0212	09:10:09	18	04/05/0292	09:08:37	12
25/06/0214	09:30:41	23	07/09/0294	08:06:29	29
08/12/0215	09:31:55	18	27/08/0295	23:39:35	12
12/04/0218	19:22:42	29	10/01/0297	19:26:43	17
02/04/0219	09:40:55	12	31/12/0297	11:15:04	12
05/08/0221	08:18:57	29	15/06/0299	08:15:24	18
26/07/0222	00:30:26	12	25/04/0301	09:04:15	23
15/07/0223	17:10:13	12	08/10/0302	01:17:57	18
28/11/0224	08:13:29	17	27/09/0303	16:41:24	12
17/11/0225	23:51:08	12	31/01/0306	04:53:16	29
23/03/0228	09:38:46	29	05/06/0308	07:28:21	29
13/03/0229	02:14:35	12	25/05/0309	23:26:08	12
25/08/0230	16:53:17	18	15/05/0310	16:34:57	12
05/07/0232	16:47:56	23	17/09/0312	16:18:56	29
18/12/0233	18:17:54	18	07/09/0313	07:32:57	12
23/04/0236	02:40:05	29	22/01/0315	04:06:13	17
12/04/0237	17:21:56	12	11/01/0316	19:59:24	12
16/08/0239	16:00:15	29	25/06/0317	15:23:13	18
05/08/0240	08:13:15	12	06/05/0319	16:29:08	23
26/07/0241	00:40:00	12	18/10/0320	09:46:09	18
09/12/0242	17:03:55	17	08/10/0321	01:09:39	12
29/11/0243	08:42:30	12	11/02/0324	13:18:54	29
24/03/0247	10:08:36	41	16/06/0326	14:42:01	29
05/09/0248	00:45:17	18	25/05/0328	23:56:30	24
17/07/0250	00:07:55	23	29/09/0330	00:40:17	29
30/12/0251	03:03:44	18	18/09/0331	15:33:08	12
04/05/0254	09:55:34	29	01/02/0333	12:39:53	17
24/04/0255	00:59:20	12	22/01/0334	04:39:12	12
12/04/0256	18:02:10	12	06/07/0335	22:34:59	18
16/08/0258	16:04:16	29	16/05/0337	23:50:04	23
06/08/0259	08:13:39	12	29/10/0338	18:20:54	18
20/12/0260	01:54:30	17	19/10/0339	09:44:42	12
09/12/0261	17:35:29	12	21/02/0342	21:36:39	29

Data/Date	Ora-Time	L	Data/Date	Ora-Time	L
26/06/0344	21:56:50	29	29/08/0425	12:19:01	18
16/06/0345	14:18:48	12	19/08/0426	04:11:14	12
06/06/0346	07:17:19	12	10/07/0427	11:59:29	11
09/10/0348	09:08:38	29	22/12/0428	14:14:19	18
02/02/0352	13:10:52	41	12/12/0429	05:50:23	12
17/07/0353	05:53:15	18	27/04/0431	21:43:54	17
28/05/0355	07:05:38	23	16/04/0432	13:17:57	12
09/11/0356	03:02:18	18	06/04/0433	06:11:16	12
29/10/0357	18:26:42	12	10/08/0435	04:16:06	29
04/03/0360	05:47:15	29	29/07/0436	20:07:35	12
21/02/0361	22:12:14	12	03/12/0438	04:50:38	29
08/07/0362	05:17:57	17	17/05/0440	05:49:32	18
27/06/0363	21:46:29	12	28/03/0442	05:50:14	23
16/06/0364	14:36:12	12	09/09/0443	20:16:39	18
20/10/0366	17:43:30	29	29/08/0444	12:10:31	12
12/02/0370	21:36:02	41	02/01/0447	23:00:54	29
28/07/0371	13:16:47	18	23/12/0447	14:42:21	12
07/06/0373	14:20:16	23	08/05/0449	05:02:39	17
20/11/0374	11:46:54	18	27/04/0450	20:55:28	12
10/11/0375	03:13:23	12	17/04/0451	13:50:39	12
25/03/0377	23:22:23	17	20/08/0453	12:07:55	29
15/03/0378	13:50:01	12	10/08/0454	03:39:07	12
05/03/0379	06:24:24	12	13/12/0456	13:41:28	29
08/07/0381	05:17:09	29	28/05/0458	12:58:30	18
27/06/0382	21:55:37	12	07/04/0460	13:31:13	23
31/10/0384	02:24:17	29	20/09/0461	04:24:35	18
24/02/0388	05:52:00	41	09/09/0462	20:16:30	12
07/08/0389	20:49:26	18	13/01/0465	07:44:43	29
28/07/0390	12:35:00	12	02/01/0466	23:31:56	12
18/06/0391	21:32:22	11	19/05/0467	12:19:15	17
30/11/0392	20:35:47	18	27/04/0469	21:24:18	24
20/11/0393	12:03:39	12	31/08/0471	20:07:11	29
06/04/0395	06:55:08	17	20/08/0472	11:17:31	12
25/03/0396	21:46:08	12	24/12/0474	22:31:52	29
15/03/0397	14:27:52	12	07/06/0476	20:06:49	18
19/07/0399	12:51:41	29	18/04/0478	21:06:05	23
08/07/0400	05:16:04	12	01/10/0479	12:40:26	18
11/11/0402	11:10:32	29	20/09/0480	04:31:02	12
25/04/0404	15:29:35	18	24/01/0483	16:22:34	29
06/03/0406	14:00:59	23	14/01/0484	08:16:49	12
19/08/0407	04:29:24	18	29/05/0485	19:34:46	17
07/08/0408	20:19:36	12	19/05/0486	11:58:26	12
29/06/0409	04:46:23	11	09/05/0487	04:51:29	12
12/12/0410	05:25:03	18	11/09/0489	04:13:02	29
01/12/0411	20:56:26	12	31/08/0490	19:01:26	12
16/04/0413	14:20:56	17	04/01/0493	07:17:22	29
06/04/0414	05:35:10	12	19/06/0494	03:17:12	18
26/03/0415	22:23:20	12	29/04/0496	04:31:53	23
29/07/0417	20:31:08	29	11/10/0497	21:04:41	18
19/07/0418	12:39:47	12	01/10/0498	12:53:06	12
21/11/0420	19:59:16	29	04/02/0501	00:54:51	29
06/05/0422	22:41:20	18	24/01/0502	16:57:17	12
16/03/0424	21:58:57	23	10/06/0503	02:51:04	17

184

Data/Date	Ora-Time	L	Data/Date	Ora-Time	L
29/05/0504	19:26:16	12	24/11/0588	08:16:26	12
19/05/0505	12:15:05	12	10/04/0590	02:06:40	17
22/09/0507	12:27:05	29	30/03/0591	17:45:50	12
15/01/0511	16:00:05	41	19/03/0592	10:19:26	12
29/06/0512	10:30:12	18	23/07/0594	08:52:46	29
10/05/0514	11:53:33	23	13/07/0595	00:38:24	12
23/10/0515	05:36:13	18	15/11/0597	07:16:12	29
11/10/0516	21:22:23	12	30/04/0599	10:23:56	18
15/02/0519	09:19:56	29	10/03/0601	09:40:34	23
05/02/0520	01:29:14	12	23/08/0602	00:04:00	18
10/06/0522	02:52:34	29	12/08/0603	16:23:34	12
30/05/0523	19:33:08	12	05/12/0606	17:08:42	41
02/10/0525	20:48:13	29	20/04/0608	09:36:37	17
26/01/0529	00:35:32	41	10/04/0609	01:35:40	12
10/07/0530	17:48:09	18	30/03/0610	18:11:46	12
30/06/0531	09:51:59	12	02/08/0612	16:33:18	29
20/05/0532	19:08:48	11	23/07/0613	07:59:27	12
02/11/0533	14:15:16	18	26/11/0615	16:04:23	29
23/10/0534	05:58:25	12	10/05/0617	17:39:29	18
08/03/0536	03:03:15	17	21/03/0619	17:34:36	23
25/02/0537	17:38:41	12	02/09/0620	07:57:50	18
15/02/0538	09:55:14	12	23/08/0621	00:16:24	12
20/06/0540	10:19:58	29	27/12/0623	10:17:25	29
10/06/0541	02:50:29	12	16/12/0624	02:00:22	12
14/10/0543	05:17:10	29	01/05/0626	17:01:46	17
06/02/0547	09:04:44	41	21/04/0627	09:16:52	12
21/07/0548	01:11:32	18	10/04/0628	01:54:42	12
10/07/0549	17:23:12	12	14/08/0630	00:17:53	29
01/06/0550	02:21:04	11	07/12/0633	00:53:04	41
13/11/0551	22:58:50	18	22/05/0635	00:52:37	18
02/11/0552	14:40:25	12	01/04/0637	01:19:52	23
19/03/0554	10:50:48	17	03/09/0639	08:17:01	30
09/03/0555	01:47:58	12	06/01/0642	19:05:52	29
26/02/0556	18:11:26	12	27/12/0642	10:51:27	12
01/07/0558	17:47:13	29	12/05/0644	00:25:07	17
21/06/0559	10:05:31	12	01/05/0645	16:55:24	12
24/10/0561	13:50:59	29	21/04/0646	09:31:04	12
08/04/0563	19:42:28	18	24/08/0648	08:10:54	29
16/02/0565	17:24:37	23	13/08/0649	22:52:54	12
01/08/0566	08:41:01	18	18/12/0651	09:42:29	29
22/07/0567	00:57:59	12	01/06/0653	08:05:39	18
24/11/0569	07:46:44	29	12/04/0655	08:56:58	23
13/11/0570	23:27:26	12	24/09/0656	00:12:25	18
29/03/0572	18:32:10	17	13/09/0657	16:24:06	12
09/03/0574	02:20:43	24	18/01/0660	03:49:03	29
12/07/0576	01:18:44	29	06/01/0661	19:37:59	12
01/07/0577	17:21:52	12	13/05/0663	00:27:42	29
04/11/0579	22:31:45	29	01/05/0664	16:59:55	12
19/04/0581	03:05:14	18	04/09/0666	16:09:34	29
28/02/0583	01:37:28	23	25/08/0667	06:27:37	12
11/08/0584	16:18:35	18	28/12/0669	18:29:34	29
01/08/0585	08:37:54	12	12/06/0671	15:19:39	18
05/12/0587	16:36:28	29	01/06/0672	07:30:46	12

185

Data/Date	Ora-Time	L	Data/Date	Ora-Time	L
22/04/0673	16:26:17	11	12/04/0758	14:46:19	18
05/10/0674	08:33:20	18	21/02/0760	13:05:15	23
25/09/0675	00:40:11	12	05/08/0761	04:19:51	18
28/01/0678	12:28:34	29	25/07/0762	21:02:22	12
18/01/0679	04:21:40	12	28/11/0764	03:55:17	29
23/05/0681	07:58:17	29	17/11/0765	19:39:02	12
13/05/0682	00:23:50	12	03/04/0767	13:57:12	17
15/09/0684	00:16:17	29	23/03/0768	05:55:58	12
09/01/0688	03:13:09	41	12/03/0769	22:09:04	12
22/06/0689	22:34:45	18	16/07/0771	21:18:26	29
12/06/0690	14:57:16	12	05/07/0772	12:35:35	12
03/05/0691	23:48:12	11	08/11/0774	18:33:10	29
15/10/0692	17:00:55	18	22/04/0776	22:13:29	18
05/10/0693	09:03:11	12	03/03/0778	21:12:24	23
19/02/0695	06:19:39	17	16/08/0779	12:02:26	18
08/02/0696	20:59:58	12	05/08/0780	04:43:27	12
28/01/0697	12:58:36	12	09/12/0782	12:47:43	29
03/06/0699	15:24:55	29	29/11/0783	04:28:09	12
23/05/0700	07:42:50	12	03/04/0786	13:51:28	29
26/09/0702	08:29:49	29	24/03/0787	06:05:01	12
19/01/0706	11:51:48	41	27/07/0789	04:53:37	29
04/07/0707	05:53:44	18	16/07/0790	19:49:25	12
22/06/0708	22:25:31	12	19/11/0792	03:16:47	29
27/10/0710	01:37:19	29	04/05/0794	05:34:59	18
16/10/0711	17:34:15	12	14/03/0796	05:11:10	23
01/03/0713	14:25:35	17	26/08/0797	19:51:37	18
19/02/0714	05:26:24	12	16/08/0798	12:29:41	12
08/02/0715	21:28:51	12	19/12/0800	21:39:25	29
13/06/0717	22:52:28	29	09/12/0801	13:18:07	12
03/06/0718	14:57:54	12	13/04/0804	21:39:23	29
06/10/0720	16:51:39	29	03/04/0805	13:51:56	12
21/03/0722	23:36:39	18	07/08/0807	12:33:13	29
30/01/0724	20:24:34	23	27/07/0808	03:06:05	12
14/07/0725	13:16:43	18	30/11/0810	12:02:24	29
04/07/0726	05:53:59	12	14/05/0812	12:55:16	18
06/11/0728	10:18:56	29	04/05/0813	05:01:53	12
27/10/0729	02:10:21	12	25/03/0814	12:59:04	11
12/03/0731	22:22:19	17	07/09/0815	03:50:18	18
01/03/0732	13:43:50	12	26/08/0816	20:23:34	12
19/02/0733	05:50:33	12	31/12/0818	06:30:18	29
25/06/0735	06:19:09	29	20/12/0819	22:08:51	12
13/06/0736	22:11:01	12	25/04/0822	05:20:58	29
18/10/0738	01:19:49	29	14/04/0823	21:31:15	12
01/04/0740	07:15:31	18	17/08/0825	20:18:04	29
10/02/0742	04:48:57	23	07/08/0826	10:27:15	12
14/07/0744	13:26:41	30	10/12/0828	20:49:00	29
17/11/0746	19:06:17	29	25/05/0830	20:11:21	18
07/11/0747	10:53:06	12	15/05/0831	12:34:04	12
23/03/0749	06:13:53	17	04/04/0832	20:39:15	11
12/03/0750	21:54:22	12	17/09/0833	11:56:03	18
02/03/0751	14:04:34	12	07/09/0834	04:24:14	12
05/07/0753	13:47:40	29	10/01/0837	15:17:40	29
28/10/0756	09:53:47	41	31/12/0837	06:56:29	12

186

Data/Date	Ora-Time	L	Data/Date	Ora-Time	L
05/05/0840	12:57:06	29	24/02/0928	01:38:26	12
25/04/0841	05:01:45	12	29/06/0930	02:17:19	29
07/10/0842	20:58:30	18	18/06/0931	17:19:48	12
29/08/0843	04:09:48	11	30/11/0932	16:15:34	18
22/12/0846	05:34:51	41	06/04/0935	02:30:30	29
05/06/0848	03:29:17	18	25/03/0936	18:04:49	12
25/05/0849	20:03:24	12	29/07/0938	16:29:29	29
28/09/0851	20:12:09	29	19/07/0939	09:27:56	12
17/09/0852	12:32:17	12	21/11/0941	15:17:26	29
01/02/0854	09:15:03	17	11/11/0942	06:58:47	12
22/01/0855	00:01:28	12	16/03/0945	18:00:58	29
11/01/0856	15:41:03	12	06/03/0946	09:46:58	12
16/05/0858	20:29:15	29	19/08/0947	00:26:53	18
06/05/0859	12:26:38	12	09/07/0948	09:44:37	11
18/10/0860	05:25:02	18	29/06/0949	00:26:52	12
01/01/0865	14:19:03	52	12/12/0950	01:07:14	18
16/06/0866	10:46:25	18	16/04/0953	10:05:48	29
06/06/0867	03:30:59	12	06/04/0954	01:59:15	12
09/10/0869	04:35:25	29	09/08/0956	00:08:26	29
28/09/0870	20:47:50	12	29/07/0957	17:04:35	12
12/02/0872	17:35:06	17	03/12/0959	00:08:45	29
01/02/0873	08:39:14	12	21/11/0960	15:44:42	12
22/01/0874	00:20:14	12	28/03/0963	02:02:32	29
27/05/0876	03:57:56	29	16/03/0964	17:48:19	12
16/05/0877	19:44:56	12	29/08/0965	08:15:51	18
29/10/0878	13:59:59	18	20/07/0966	17:15:22	11
12/01/0883	22:58:13	52	10/07/0967	07:36:08	12
16/06/0885	10:58:05	30	22/12/0968	09:58:17	18
20/10/0887	13:06:40	29	27/04/0971	17:35:25	29
09/10/0888	05:11:15	12	16/04/0972	09:46:46	12
12/02/0891	17:10:42	29	20/08/0974	07:54:38	29
02/02/0892	08:54:33	12	10/08/0975	00:46:07	12
07/06/0894	11:24:26	29	13/12/0977	09:01:41	29
08/11/0896	22:40:33	30	03/12/0978	00:31:51	12
15/03/0899	11:01:39	29	07/04/0981	09:55:46	29
23/01/0901	07:33:16	23	28/03/0982	01:38:12	12
08/07/0902	01:28:50	18	09/09/0983	16:13:17	18
27/06/0903	18:26:02	12	20/07/0985	14:45:03	23
30/10/0905	21:44:30	29	02/01/0987	18:48:09	18
20/10/0906	13:41:16	12	08/05/0989	01:01:52	29
23/02/0909	01:35:04	29	27/04/0990	17:28:21	12
12/02/0910	17:19:42	12	30/08/0992	15:48:52	29
17/06/0912	18:50:25	29	20/08/0993	08:33:40	12
07/06/0913	10:09:57	12	24/12/0995	17:55:08	29
20/11/0914	07:26:39	18	13/12/0996	09:21:14	12
25/03/0917	18:49:52	29	18/04/0999	17:43:24	29
15/03/0918	10:03:27	12	07/04/1000	09:21:38	12
03/02/0919	16:00:53	11	20/09/1001	00:19:08	18
18/07/0920	08:56:43	18	13/01/1005	03:34:49	41
08/07/0921	01:55:03	12	08/05/1008	01:04:50	41
11/11/0923	06:29:02	29	10/09/1010	23:51:11	29
30/10/0924	22:17:32	12	31/08/1011	16:27:51	12
06/03/0927	09:52:27	29	20/08/1012	06:50:51	12

Data/Date	Ora-Time	L	Data/Date	Ora-Time	L
04/01/1014	02:45:41	17	24/10/1101	09:45:16	12
24/12/1014	18:08:45	12	27/02/1104	21:46:57	29
29/04/1017	01:22:47	29	16/02/1105	13:02:44	12
18/04/1018	16:54:52	12	01/08/1106	04:51:33	18
01/10/1019	08:34:20	18	22/06/1107	14:45:52	11
24/01/1023	12:18:00	41	11/06/1108	05:09:17	12
29/05/1025	15:46:10	29	24/11/1109	03:36:12	18
19/05/1026	08:37:49	12	29/03/1112	14:17:31	29
21/09/1028	08:01:19	29	19/03/1113	06:10:38	12
11/09/1029	00:29:28	12	23/07/1115	04:47:53	29
15/01/1032	11:33:38	29	11/07/1116	21:56:21	12
04/01/1033	02:54:50	12	15/11/1118	02:45:13	29
10/05/1035	08:58:31	29	04/11/1119	18:19:38	12
11/10/1037	16:57:23	30	10/03/1122	06:01:29	29
03/02/1041	20:54:13	41	11/08/1124	12:28:49	30
09/06/1043	23:06:47	29	22/06/1126	12:12:40	23
29/05/1044	16:06:22	12	05/12/1127	12:27:08	18
02/10/1046	16:19:55	29	09/04/1130	22:01:18	29
22/09/1047	08:36:53	12	30/03/1131	14:11:49	12
25/01/1050	20:16:08	29	02/08/1133	12:24:26	29
15/01/1051	11:35:11	12	23/07/1134	05:29:19	12
20/05/1053	16:28:31	29	12/07/1135	20:28:48	12
10/05/1054	07:40:25	12	25/11/1136	11:35:06	17
23/10/1055	01:27:47	18	20/03/1140	14:08:51	41
25/02/1058	14:28:43	29	10/03/1141	05:19:43	12
15/02/1059	05:24:50	12	22/08/1142	20:14:13	18
20/06/1061	06:28:17	29	15/12/1145	21:18:46	41
09/06/1062	23:34:05	12	09/04/1149	22:04:02	41
13/10/1064	00:46:25	29	13/08/1151	20:06:10	29
02/10/1065	16:52:55	12	02/08/1152	13:04:59	12
06/02/1068	04:53:52	29	23/07/1153	03:42:38	12
25/01/1069	20:11:55	12	06/12/1154	20:26:36	17
10/07/1070	13:54:30	18	26/11/1155	11:43:38	12
31/05/1071	23:56:38	11	31/03/1158	22:07:25	29
20/05/1072	14:54:52	12	21/03/1159	13:14:39	12
02/11/1073	10:05:13	18	02/09/1160	04:07:30	18
07/03/1076	22:31:53	29	27/12/1163	06:11:27	41
25/02/1077	13:47:25	12	01/05/1166	13:11:03	29
01/07/1079	13:51:08	29	21/04/1167	05:51:40	12
20/06/1080	07:00:13	12	24/08/1169	03:56:00	29
24/10/1082	09:19:34	29	13/08/1170	20:46:50	12
14/10/1083	01:15:16	12	03/08/1171	11:00:18	12
16/02/1086	13:23:18	29	17/12/1172	05:20:06	17
06/02/1087	04:40:57	12	06/12/1173	20:29:30	12
20/07/1088	21:20:06	18	11/04/1176	05:59:31	29
11/06/1089	07:20:55	11	31/03/1177	21:00:18	12
31/05/1090	22:03:44	12	13/09/1178	12:08:37	18
13/11/1091	18:48:57	18	06/01/1182	15:00:32	41
19/03/1094	06:28:14	29	11/05/1184	20:39:04	29
08/03/1095	22:03:57	12	01/05/1185	13:30:57	12
11/07/1097	21:17:18	29	04/09/1187	11:52:36	29
01/07/1098	14:28:20	12	28/12/1190	14:12:58	41
03/11/1100	17:59:41	29	18/12/1191	05:15:22	12

Data/Date	Ora-Time	L	Data/Date	Ora-Time	L
22/04/1194	13:44:30	29	25/07/1283	17:06:40	30
12/04/1195	04:37:20	12	17/11/1286	15:03:22	41
23/09/1196	20:18:46	18	23/03/1289	02:07:05	29
17/01/1200	23:48:29	41	12/03/1290	18:13:59	12
23/05/1202	04:06:00	29	15/07/1292	17:13:08	29
12/05/1203	21:07:30	12	05/07/1293	10:26:45	12
14/09/1205	19:58:08	29	25/06/1294	01:11:53	12
04/09/1206	12:27:26	12	08/11/1295	14:17:45	17
07/01/1209	23:03:30	29	28/10/1296	05:41:29	12
28/12/1209	14:00:54	12	03/03/1299	17:57:31	29
12/06/1211	11:30:10	18	05/08/1301	00:42:42	30
02/05/1212	21:22:43	11	27/11/1304	23:53:25	41
22/04/1213	12:06:14	12	03/04/1307	09:59:42	29
05/10/1214	04:37:19	18	23/03/1308	02:21:00	12
07/02/1217	17:30:25	29	27/07/1310	00:47:46	29
28/01/1218	08:30:17	12	05/07/1312	08:19:23	24
02/06/1220	11:28:52	29	18/11/1313	23:04:31	17
23/05/1221	04:38:19	12	08/11/1314	14:15:05	12
26/09/1223	04:10:29	29	14/03/1317	02:10:14	29
14/09/1224	20:27:49	12	16/08/1319	08:23:22	30
19/01/1227	07:50:13	29	09/12/1322	08:44:26	41
22/06/1229	18:50:32	30	13/04/1325	17:44:29	29
14/05/1230	04:56:10	11	03/04/1326	10:19:38	12
03/05/1231	19:27:05	12	06/08/1328	08:26:35	29
15/10/1232	13:04:38	18	27/07/1329	01:26:16	12
08/02/1236	17:07:28	41	16/07/1330	15:26:58	12
13/06/1238	18:53:33	29	30/11/1331	07:54:51	17
03/06/1239	12:07:17	12	18/11/1332	22:53:10	12
06/10/1241	12:32:01	29	25/03/1335	10:14:54	29
26/09/1242	04:35:39	12	26/08/1337	16:12:58	30
29/01/1245	16:32:06	29	19/12/1340	17:37:50	41
04/07/1247	02:11:47	30	25/04/1343	01:24:16	29
24/05/1248	12:24:47	11	13/04/1344	18:11:36	12
14/05/1249	02:41:14	12	17/08/1346	16:11:26	29
26/10/1250	21:37:26	18	07/08/1347	09:01:38	12
01/03/1253	10:02:56	29	10/12/1349	16:46:27	29
19/02/1254	01:36:18	12	14/05/1352	09:04:24	30
24/06/1256	02:17:22	29	04/04/1353	18:11:06	11
13/06/1257	19:33:21	12	07/09/1355	00:09:07	30
17/10/1259	21:00:30	29	10/01/1358	11:37:17	29
06/10/1260	12:50:25	12	31/12/1358	02:29:35	12
10/02/1263	01:08:09	29	05/05/1361	08:58:03	29
14/07/1265	09:37:31	30	25/04/1362	01:56:16	12
25/05/1267	09:49:28	23	28/08/1364	00:03:01	29
06/11/1268	06:18:16	18	17/08/1365	16:41:46	12
12/03/1271	18:09:34	29	22/12/1367	01:39:34	29
01/03/1272	09:59:32	12	25/05/1370	16:28:30	30
05/07/1274	09:44:26	29	16/04/1371	02:00:13	11
25/06/1275	02:59:56	12	17/09/1373	08:14:16	30
13/06/1276	18:03:40	12	21/01/1376	20:15:01	29
28/10/1277	05:36:04	17	10/01/1377	11:19:31	12
17/10/1278	21:13:01	12	16/05/1379	16:28:59	29
20/02/1281	09:36:20	29	05/05/1380	09:34:58	12

189

Data/Date	Ora-Time	L	Data/Date	Ora-Time	L
08/09/1382	08:02:24	29	29/07/1478	13:01:17	12
29/08/1383	00:27:38	12	21/11/1481	11:21:13	41
01/01/1386	10:31:27	29	11/11/1482	02:49:49	12
04/06/1388	23:49:27	30	26/03/1484	21:56:47	17
28/09/1391	16:26:31	41	16/03/1485	14:24:22	12
01/02/1394	04:47:49	29	20/07/1487	13:15:36	29
21/01/1395	20:05:24	12	09/07/1488	06:20:51	12
26/05/1397	23:56:51	29	02/11/1491	01:28:47	41
16/05/1398	17:08:41	12	16/04/1493	06:10:20	18
18/09/1400	16:09:43	29	20/08/1495	05:58:28	29
08/09/1401	08:20:21	12	08/08/1496	20:40:14	12
12/01/1404	19:20:46	29	13/12/1498	05:15:08	29
16/06/1406	07:12:01	30	02/12/1499	20:11:32	12
09/10/1409	00:48:09	41	21/11/1500	11:30:31	12
12/02/1412	13:15:02	29	07/04/1502	05:49:59	17
01/02/1413	04:47:05	12	27/03/1503	22:28:20	12
07/06/1415	07:22:41	29	30/07/1505	20:51:55	29
27/05/1416	00:38:48	12	20/07/1506	13:46:58	12
16/05/1417	15:36:31	12	27/04/1511	13:47:24	59
19/09/1419	16:20:21	29	30/08/1513	13:35:52	29
23/01/1422	04:05:41	29	20/08/1514	04:25:15	12
26/06/1424	14:34:25	30	23/12/1516	14:00:51	29
20/10/1427	09:16:36	41	13/12/1517	05:04:13	12
22/02/1430	21:35:50	29	02/12/1518	20:14:58	12
12/02/1431	13:21:50	12	17/04/1520	13:36:46	17
17/06/1433	14:48:42	29	07/04/1521	06:26:06	12
07/06/1434	08:05:20	12	27/03/1522	21:22:59	12
27/05/1435	22:47:54	12	30/07/1524	21:17:39	29
30/09/1437	00:26:45	29	07/05/1529	21:19:50	59
03/02/1440	12:45:48	29	10/09/1531	21:21:52	29
18/07/1441	07:57:16	18	30/08/1532	12:17:45	12
07/07/1442	21:59:40	12	20/08/1533	05:04:01	12
30/10/1445	17:52:12	41	03/01/1535	22:45:49	17
20/10/1446	09:42:45	12	24/12/1535	13:56:57	12
05/03/1448	05:49:57	17	13/12/1536	04:59:20	12
22/02/1449	21:50:09	12	28/04/1538	21:17:31	17
28/06/1451	22:15:28	29	18/04/1539	14:15:07	12
07/06/1453	05:56:44	24	07/04/1540	05:04:30	12
11/10/1455	08:40:44	29	11/08/1542	04:51:06	29
13/02/1458	21:19:39	29	19/05/1547	04:48:58	59
29/07/1459	15:10:11	18	21/09/1549	05:16:24	29
18/07/1460	05:27:53	12	10/09/1550	20:17:38	12
11/11/1463	02:33:46	41	31/08/1551	12:53:01	12
30/10/1464	18:13:13	12	14/01/1553	07:28:09	17
16/03/1466	13:57:13	17	03/01/1554	22:49:38	12
06/03/1467	06:10:42	12	24/12/1554	13:45:21	12
09/07/1469	05:44:22	29	09/05/1556	04:53:36	17
28/06/1470	22:54:56	12	28/04/1557	21:59:05	12
18/06/1471	13:00:12	12	18/04/1558	12:39:27	12
21/10/1473	17:01:28	29	21/08/1560	12:30:55	29
05/04/1475	22:27:42	18	03/02/1562	17:27:33	18
25/02/1476	05:45:39	11	29/05/1565	12:15:00	41
08/08/1477	22:30:57	18	02/10/1567	13:20:27	29

Data/Date	Ora-Time	L	Data/Date	Ora-Time	L
21/09/1568	04:25:02	12	08/04/1652	10:22:28	18
10/09/1569	20:48:16	12	12/08/1654	10:17:43	29
25/01/1571	16:07:36	17	02/08/1655	01:28:36	12
15/01/1572	07:38:12	12	05/12/1657	07:39:36	29
20/05/1574	12:25:42	29	24/11/1658	22:54:42	12
28/04/1576	20:04:44	24	14/11/1659	14:10:08	12
01/09/1578	20:15:08	29	30/03/1661	09:55:24	17
15/02/1580	01:52:13	18	20/03/1662	02:21:49	12
20/06/1582	05:30:27	29	12/07/1665	18:44:06	41
19/06/1583	19:39:32	12	19/04/1670	18:12:20	59
22/10/1585	21:33:25	29	22/08/1672	17:44:06	29
12/10/1586	12:40:32	12	12/08/1673	09:04:05	12
02/10/1587	04:51:25	12	02/08/1674	02:07:57	12
15/02/1589	00:42:20	17	16/12/1675	16:24:03	17
04/02/1590	16:24:05	12	05/12/1676	07:42:08	12
09/06/1592	19:55:49	29	24/11/1677	22:44:03	12
30/05/1593	13:07:31	12	10/04/1679	17:55:13	17
20/05/1594	03:23:17	12	30/03/1680	10:32:01	12
22/09/1596	04:07:03	29	24/07/1683	02:07:00	41
07/03/1598	10:10:01	18	30/04/1688	01:57:34	59
10/07/1600	12:35:58	29	03/09/1690	01:17:47	29
30/06/1601	03:03:59	12	23/08/1691	16:45:57	12
03/11/1603	05:54:55	29	12/08/1692	09:41:05	12
22/10/1604	21:03:48	12	27/12/1693	01:10:50	17
12/10/1605	12:59:58	12	16/12/1694	16:33:11	12
26/02/1607	09:10:38	17	06/12/1695	07:23:18	12
16/02/1608	01:03:28	12	21/04/1697	01:49:22	17
21/06/1610	03:23:00	29	04/08/1701	09:31:44	53
10/06/1611	20:34:25	12	12/05/1706	09:35:09	59
30/05/1612	10:34:29	12	14/09/1708	09:00:22	29
03/10/1614	12:04:51	29	04/09/1709	00:32:26	12
17/03/1616	18:21:45	18	24/08/1710	17:17:16	12
21/07/1618	19:44:30	29	08/01/1712	09:58:39	17
11/07/1619	10:29:59	12	28/12/1712	01:24:55	12
13/11/1621	14:23:13	29	03/05/1715	09:36:30	29
03/11/1622	05:34:48	12	22/04/1716	02:28:33	12
23/10/1623	21:17:10	12	15/08/1719	16:59:51	41
08/03/1625	17:32:39	17	27/01/1721	20:05:11	18
26/02/1626	09:37:26	12	03/06/1723	03:05:13	29
01/07/1628	10:50:39	29	22/05/1724	17:10:09	12
21/06/1629	03:59:24	12	25/09/1726	16:51:45	29
13/10/1632	20:09:39	41	15/09/1727	08:27:31	12
29/03/1634	02:25:11	18	04/09/1728	00:59:22	12
01/08/1636	02:58:15	29	18/01/1730	18:45:15	17
21/07/1637	17:57:08	12	13/05/1733	17:18:29	41
24/11/1639	22:58:55	29	03/05/1734	10:15:56	12
13/11/1640	14:11:19	12	26/08/1737	00:32:08	41
03/11/1641	05:40:09	12	08/02/1739	04:41:13	18
20/03/1643	01:47:19	17	13/06/1741	10:12:48	29
08/03/1644	18:02:43	12	03/06/1742	00:39:57	12
12/07/1646	18:18:19	29	06/10/1744	00:51:24	29
02/07/1647	11:21:21	12	15/09/1746	08:46:37	24
25/10/1650	04:21:25	41	30/01/1748	03:29:13	17

Data/Date	Ora-Time	L	Data/Date	Ora-Time	L
18/01/1749	19:08:56	12	17/07/1833	07:08:02	12
25/05/1751	00:55:16	29	30/11/1834	18:56:35	17
13/05/1752	17:56:29	12	20/11/1835	10:31:58	12
06/09/1755	08:09:46	41	09/11/1836	01:29:26	12
18/02/1757	13:14:12	18	25/03/1838	21:52:16	17
24/06/1759	17:20:59	29	15/03/1839	14:13:42	12
13/06/1760	08:09:15	12	27/08/1840	06:37:32	18
17/10/1762	09:00:34	29	08/07/1842	07:06:27	23
07/10/1763	00:39:04	12	21/12/1843	05:03:26	18
25/09/1764	16:41:43	12	15/04/1847	06:16:13	41
09/02/1766	12:09:44	17	18/08/1849	05:40:49	29
30/01/1767	03:56:55	12	07/08/1850	21:33:54	12
04/06/1769	08:28:34	29	28/07/1851	14:33:42	12
25/05/1770	01:30:12	12	11/12/1852	03:40:44	17
16/09/1773	15:52:23	41	30/11/1853	19:15:39	12
01/03/1775	21:39:20	18	05/04/1856	06:01:01	29
05/07/1777	00:29:29	29	25/03/1857	22:29:38	12
24/06/1778	15:34:56	12	07/09/1858	14:09:29	18
27/10/1780	17:18:27	29	18/07/1860	14:26:24	23
17/10/1781	08:55:59	12	31/12/1861	13:49:06	18
07/10/1782	00:43:19	12	25/04/1865	14:08:34	41
20/02/1784	20:45:38	17	29/08/1867	13:13:07	29
09/02/1785	12:40:41	12	07/08/1869	22:01:05	24
25/07/1786	08:46:33	18	22/12/1870	12:27:33	17
15/06/1787	15:59:25	11	12/12/1871	04:03:38	12
04/06/1788	08:59:31	12	16/04/1874	14:00:53	29
27/09/1791	23:42:30	41	06/04/1875	06:37:26	12
12/03/1793	06:00:07	18	17/09/1876	21:49:15	18
16/07/1795	07:41:36	29	29/07/1878	21:47:18	23
04/07/1796	23:02:54	12	11/01/1880	22:34:25	18
24/06/1797	16:18:13	12	17/05/1882	07:36:27	29
08/11/1798	01:44:39	17	06/05/1883	21:53:49	12
28/10/1799	17:21:46	12	08/09/1885	20:51:52	29
18/10/1800	08:51:53	12	29/08/1886	12:55:23	12
04/03/1802	05:14:29	17	19/08/1887	05:32:05	12
21/02/1803	21:18:46	12	01/01/1889	21:16:50	17
05/08/1804	15:57:13	18	22/12/1889	12:54:15	12
16/06/1806	16:24:27	23	26/04/1892	21:55:20	29
09/10/1809	07:38:42	41	16/04/1893	14:36:11	12
24/03/1811	14:12:13	18	29/09/1894	05:39:02	18
27/07/1813	14:55:35	29	09/08/1896	05:09:00	23
17/07/1814	06:30:29	12	22/01/1898	07:19:12	18
06/07/1815	23:43:07	12	28/05/1900	14:53:56	29
19/11/1816	10:17:23	17	18/05/1901	05:33:48	12
09/11/1817	01:53:53	12	21/09/1903	04:39:52	29
29/10/1818	17:07:10	12	09/09/1904	20:44:21	12
14/03/1820	13:37:15	17	30/08/1905	13:07:26	12
04/03/1821	05:50:13	12	14/01/1907	06:05:43	17
16/08/1822	23:14:34	18	03/01/1908	21:45:22	12
26/06/1824	23:46:33	23	09/05/1910	05:42:13	29
03/04/1829	22:18:36	59	28/04/1911	22:27:22	12
07/08/1831	22:15:59	29	10/10/1912	13:36:14	18
27/07/1832	14:01:06	12	21/08/1914	12:34:27	23

192

Data/Date	Ora-Time	L	Data/Date	Ora-Time	L
03/02/1916	16:00:21	18	24/10/1995	04:33:30	12
08/06/1918	22:07:43	29	09/03/1997	01:24:51	17
29/05/1919	13:08:55	12	26/02/1998	17:29:27	12
01/10/1921	12:35:58	29	11/08/1999	11:04:09	18
21/09/1922	04:40:31	12	21/06/2001	12:04:46	23
10/09/1923	20:47:29	12	04/12/2002	07:32:16	18
24/01/1925	14:54:03	17	23/11/2003	22:50:22	12
14/01/1926	06:36:58	12	29/03/2006	10:12:23	29
29/06/1927	06:23:27	18	01/08/2008	10:22:12	29
09/05/1929	06:10:34	23	22/07/2009	02:36:25	12
21/10/1930	21:43:53	18	11/07/2010	19:34:38	12
31/08/1932	20:03:41	23	13/11/2012	22:12:55	29
14/02/1934	00:38:41	18	20/03/2015	09:46:47	29
19/06/1936	05:20:31	29	09/03/2016	01:58:19	12
08/06/1937	20:41:02	12	21/08/2017	18:26:40	18
29/05/1938	13:50:19	12	02/07/2019	19:24:08	23
12/10/1939	20:40:23	17	14/12/2020	16:14:39	18
01/10/1940	12:44:06	12	04/12/2021	07:34:38	12
21/09/1941	04:34:03	12	08/04/2024	18:18:29	29
04/02/1943	23:38:10	17	12/08/2026	17:47:06	29
25/01/1944	15:26:42	12	02/08/2027	10:07:50	12
09/07/1945	13:27:46	18	22/07/2028	02:56:40	12
20/05/1947	13:47:47	23	25/11/2030	06:51:37	29
01/11/1948	05:59:18	18	30/03/2033	18:02:36	29
12/09/1950	03:38:47	23	20/03/2034	10:18:45	12
25/02/1952	09:11:35	18	02/09/2035	01:56:46	18
30/06/1954	12:32:38	29	13/07/2037	02:40:36	23
20/06/1955	04:10:42	12	26/12/2038	01:00:10	18
08/06/1956	21:20:39	12	15/12/2039	16:23:46	12
12/10/1958	20:55:28	29	30/04/2041	11:52:21	17
02/10/1959	12:27:00	12	20/04/2042	02:17:30	12
15/02/1961	08:19:48	17	23/08/2044	01:17:02	29
05/02/1962	00:12:38	12	12/08/2045	17:42:39	12
20/07/1963	20:36:13	18	02/08/2046	10:21:13	12
30/05/1965	21:17:31	23	05/12/2048	15:35:27	29
12/11/1966	14:23:28	18	30/03/2052	18:31:53	41
22/09/1968	11:18:46	23	12/09/2053	09:34:09	18
07/03/1970	17:38:30	18	24/07/2055	09:57:50	23
10/07/1972	19:46:38	29	05/01/2057	09:47:52	18
30/06/1973	11:38:41	12	26/12/2057	01:14:35	12
20/06/1974	04:48:04	12	11/05/2059	19:22:16	17
23/10/1976	05:13:45	29	30/04/2060	10:10:00	12
12/10/1977	20:27:27	12	20/04/2061	02:56:49	12
26/02/1979	16:55:06	17	24/08/2063	01:22:11	29
16/02/1980	08:54:01	12	12/08/2064	17:46:06	12
31/07/1981	03:46:37	18	17/12/2066	00:23:40	29
11/06/1983	04:43:33	23	31/05/2068	03:56:39	18
22/11/1984	22:54:17	18	11/04/2070	02:36:09	23
12/11/1985	14:11:27	12	23/09/2071	17:20:28	18
18/03/1988	01:58:56	29	12/09/2072	08:59:20	12
22/07/1990	03:03:07	29	03/08/2073	17:15:23	11
30/06/1992	12:11:22	24	16/01/2075	18:36:04	18
03/11/1994	13:40:06	29	06/01/2076	10:07:27	12

Data/Date	Ora-Time	L	Data/Date	Ora-Time	L
22/05/2077	02:46:05	17	09/02/2157	20:25:36	29
11/05/2078	17:56:55	12	25/07/2158	15:49:17	18
01/05/2079	10:50:13	12	04/06/2160	16:58:36	23
03/09/2081	09:07:31	29	17/11/2161	10:19:30	18
24/08/2082	01:16:21	12	07/11/2162	01:59:40	12
27/12/2084	09:13:48	29	12/03/2165	13:45:50	29
11/06/2086	11:07:14	18	02/03/2166	05:53:21	12
21/04/2088	10:31:49	23	16/07/2167	15:17:48	17
04/10/2089	01:15:23	18	05/07/2168	07:45:23	12
23/09/2090	16:56:36	12	25/06/2169	00:37:09	12
15/08/2091	00:34:43	11	29/10/2171	01:31:03	29
27/01/2093	03:22:16	18	21/02/2175	05:04:24	41
16/01/2094	18:59:03	12	04/08/2176	23:05:55	18
02/06/2095	10:07:40	17	16/06/2178	00:20:42	23
22/05/2096	01:37:14	12	28/11/2179	18:54:18	18
11/05/2097	18:34:31	12	17/11/2180	10:34:01	12
14/09/2099	16:57:53	29	23/03/2183	22:06:49	29
04/09/2100	08:49:20	12	12/03/2184	14:22:32	12
08/01/2103	18:04:21	29	16/07/2186	15:14:54	29
22/06/2104	18:16:21	18	06/07/2187	07:58:31	12
03/05/2106	18:19:20	23	08/11/2189	09:57:28	29
16/10/2107	09:18:27	18	03/03/2193	13:36:08	41
05/10/2108	01:01:20	12	16/08/2194	06:28:08	18
08/02/2111	12:05:33	29	26/06/2196	07:37:40	23
29/01/2112	03:49:52	12	09/12/2197	03:35:07	18
13/06/2113	17:26:00	17	28/11/2198	19:12:46	12
03/06/2114	09:14:09	12	14/04/2200	15:49:57	17
24/05/2115	02:13:56	12	04/04/2201	06:19:57	12
26/09/2117	00:55:42	29	24/03/2202	22:42:58	12
15/09/2118	16:28:26	12	27/07/2204	22:44:32	29
19/01/2121	02:54:15	29	17/07/2205	15:18:00	12
04/07/2122	01:25:31	18	20/11/2207	18:30:26	29
14/05/2124	01:59:10	23	15/03/2211	22:01:40	41
26/10/2125	17:30:49	18	27/08/2212	13:56:17	18
16/10/2126	09:12:51	12	17/08/2213	05:56:32	12
18/02/2129	20:44:37	29	08/07/2214	14:52:45	11
08/02/2130	12:35:23	12	21/12/2215	12:20:08	18
25/06/2131	00:43:16	17	10/12/2216	03:57:52	12
03/06/2133	09:45:16	24	25/04/2218	23:33:14	17
07/10/2135	09:00:03	29	15/04/2219	14:26:33	12
26/09/2136	00:12:14	12	04/04/2220	06:56:42	12
30/01/2139	11:42:25	29	08/08/2222	06:17:05	29
14/07/2140	08:36:11	18	28/07/2223	22:38:03	12
25/05/2142	09:32:37	23	01/12/2225	03:08:36	29
07/11/2143	01:51:16	18	16/05/2227	08:21:32	18
26/10/2144	17:32:40	12	26/03/2229	06:17:35	23
02/03/2147	05:18:54	29	07/09/2230	21:30:39	18
19/02/2148	21:18:00	12	28/08/2231	13:35:31	12
05/07/2149	07:59:34	17	18/07/2232	22:04:56	11
25/06/2150	00:17:25	12	31/12/2233	21:07:37	18
14/06/2151	17:13:45	12	21/12/2234	12:46:02	12
17/10/2153	17:12:18	29	06/05/2236	07:11:03	17
07/10/2154	08:03:50	12	25/04/2237	22:25:04	12

Data/Date	Ora-Time	L	Data/Date	Ora-Time	L
15/04/2238	15:01:45	12	14/02/2325	08:52:36	41
18/08/2240	13:52:25	29	20/06/2327	12:55:01	29
08/08/2241	05:59:21	12	09/06/2328	05:33:53	12
12/12/2243	11:52:14	29	13/10/2330	05:13:41	29
26/05/2245	15:42:04	18	02/10/2331	19:39:16	12
06/04/2247	14:26:51	23	05/02/2334	07:50:29	29
18/09/2248	05:13:07	18	21/07/2335	03:57:49	18
07/09/2249	21:21:29	12	09/07/2336	19:58:22	12
12/01/2252	05:57:05	29	31/05/2337	05:05:56	11
31/12/2252	21:37:06	12	12/11/2338	21:52:54	18
17/05/2254	14:43:39	17	02/11/2339	13:51:50	12
07/05/2255	06:18:06	12	08/03/2342	01:32:14	29
25/04/2256	22:58:35	12	25/02/2343	17:32:18	12
29/08/2258	21:33:05	29	30/06/2345	20:26:17	29
19/08/2259	13:22:17	12	20/06/2346	12:58:44	12
22/12/2261	20:38:50	29	23/10/2348	13:26:56	29
06/06/2263	22:58:57	18	16/02/2352	16:32:06	41
16/04/2265	22:26:19	23	31/07/2353	11:17:06	18
29/09/2266	13:03:57	18	21/07/2354	03:28:22	12
19/09/2267	05:12:14	12	11/06/2355	12:28:18	11
22/01/2270	14:46:29	29	23/11/2356	06:24:55	18
12/01/2271	06:28:08	12	12/11/2357	22:20:23	12
27/05/2272	22:11:12	17	29/03/2359	19:24:46	17
07/05/2274	06:47:37	24	18/03/2360	09:59:22	12
09/09/2276	05:18:47	29	08/03/2361	02:05:56	12
29/08/2277	20:49:11	12	12/07/2363	03:55:03	29
03/01/2280	05:28:11	29	30/06/2364	20:19:48	12
17/06/2281	06:14:41	18	03/11/2366	21:46:04	29
28/04/2283	06:18:21	23	27/02/2370	01:07:02	41
09/10/2284	21:03:48	18	11/08/2371	18:38:04	18
29/09/2285	13:11:38	12	31/07/2372	10:58:30	12
02/02/2288	23:33:47	29	04/12/2374	15:02:56	29
22/01/2289	15:19:25	12	24/11/2375	06:54:54	12
08/06/2290	05:35:49	17	09/04/2377	03:25:10	17
28/05/2291	21:45:28	12	29/03/2378	18:20:23	12
17/05/2292	14:29:33	12	19/03/2379	10:31:47	12
20/09/2294	13:09:58	29	22/07/2381	11:25:02	29
13/01/2298	14:16:27	41	12/07/2382	03:37:51	12
28/06/2299	13:27:43	18	14/11/2384	06:13:20	29
09/05/2301	14:00:59	23	09/03/2388	09:36:21	41
22/10/2302	05:11:16	18	22/08/2389	02:05:53	18
11/10/2303	21:17:25	12	11/08/2390	18:31:27	12
14/02/2306	08:17:49	29	14/12/2392	23:46:26	29
04/02/2307	00:08:01	12	04/12/2393	15:34:35	12
19/06/2308	12:57:53	17	20/04/2395	11:17:15	17
09/06/2309	05:21:55	12	09/04/2396	02:33:17	12
29/05/2310	22:04:50	12	29/03/2397	18:49:52	12
01/10/2312	21:08:26	29	02/08/2399	18:55:14	29
21/09/2313	11:57:00	12	22/07/2400	10:54:48	12
25/01/2316	23:05:17	29	25/11/2402	14:45:41	29
09/07/2317	20:42:40	18	09/05/2404	20:05:45	18
20/05/2319	21:37:23	23	20/03/2406	17:57:23	23
22/10/2321	05:31:18	30	02/09/2407	09:38:25	18

Data/Date	Ora-Time	L	Data/Date	Ora-Time	L
22/08/2408	02:07:39	12	18/01/2493	10:24:30	29
26/12/2410	08:33:58	29	03/07/2494	08:56:16	18
16/12/2411	00:19:07	12	23/06/2495	01:08:06	12
30/04/2413	19:03:57	17	13/05/2496	09:34:25	11
20/04/2414	10:39:39	12	26/10/2497	01:15:23	18
10/04/2415	02:59:35	12	15/10/2498	17:34:44	12
13/08/2417	02:28:06	29	19/02/2501	04:35:21	29
02/08/2418	18:11:10	12	08/02/2502	20:22:29	12
05/12/2420	23:23:52	29	14/06/2504	01:31:03	29
21/05/2422	03:34:51	18	03/06/2505	17:48:02	12
31/03/2424	02:10:10	23	07/10/2507	17:18:18	29
02/09/2426	09:48:47	30	30/01/2511	19:09:33	41
05/01/2429	17:22:56	29	14/07/2512	16:14:11	18
26/12/2429	09:07:20	12	04/07/2513	08:38:16	12
12/05/2431	02:43:30	17	07/11/2515	09:35:34	29
30/04/2432	18:37:31	12	27/10/2516	01:48:46	12
20/04/2433	11:01:32	12	12/03/2518	22:37:02	17
24/08/2435	10:03:12	29	02/03/2519	13:15:24	12
17/12/2438	08:05:40	41	20/02/2520	05:04:06	12
31/05/2440	10:58:15	18	25/06/2522	09:03:45	29
11/04/2442	10:14:04	23	15/06/2523	01:12:30	12
24/09/2443	01:04:47	18	18/10/2525	01:23:55	29
12/09/2444	17:35:35	12	10/02/2529	03:52:31	41
17/01/2447	02:14:03	29	25/07/2530	23:33:49	18
06/01/2448	17:57:07	12	15/07/2531	16:07:33	12
22/05/2449	10:19:15	17	17/11/2533	18:03:10	29
12/05/2450	02:29:44	12	07/11/2534	10:10:07	12
01/05/2451	18:53:37	12	23/03/2536	06:51:06	17
03/09/2453	17:43:48	29	12/03/2537	21:49:07	12
24/08/2454	08:48:47	12	02/03/2538	13:41:10	12
27/12/2456	16:51:25	29	05/07/2540	16:34:26	29
11/06/2458	18:19:40	18	25/06/2541	08:33:57	12
21/04/2460	18:09:49	23	21/02/2547	12:29:30	70
04/10/2461	09:00:22	18	25/07/2549	23:37:26	30
24/09/2462	01:28:08	12	29/11/2551	02:38:19	29
27/01/2465	11:03:49	29	17/11/2552	18:38:45	12
17/01/2466	02:47:01	12	03/04/2554	15:00:51	17
22/05/2468	10:15:11	29	24/03/2555	06:16:23	12
12/05/2469	02:39:07	12	12/03/2556	22:11:21	12
15/09/2471	01:29:11	29	17/07/2558	00:03:14	29
03/09/2472	16:12:54	12	18/12/2560	12:17:54	30
08/01/2475	01:37:52	29	24/04/2563	00:08:31	29
22/06/2476	01:38:29	18	03/03/2565	21:01:39	23
11/06/2477	17:35:28	12	16/08/2566	14:22:25	18
03/05/2478	01:55:59	11	06/08/2567	07:09:09	12
15/10/2479	17:04:11	18	09/12/2569	11:18:32	29
04/10/2480	09:27:58	12	29/11/2570	03:13:44	12
07/02/2483	19:51:56	29	03/04/2573	14:36:16	29
28/01/2484	11:35:53	12	24/03/2574	06:34:21	12
02/06/2486	17:55:28	29	27/07/2576	07:32:31	29
23/05/2487	10:16:15	12	16/07/2577	23:05:23	12
25/09/2489	09:20:22	29	29/12/2578	21:04:04	18
14/09/2490	23:40:38	12	04/05/2581	07:51:50	29

Data/Date	Ora-Time	L	Data/Date	Ora-Time	L
15/03/2583	05:25:52	23	17/05/2664	22:22:49	12
26/08/2584	21:54:18	18	30/10/2665	13:48:30	18
16/08/2585	14:42:33	12	22/02/2669	17:00:38	41
20/12/2587	20:04:49	29	28/06/2671	21:15:30	29
09/12/2588	11:53:28	12	17/06/2672	13:46:16	12
14/04/2591	22:49:07	29	21/10/2674	13:13:05	29
03/04/2592	14:48:32	12	11/10/2675	05:43:47	12
07/08/2594	15:02:42	29	29/09/2676	20:20:52	12
28/07/2595	06:18:18	12	13/02/2678	16:14:59	17
09/01/2597	05:52:34	18	03/02/2679	07:49:00	12
15/05/2599	15:28:44	29	08/06/2681	14:07:31	29
05/05/2600	06:53:54	12	29/05/2682	05:56:13	12
26/03/2601	13:43:55	11	10/11/2683	22:07:55	18
08/09/2602	05:31:32	18	06/03/2687	01:38:13	41
28/08/2603	22:20:26	12	28/06/2690	21:18:07	41
01/01/2606	04:53:56	29	31/10/2692	21:27:40	29
21/12/2606	20:37:56	12	21/10/2693	13:50:36	12
26/04/2609	06:54:26	29	25/02/2696	00:58:48	29
15/04/2610	22:55:08	12	13/02/2697	16:33:04	12
28/09/2611	13:41:25	18	19/06/2699	21:42:32	29
18/08/2612	22:35:27	11	22/11/2701	06:34:42	30
08/08/2613	13:32:05	12	17/03/2705	10:10:57	41
21/01/2615	14:42:02	18	21/07/2707	11:58:10	29
26/05/2617	23:01:04	29	10/07/2708	04:49:16	12
16/05/2618	14:44:47	12	13/11/2710	05:50:18	29
18/09/2620	13:15:47	29	02/11/2711	22:05:02	12
08/09/2621	06:02:19	12	08/03/2714	09:37:13	29
12/01/2624	13:45:09	29	26/02/2715	01:11:19	12
01/01/2625	05:25:27	12	01/07/2717	05:13:30	29
07/05/2627	14:52:04	29	20/06/2718	20:43:15	12
26/04/2628	06:52:57	12	03/12/2719	15:08:00	18
08/10/2629	21:35:29	18	08/04/2722	03:51:03	29
30/08/2630	06:10:52	11	28/03/2723	18:35:42	12
19/08/2631	20:47:03	12	31/07/2725	19:21:13	29
31/01/2633	23:31:25	18	21/07/2726	12:17:48	12
07/06/2635	06:28:22	29	23/11/2728	14:20:46	29
26/05/2636	22:30:53	12	13/11/2729	06:26:10	12
29/09/2638	21:06:37	29	18/03/2732	18:10:35	29
19/09/2639	13:50:24	12	08/03/2733	09:44:50	12
22/01/2642	22:36:33	29	12/07/2735	12:43:11	29
12/01/2643	14:14:06	12	01/07/2736	03:59:45	12
17/05/2645	22:43:18	29	13/12/2737	23:47:43	18
07/05/2646	14:41:46	12	18/04/2740	11:49:23	29
20/10/2647	05:38:03	18	08/04/2741	02:54:50	12
30/08/2649	04:03:55	23	12/08/2743	02:47:40	29
12/02/2651	08:17:28	18	31/07/2744	19:48:25	12
17/06/2653	13:53:05	29	04/12/2746	22:57:39	29
07/06/2654	06:09:50	12	24/11/2747	14:54:29	12
10/10/2656	05:06:01	29	30/03/2750	02:35:25	29
29/09/2657	21:43:07	12	19/03/2751	18:10:35	12
03/02/2660	07:27:32	29	31/08/2752	10:28:18	18
22/01/2661	23:02:23	12	22/07/2753	20:10:02	11
29/05/2663	06:28:21	29	12/07/2754	11:11:56	12

Data/Date	Ora-Time	L	Data/Date	Ora-Time	L
25/12/2755	08:32:19	18	25/10/2842	01:41:24	18
29/04/2758	19:40:31	29	17/02/2846	04:37:38	41
19/04/2759	11:05:50	12	22/06/2848	09:37:37	29
22/08/2761	10:17:10	29	12/06/2849	02:21:56	12
12/08/2762	03:19:41	12	16/10/2851	01:17:27	29
15/12/2764	07:40:02	29	08/02/2855	03:51:22	41
04/12/2765	23:28:46	12	28/01/2856	19:09:09	12
09/04/2768	10:54:27	29	03/06/2858	02:37:58	29
30/03/2769	02:29:32	12	23/05/2859	17:54:35	12
11/09/2770	18:04:10	18	04/11/2860	09:55:28	18
03/08/2771	03:38:34	11	28/02/2864	13:20:36	41
22/07/2772	18:22:15	12	03/07/2866	17:03:16	29
04/01/2774	17:20:31	18	23/06/2867	09:57:35	12
10/05/2776	03:25:50	29	26/10/2869	09:28:07	29
29/04/2777	19:10:09	12	16/10/2870	01:55:41	12
02/09/2779	17:52:25	29	18/02/2873	12:39:50	29
22/08/2780	10:53:34	12	08/02/2874	03:54:12	12
26/12/2782	16:26:47	29	24/07/2875	00:34:50	18
16/12/2783	08:07:08	12	13/06/2876	10:16:45	11
20/04/2786	19:04:46	29	03/06/2877	01:23:34	12
10/04/2787	10:38:57	12	15/11/2878	18:18:28	18
22/09/2788	01:45:51	18	21/03/2881	07:10:48	29
03/08/2790	01:30:57	23	10/03/2882	21:58:32	12
16/01/2792	02:09:57	18	14/07/2884	00:27:39	29
21/05/2794	11:05:18	29	03/07/2885	17:29:55	12
11/05/2795	03:06:46	12	06/11/2887	17:45:34	29
13/09/2797	01:33:06	29	26/10/2888	10:03:09	12
02/09/2798	18:30:51	12	01/03/2891	21:22:05	29
23/08/2799	09:46:32	12	19/02/2892	12:34:51	12
06/01/2801	01:17:30	17	03/08/2893	07:55:25	18
26/12/2801	16:50:37	12	24/06/2894	17:49:14	11
01/05/2804	03:09:24	29	14/06/2895	08:45:51	12
20/04/2805	18:41:09	12	26/11/2896	02:48:19	18
03/10/2806	09:36:12	18	01/04/2899	15:24:35	29
13/08/2808	08:40:55	23	22/03/2900	06:30:52	12
26/01/2810	11:00:54	18	26/07/2902	07:52:48	29
21/05/2813	10:57:38	41	16/07/2903	01:00:45	12
24/09/2815	09:20:27	29	18/11/2905	02:11:36	29
13/09/2816	02:13:14	12	07/11/2906	18:18:03	12
02/09/2817	17:07:37	12	13/03/2909	06:00:58	29
17/01/2819	10:08:37	17	02/03/2910	21:10:45	12
12/05/2822	11:04:34	41	15/08/2911	15:20:21	18
13/10/2824	17:34:17	30	25/06/2913	16:01:38	23
06/02/2828	19:50:44	41	08/12/2914	11:24:42	18
12/06/2830	02:09:55	29	12/04/2917	23:31:15	29
01/06/2831	18:42:34	12	02/04/2918	14:55:22	12
04/10/2833	17:14:56	29	05/08/2920	15:19:10	29
24/09/2834	10:01:22	12	26/07/2921	08:29:29	12
14/09/2835	00:33:18	12	29/11/2923	10:43:53	29
27/01/2837	19:01:17	17	18/11/2924	02:38:44	12
17/01/2838	10:23:36	12	24/03/2927	14:32:03	29
22/05/2840	18:55:22	29	13/03/2928	05:39:54	12
12/05/2841	10:18:35	12	25/08/2929	22:47:43	18

Data/Date	Ora-Time	L		Data/Date	Ora-Time	L
06/07/2931	23:13:24	23				
18/12/2932	20:06:44	18		27/09/2983	21:47:41	18
12/04/2936	23:13:37	41				
16/08/2938	22:49:03	29		20/01/2987	22:33:24	41
06/08/2939	15:59:27	12		26/05/2989	06:52:44	29
26/07/2940	07:23:06	12		15/05/2990	23:22:03	12
09/12/2941	19:23:14	17		17/09/2992	21:42:08	29
29/11/2942	11:06:48	12		07/09/2993	14:40:11	12
03/04/2945	22:56:50	29		28/08/2994	05:05:38	12
24/03/2946	14:02:24	12		11/01/2996	21:44:38	17
06/09/2947	06:21:54	18		31/12/2996	12:58:17	12
17/07/2949	06:21:27	23		06/05/2999	23:23:57	29
30/12/2950	04:53:21	18		26/04/3000	14:18:06	12
04/05/2953	15:24:35	29				
24/04/2954	07:23:39	12				
27/08/2956	06:20:57	29		Totale - Total		
16/08/2957	23:30:11	12				
06/08/2958	14:36:40	12		L	Volte	
21/12/2959	04:06:06	17				
09/12/2960	19:39:39	12		11	39	
15/04/2963	07:12:58	29		12	719	
03/04/2964	22:16:19	12		17	127	
16/09/2965	14:01:24	18		18	258	
09/01/2969	13:43:10	41		23	82	
15/05/2971	23:12:11	29		24	15	
04/05/2972	15:26:42	12		29	478	
07/09/2974	13:59:21	29		30	26	
16/08/2976	21:49:43	24		41	86	
31/12/2977	12:54:33	17		52	2	
21/12/2978	04:17:20	12		53	1	
25/04/2981	15:22:39	29		59	10	
15/04/2982	06:21:40	12		70	1	

L=lunazioni
  lunations

TERRA COMPLETAMENTE ECLISSATA
EARTH TOTALLY ECLIPSED
2001-2100

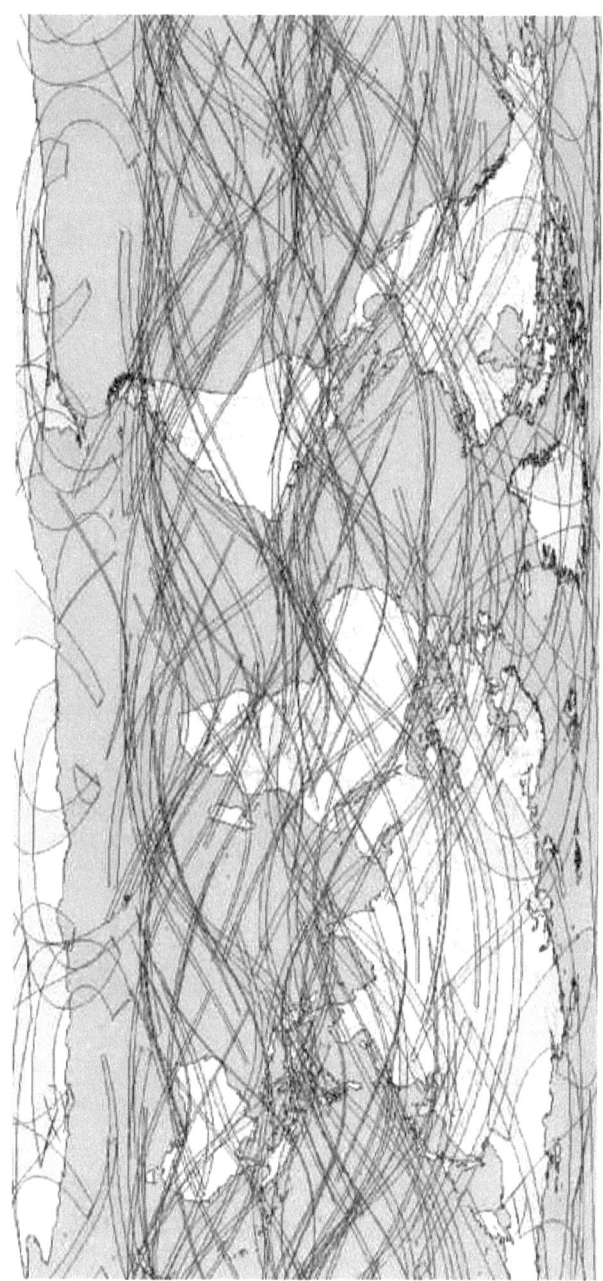

Mappa della copertura mondiale provocata dalle eclissi totali ed
anulari di Sole dal 2001 al 2100

Map of the Earth covered with total and annular solar eclipses
from year 2001 to 2100

ECLISSI TOTALI CONSECUTIVE DI SOLE E LUNA
CONSECUTIVE SOLAR AND LUNAR TOTAL ECLIPSES
2000-2100

Generalmente un'eclissi solare, totale o anulare, è seguita o preceduta da un'eclissi lunare (una parziale o una/due penombrali). Molto raramente un'eclissi totale o anulare solare è seguita da un'eclissi lunare anche essa totale.

Usually a solar eclipse, total or annular, is preceded or followed by a lunar eclipse (a partial or one/two penumbral). In very rare case a total o annular solar eclipse is accompanied by a lunar total eclipse.

```
Data-Date    Ora-Time (TDT)

16/05/2003   03:40    T lunare
31/05/2003   04:09     A

09/11/2003   01:19    T lunare
23/11/2003   22:50    T

07/02/2008   03:56    A
21/02/2008   03:26T lunare

15/04/2014   07:46    T lunare
29/04/2014   06:04    A

20/03/2015   09:46    T
04/04/2015   12:00T lunare

26/05/2021   11:19    T lunare
10/06/2021   10:43    A

17/02/2026   12:13    A
03/03/2026   11:33    T lunare

25/04/2032   15:13    T lunare
09/05/2032   13:26    A

30/03/2033   18:02    T
14/04/2033   19:12    T lunare

25/03/2043   14:30    T lunare
09/04/2043   18:57    T

19/09/2043   01:50    T lunare
03/10/2043   03:01    A

28/02/2044   20:24    A
13/03/2044   19:37    T lunare

23/08/2044   01:17    T
07/09/2044   11:19    T lunare

06/05/2050   22:30    T lunare
20/05/2050   20:42    H

04/04/2061   21:52    T lunare
20/04/2061   02:56    T

29/09/2061   09:36    T lunare
13/10/2061   10:32    A

03/08/2073   17:15    T
17/08/2073   17:40    T lunare

10/10/2079   17:28    T lunare
24/10/2079   18:11    A
```

203

```
Data-Date    Ora-Time (TDT)

08/09/2090   22:49    T lunare
23/09/2090   16:56    T

15/08/2091   00:34    T
29/08/2091   00:35    T lunare

21/10/2097   01:27    T lunare
04/11/2097   02:01    A


T=totale - total
A=anulare - annular
H=ibrida - hybrid
```

DUO SOLARI
SOLAR DUOS
0-3000

Un duo è un paio di eclissi separate da una sola lunazione (mese sinodico). Sono riportati tutti i duo dall'anno 0 al 3000.
In taluni rari casi il duo avviene nello stesso mese. Ovviamente nessun duo solare è formato da eclissi totali.

A duo is a pair of eclipses separated by one lunation (synodic month). Are listed all duos from year 0 to 3000.
In some rare years the duo is in the same month. In this case they aren't total solar eclipses.

```
P = parziale - partial
T = totale - total
A = anulare - annular
H = ibrida - hybrid
```

ANNO	MESE	G	T	ANNO	MESE	G	T
0003	10	14	P	0003	11	12	P
0007	02	06	P	0007	03	07	P
0007	08	01	P	0007	08	31	P
0010	11	24	P	0010	12	24	P
0014	03	19	P	0014	04	18	P
0014	09	13	P	0014	10	12	P
0018	01	06	P	0018	02	04	P
0018	07	01	P	0018	07	31	P
0021	10	24	P	0021	11	23	P
0025	02	16	P	0025	03	18	P
0025	08	12	P	0025	09	10	P
0028	12	05	P	0029	01	03	P
0032	03	29	P	0032	04	28	P
0032	09	23	P	0032	10	23	P
0036	01	17	P	0036	02	16	P
0036	07	12	P	0036	08	10	P
0039	11	05	P	0039	12	04	P
0043	02	28	P	0043	03	29	P
0043	08	23	P	0043	09	22	P
0046	12	16	P	0047	01	15	P
0047	06	12	P	0047	07	11	P
0054	01	27	P	0054	02	26	P
0054	07	23	P	0054	08	21	P
0057	11	15	P	0057	12	14	P
0061	03	10	P	0061	04	08	P
0064	12	26	P	0065	01	25	P
0065	06	22	P	0065	07	22	P
0072	02	08	P	0072	03	08	P
0072	08	02	P	0072	09	01	P
0075	11	26	P	0075	12	26	P
0079	03	21	P	0079	04	20	P
0083	01	07	P	0083	02	05	P
0083	07	03	P	0083	08	02	P
0090	02	18	P	0090	03	20	P
0090	08	14	P	0090	09	12	P
0093	12	07	P	0094	01	05	P
0094	06	01	P	0094	07	01	P
0097	04	01	P	0097	04	30	P
0101	01	17	P	0101	02	16	P
0101	07	14	P	0101	08	12	P
0108	02	29	P	0108	03	30	P
0108	08	24	P	0108	09	22	P
0111	12	18	P	0112	01	17	P
0112	06	12	P	0112	07	11	P
0119	01	28	P	0119	02	27	P
0119	07	25	P	0119	08	23	P
0123	05	13	P	0123	06	11	P
0126	09	04	P	0126	10	04	P
0129	12	28	P	0130	01	27	P
0130	06	23	P	0130	07	22	P
0137	02	08	P	0137	03	09	P
0137	08	04	P	0137	09	03	P
0141	05	23	P	0141	06	21	P
0144	09	15	P	0144	10	14	P
0148	01	09	P	0148	02	07	P
0148	07	03	P	0148	08	02	P
0155	02	19	P	0155	03	20	P
0159	06	03	P	0159	07	03	P
0166	01	19	P	0166	02	18	P
0166	07	14	P	0166	08	13	P
0177	06	14	P	0177	07	13	P
0184	01	31	P	0184	02	29	P
0188	05	14	P	0188	06	12	P
0195	06	25	P	0195	07	24	P
0202	02	10	P	0202	03	11	P
0206	05	25	P	0206	06	23	P
0213	07	05	P	0213	08	04	P
0220	02	21	P	0220	03	22	P
0224	06	04	P	0224	07	04	P
0231	07	17	P	0231	08	15	P
0235	05	04	P	0235	06	03	P
0242	06	16	P	0242	07	15	P
0249	07	27	P	0249	08	25	P
0253	05	15	P	0253	06	13	P
0260	06	26	P	0260	07	25	P
0264	04	14	P	0264	05	13	P
0271	05	26	P	0271	06	24	P
0282	04	25	P	0282	05	24	P
0289	06	05	P	0289	07	05	P
0300	05	05	P	0300	06	03	P
0318	05	16	P	0318	06	15	P
0329	04	16	P	0329	05	15	P
0336	05	27	P	0336	06	25	P
0347	04	27	P	0347	05	26	P
0354	06	07	P	0354	07	06	P
0365	05	07	P	0365	06	06	P
0372	06	17	P	0372	07	17	P
0376	04	05	P	0376	05	05	P
0383	05	18	P	0383	06	17	P
0387	03	06	P	0387	04	04	P
0394	04	16	P	0394	05	16	P
0401	05	29	P	0401	06	27	P
0405	03	16	P	0405	04	15	P
0412	04	27	P	0412	05	26	P
0416	08	09	P	0416	09	07	P
0423	03	28	P	0423	04	26	P
0430	05	08	P	0430	06	07	P
0434	08	20	P	0434	09	18	P
0441	04	07	P	0441	05	06	P
0452	08	30	P	0452	09	29	P
0455	12	24	P	0456	01	23	P

ANNO	MESE	G	T	ANNO	MESE	G	T	ANNO	MESE	G	T	ANNO	MESE	G	T
0459	04	18	P	0459	05	18	P	0604	01	07	P	0604	02	05	P
0463	08	01	P	0463	08	30	P	0604	07	02	P	0604	08	01	P
0470	03	18	P	0470	04	17	P	0607	10	26	P	0607	11	25	P
0470	09	11	P	0470	10	10	P	0611	02	18	P	0611	03	20	P
0474	01	04	P	0474	02	02	P	0611	08	13	P	0611	09	12	P
0477	04	29	P	0477	05	28	P	0614	12	07	P	0615	01	05	P
0481	08	11	P	0481	09	09	P	0618	04	01	P	0618	04	30	P
0488	03	29	P	0488	04	27	P	0622	01	17	P	0622	02	16	P
0488	09	21	P	0488	10	20	P	0622	07	14	P	0622	08	12	P
0492	01	15	P	0492	02	14	P	0625	11	06	P	0625	12	05	P
0495	05	10	P	0495	06	08	P	0629	03	01	P	0629	03	30	P
0499	02	26	P	0499	03	27	P	0629	08	24	P	0629	09	22	P
0499	08	22	P	0499	09	21	P	0632	12	17	P	0633	01	15	P
0506	04	09	P	0506	05	09	P	0636	04	11	P	0636	05	10	P
0506	10	02	P	0506	11	01	P	0640	01	28	P	0640	02	27	P
0510	01	26	P	0510	02	24	P	0640	07	24	P	0640	08	22	P
0513	05	20	P	0513	06	19	P	0643	11	17	P	0643	12	16	P
0517	03	08	P	0517	04	07	P	0647	03	12	P	0647	04	10	P
0517	09	02	P	0517	10	01	P	0647	09	04	P	0647	10	04	P
0524	04	19	P	0524	05	19	P	0650	12	28	P	0651	01	27	P
0524	10	13	P	0524	11	11	P	0651	06	23	P	0651	07	23	P
0528	02	06	P	0528	03	06	P	0654	04	22	P	0654	05	22	P
0528	08	01	P	0528	08	30	P	0658	02	08	P	0658	03	09	P
0535	03	19	P	0535	04	18	P	0658	08	04	P	0658	09	03	P
0535	09	13	P	0535	10	12	P	0661	11	27	P	0661	12	27	P
0539	07	01	P	0539	07	31	P	0662	05	23	P	0662	06	21	P
0542	05	01	P	0542	05	30	P	0665	03	22	P	0665	04	21	P
0542	10	24	P	0542	11	23	P	0665	09	14	P	0665	10	14	P
0546	02	16	P	0546	03	18	P	0669	01	08	P	0669	02	06	P
0546	08	12	P	0546	09	11	P	0669	07	04	P	0669	08	02	P
0549	12	05	P	0550	01	04	P	0676	02	19	P	0676	03	20	P
0553	03	30	P	0553	04	28	P	0676	08	15	P	0676	09	13	P
0553	09	23	P	0553	10	23	P	0679	12	09	P	0680	01	07	P
0557	01	16	P	0557	02	15	P	0680	06	02	P	0680	07	01	P
0557	07	12	P	0557	08	10	P	0683	09	26	P	0683	10	25	P
0560	11	03	P	0560	12	03	P	0687	01	19	P	0687	02	17	P
0564	02	28	P	0564	03	28	P	0687	07	15	P	0687	08	13	P
0564	08	22	P	0564	09	21	P	0694	08	26	P	0694	09	24	P
0567	12	16	P	0568	01	15	P	0697	12	19	P	0698	01	18	P
0571	04	10	P	0571	05	09	P	0698	06	13	P	0698	07	13	P
0571	10	05	P	0571	11	03	P	0701	10	06	P	0701	11	05	P
0575	01	28	P	0575	02	26	P	0705	01	29	P	0705	02	28	P
0575	07	23	P	0575	08	21	P	0705	07	25	P	0705	08	24	P
0578	11	15	P	0578	12	14	P	0715	12	30	P	0716	01	29	P
0582	03	10	P	0582	04	08	P	0716	06	24	P	0716	07	23	P
0582	09	03	P	0582	10	02	P	0719	10	18	P	0719	11	16	P
0585	12	26	P	0586	01	25	P	0723	02	10	P	0723	03	11	P
0586	06	22	P	0586	07	22	P	0727	05	25	P	0727	06	23	P
0589	10	15	P	0589	11	13	P	0734	01	10	P	0734	02	08	P
0593	02	07	P	0593	03	08	P	0734	07	05	P	0734	08	03	P
0593	08	02	P	0593	09	01	P	0741	02	20	P	0741	03	21	P
0596	11	25	P	0596	12	25	P	0745	06	04	P	0745	07	04	P
0600	03	20	P	0600	04	19	P	0752	01	21	P	0752	02	20	P

ANNO	MESE	G	T	ANNO	MESE	G	T
0752	07	15	P	0752	08	14	P
0759	03	03	P	0759	04	02	P
0763	06	16	P	0763	07	15	P
0770	07	27	P	0770	08	25	P
0777	03	14	P	0777	04	12	P
0781	06	26	P	0781	07	25	P
0788	08	06	P	0788	09	04	P
0792	05	25	P	0792	06	24	P
0799	07	07	P	0799	08	06	P
0803	04	25	P	0803	05	24	P
0810	06	05	P	0810	07	05	P
0817	07	18	P	0817	08	16	P
0821	05	05	P	0821	06	03	P
0828	06	16	P	0828	07	15	P
0839	05	16	P	0839	06	15	P
0850	04	16	P	0850	05	15	P
0857	05	27	P	0857	06	25	P
0868	04	26	P	0868	05	25	P
0875	06	07	P	0875	07	06	P
0886	05	07	P	0886	06	06	P
0893	06	17	P	0893	07	17	P
0904	05	18	P	0904	06	16	P
0911	06	29	P	0911	07	28	P
0922	05	29	P	0922	06	27	P
0929	07	09	P	0929	08	07	P
0933	04	27	P	0933	05	27	P
0940	06	08	P	0940	07	08	P
0944	03	27	P	0944	04	25	P
0951	05	08	P	0951	06	07	P
0958	06	19	P	0958	07	19	P
0962	04	07	P	0962	05	06	P
0969	05	19	P	0969	06	17	P
0980	04	17	P	0980	05	17	P
0984	07	31	P	0984	08	29	P
0991	03	19	P	0991	04	17	P
0991	09	11	P	0991	10	10	P
0998	04	29	P	0998	05	28	P
1002	08	11	P	1002	09	09	P
1009	03	29	P	1009	04	27	P
1009	09	21	P	1009	10	20	P
1016	05	09	P	1016	06	07	P
1020	08	21	P	1020	09	20	P
1027	04	09	P	1027	05	09	P
1027	10	02	P	1027	11	01	P
1034	05	20	P	1034	06	18	P
1038	09	02	P	1038	10	01	P
1045	04	19	P	1045	05	19	P
1045	10	13	P	1045	11	11	P
1049	02	05	P	1049	03	06	P
1052	05	30	P	1052	06	29	P
1056	09	12	P	1056	10	11	P
1060	01	06	P	1060	02	04	P
1063	05	01	P	1063	05	30	P
1063	10	24	P	1063	11	22	P
1067	02	16	P	1067	03	17	P
1074	03	30	P	1074	04	29	P
1074	09	23	P	1074	10	23	P
1078	01	16	P	1078	02	15	P
1081	05	11	P	1081	06	09	P
1081	11	03	P	1081	12	03	P
1085	02	26	P	1085	03	28	P
1092	04	09	P	1092	05	09	P
1092	10	04	P	1092	11	02	P
1096	01	28	P	1096	02	26	P
1096	07	22	P	1096	08	20	P
1099	05	22	P	1099	06	21	P
1099	11	15	P	1099	12	14	P
1103	03	10	P	1103	04	08	P
1103	09	03	P	1103	10	03	P
1110	04	20	P	1110	05	20	P
1110	10	15	P	1110	11	13	P
1114	02	07	P	1114	03	08	P
1114	08	02	P	1114	09	01	P
1117	11	25	P	1117	12	25	P
1121	03	20	P	1121	04	18	P
1121	09	13	P	1121	10	13	P
1125	07	02	P	1125	08	01	P
1128	10	25	P	1128	11	24	P
1132	02	18	P	1132	03	19	P
1132	08	12	P	1132	09	11	P
1135	12	06	P	1136	01	05	P
1139	03	31	P	1139	04	30	P
1139	09	25	P	1139	10	24	P
1143	07	14	P	1143	08	12	P
1146	11	06	P	1146	12	05	P
1150	03	01	P	1150	03	30	P
1150	08	24	P	1150	09	22	P
1153	12	17	P	1154	01	15	P
1157	04	11	P	1157	05	10	P
1157	10	05	P	1157	11	04	P
1161	07	24	P	1161	08	22	P
1164	11	16	P	1164	12	15	P
1168	03	11	P	1168	04	09	P
1168	09	03	P	1168	10	03	P
1171	12	28	P	1172	01	27	P
1175	04	22	P	1175	05	21	P
1175	10	16	P	1175	11	15	P
1179	02	08	P	1179	03	10	P
1179	08	04	P	1179	09	03	P
1182	11	27	P	1182	12	27	P
1186	03	22	P	1186	04	21	P
1186	09	14	P	1186	10	14	P
1190	01	07	P	1190	02	06	P
1193	05	02	P	1193	06	01	P
1197	02	18	P	1197	03	20	P
1197	08	15	P	1197	09	13	P

ANNO	MESE	G	T	ANNO	MESE	G	T	ANNO	MESE	G	T	ANNO	MESE	G	T
1200	12	08	P	1201	01	06	P	1396	06	06	P	1396	07	05	P
1204	04	02	P	1204	05	01	P	1407	05	07	P	1407	06	06	P
1204	09	25	P	1204	10	24	P	1414	06	17	P	1414	07	17	P
1208	01	19	P	1208	02	17	P	1425	05	18	P	1425	06	16	P
1208	07	14	P	1208	08	13	P	1432	06	27	P	1432	07	27	P
1215	03	02	P	1215	03	31	P	1443	05	29	P	1443	06	27	P
1215	08	26	P	1215	09	24	P	1450	07	09	P	1450	08	07	P
1218	12	19	P	1219	01	18	P	1461	06	08	P	1461	07	07	P
1219	06	13	P	1219	07	13	P	1472	05	08	P	1472	06	06	P
1222	04	13	P	1222	05	12	P	1479	06	19	P	1479	07	19	P
1222	10	06	P	1222	11	05	P	1490	05	19	P	1490	06	18	P
1226	01	29	P	1226	02	28	P	1497	06	30	P	1497	07	29	P
1226	07	26	P	1226	08	24	P	1501	04	17	P	1501	05	17	P
1233	03	12	P	1233	04	11	P	1508	05	29	P	1508	06	28	P
1233	09	05	P	1233	10	05	P	1512	03	17	P	1512	04	16	P
1236	12	29	P	1237	01	28	P	1515	07	11	P	1515	08	09	P
1237	06	24	P	1237	07	23	P	1519	04	28	P	1519	05	28	P
1240	10	16	P	1240	11	15	P	1526	06	10	P	1526	07	09	P
1244	02	10	P	1244	03	10	P	1530	03	29	P	1530	04	27	P
1244	08	05	P	1244	09	03	P	1537	05	09	P	1537	06	07	P
1248	05	24	T	1248	06	22	P	1541	08	21	P	1541	09	19	P
1251	09	17	P	1251	10	16	P	1548	04	08	P	1548	05	07	P
1255	01	10	P	1255	02	08	P	1555	05	20	P	1555	06	19	P
1255	07	05	P	1255	08	03	P	1559	09	01	P	1559	10	01	P
1262	02	20	P	1262	03	21	P	1566	04	19	P	1566	05	19	P
1262	08	16	P	1262	09	15	P	1573	05	30	P	1573	06	29	P
1266	06	04	P	1266	07	04	P	1577	09	12	P	1577	10	11	P
1269	09	27	P	1269	10	26	P	1584	05	10	P	1584	06	08	P
1273	01	20	P	1273	02	19	P	1591	06	21	P	1591	07	20	P
1273	07	15	P	1273	08	14	P	1595	10	03	P	1595	11	01	P
1280	03	02	P	1280	04	01	P	1602	05	21	P	1602	06	19	P
1284	06	15	P	1284	07	14	P	1613	04	20	P	1613	05	19	P
1287	10	08	P	1287	11	07	P	1613	10	13	P	1613	11	12	P
1291	01	31	P	1291	03	02	P	1617	02	06	P	1617	03	07	P
1291	07	27	P	1291	08	25	P	1620	05	31	P	1620	06	30	P
1298	03	14	P	1298	04	12	P	1624	03	19	P	1624	04	17	P
1302	06	26	P	1302	07	25	P	1624	09	12	P	1624	10	12	P
1309	02	11	P	1309	03	12	P	1631	05	01	P	1631	05	31	P
1309	08	06	P	1309	09	04	P	1631	10	25	P	1631	11	23	P
1316	03	24	P	1316	04	22	P	1635	02	17	P	1635	03	18	P
1320	07	06	P	1320	08	05	P	1638	06	12	P	1638	07	11	P
1327	02	22	P	1327	03	24	P	1638	12	05	P	1639	01	04	P
1331	06	06	P	1331	07	05	P	1642	03	30	P	1642	04	29	P
1338	07	18	P	1338	08	16	P	1642	09	24	P	1642	10	23	P
1345	03	04	P	1345	04	03	P	1649	05	11	P	1649	06	10	P
1349	06	16	P	1349	07	16	P	1649	11	04	P	1649	12	03	P
1356	07	28	P	1356	08	26	P	1653	02	27	P	1653	03	29	P
1360	05	15	P	1360	06	14	P	1653	08	23	P	1653	09	21	P
1367	06	27	P	1367	07	27	P	1656	12	15	P	1657	01	14	P
1374	08	08	P	1374	09	07	P	1660	04	09	P	1660	05	09	P
1378	05	27	P	1378	06	25	P	1660	10	04	P	1660	11	03	P
1385	07	08	P	1385	08	06	P	1664	07	23	P	1664	08	21	P
1389	04	26	P	1389	05	25	P	1667	05	22	P	1667	06	21	P

ANNO	MESE	G	T	ANNO	MESE	G	T	ANNO	MESE	G	T	ANNO	MESE	G	T
1667	11	15	P	1667	12	15	P	1794	07	26	P	1794	08	25	P
1671	03	11	P	1671	04	09	P	1801	03	14	P	1801	04	13	P
1671	09	03	P	1671	10	02	P	1801	09	08	P	1801	10	07	P
1674	12	27	P	1675	01	25	P	1805	01	01	P	1805	01	30	P
1678	04	21	P	1678	05	20	P	1805	06	26	P	1805	07	26	P
1678	10	15	P	1678	11	14	P	1808	10	19	P	1808	11	18	P
1682	08	03	P	1682	09	01	P	1812	02	12	P	1812	03	13	P
1685	11	26	P	1685	12	25	P	1812	08	07	P	1812	09	05	P
1689	03	21	P	1689	04	19	P	1819	03	25	P	1819	04	24	P
1689	09	13	P	1689	10	13	P	1819	09	19	P	1819	10	19	P
1693	01	06	P	1693	02	05	P	1823	01	12	P	1823	02	11	P
1696	05	01	P	1696	05	30	P	1823	07	08	P	1823	08	06	P
1696	10	26	P	1696	11	24	P	1826	10	31	P	1826	11	29	P
1700	08	14	P	1700	09	13	P	1830	02	23	P	1830	03	24	P
1703	12	08	P	1704	01	07	P	1830	08	18	P	1830	09	17	P
1707	04	02	P	1707	05	02	P	1837	04	05	P	1837	05	04	P
1707	09	25	P	1707	10	25	P	1841	01	22	P	1841	02	21	P
1711	01	18	P	1711	02	17	P	1841	07	18	P	1841	08	16	P
1714	05	13	P	1714	06	12	P	1844	11	10	P	1844	12	09	P
1714	11	07	P	1714	12	07	P	1848	03	05	P	1848	04	03	P
1718	08	26	P	1718	09	24	P	1848	08	28	P	1848	09	27	P
1721	12	19	P	1722	01	17	P	1859	02	03	P	1859	03	04	P
1725	04	13	P	1725	05	12	P	1859	07	29	P	1859	08	28	P
1725	10	06	P	1725	11	04	P	1862	11	21	P	1862	12	21	P
1729	01	29	P	1729	02	27	P	1866	03	16	P	1866	04	15	P
1729	07	26	P	1729	08	24	P	1870	06	28	P	1870	07	28	P
1732	11	17	P	1732	12	17	P	1877	08	09	P	1877	09	07	P
1736	03	12	P	1736	04	11	P	1880	12	02	P	1880	12	31	P
1736	09	05	P	1736	10	04	P	1884	03	27	P	1884	04	25	P
1739	12	30	P	1740	01	28	P	1888	07	09	P	1888	08	07	P
1743	04	24	P	1743	05	23	P	1895	08	20	P	1895	09	18	P
1743	10	17	P	1743	11	16	P	1898	12	13	P	1899	01	11	P
1747	02	09	P	1747	03	11	P	1902	04	08	P	1902	05	07	P
1747	08	06	P	1747	09	04	P	1906	07	21	P	1906	08	20	P
1750	11	29	P	1750	12	28	P	1913	08	31	P	1913	09	30	P
1754	03	23	P	1754	04	22	P	1916	12	24	P	1917	01	23	P
1754	09	16	P	1754	10	16	P	1917	06	19	P	1917	07	19	P
1758	01	09	P	1758	02	08	P	1924	07	31	P	1924	08	30	P
1761	05	04	P	1761	06	03	P	1928	05	19	T	1928	06	17	P
1765	02	19	P	1765	03	21	P	1931	09	12	P	1931	10	11	P
1765	08	16	P	1765	09	15	P	1935	01	05	P	1935	02	03	P
1768	12	09	P	1769	01	08	P	1935	06	30	P	1935	07	30	P
1772	04	03	P	1772	05	02	P	1942	08	12	P	1942	09	10	P
1772	09	27	P	1772	10	26	P	1946	05	30	P	1946	06	29	P
1776	01	21	P	1776	02	19	P	1953	07	11	P	1953	08	09	P
1776	07	15	P	1776	08	14	P	1964	06	10	P	1964	07	09	P
1779	05	16	P	1779	06	14	P	1971	07	22	P	1971	08	20	P
1783	03	03	P	1783	04	01	P	1982	06	21	P	1982	07	20	P
1783	08	27	P	1783	09	26	P	2000	07	01	P	2000	07	31	P
1786	12	20	P	1787	01	19	P	2011	06	01	P	2011	07	01	P
1790	04	14	P	1790	05	14	P	2018	07	13	P	2018	08	11	P
1790	10	08	P	1790	11	06	P	2029	06	12	P	2029	07	11	P
1794	01	31	P	1794	03	01	P	2036	07	23	P	2036	08	21	P

ANNO	MESE	G	T	ANNO	MESE	G	T	ANNO	MESE	G	T	ANNO	MESE	G	T
2047	06	23	P	2047	07	22	P	2257	09	09	P	2257	10	08	P
2054	08	03	P	2054	09	02	P	2261	01	02	P	2261	01	31	P
2058	05	22	P	2058	06	21	P	2264	04	27	P	2264	05	26	P
2065	07	03	P	2065	08	02	P	2264	10	20	P	2264	11	19	P
2069	04	21	P	2069	05	20	P	2268	08	09	P	2268	09	07	P
2076	06	01	P	2076	07	01	P	2271	12	03	P	2272	01	01	P
2083	07	15	P	2083	08	13	P	2275	03	28	P	2275	04	26	P
2087	05	02	P	2087	06	01	P	2275	09	20	P	2275	10	19	P
2094	06	13	P	2094	07	12	P	2279	01	13	P	2279	02	12	P
2098	09	25	P	2098	10	24	P	2282	05	08	P	2282	06	06	P
2105	05	14	P	2105	06	12	P	2282	11	01	P	2282	11	30	P
2112	06	24	P	2112	07	23	P	2286	02	24	P	2286	03	25	P
2116	10	06	P	2116	11	04	P	2286	08	20	P	2286	09	19	P
2123	05	25	P	2123	06	23	P	2289	12	13	P	2290	01	12	P
2134	04	24	P	2134	05	23	P	2293	04	07	P	2293	05	07	P
2134	10	17	P	2134	11	16	P	2293	09	30	P	2293	10	30	P
2141	06	04	P	2141	07	03	P	2297	01	23	P	2297	02	22	P
2145	09	16	P	2145	10	16	P	2300	05	19	P	2300	06	18	P
2152	05	04	P	2152	06	03	P	2304	03	07	P	2304	04	06	P
2152	10	28	P	2152	11	26	P	2304	09	01	P	2304	09	30	P
2159	06	16	P	2159	07	15	P	2307	12	25	P	2308	01	24	P
2163	09	28	P	2163	10	27	P	2311	04	19	P	2311	05	19	P
2170	05	16	P	2170	06	14	P	2311	10	13	P	2311	11	11	P
2170	11	08	P	2170	12	07	P	2315	02	05	P	2315	03	06	P
2174	03	03	P	2174	04	01	P	2318	05	31	P	2318	06	29	P
2177	06	26	P	2177	07	25	P	2322	03	18	P	2322	04	17	P
2181	04	14	P	2181	05	13	P	2322	09	12	P	2322	10	11	P
2181	10	08	P	2181	11	07	P	2326	01	05	P	2326	02	03	P
2188	05	26	P	2188	06	24	P	2329	04	30	P	2329	05	29	P
2188	11	18	P	2188	12	18	P	2329	10	23	P	2329	11	21	P
2192	03	13	P	2192	04	12	P	2333	02	15	P	2333	03	17	P
2195	07	07	P	2195	08	05	T	2333	08	11	P	2333	09	10	P
2199	04	25	P	2199	05	24	P	2340	03	29	P	2340	04	27	P
2199	10	19	P	2199	11	18	P	2340	09	22	P	2340	10	22	P
2203	08	08	P	2203	09	06	P	2344	01	16	P	2344	02	15	P
2206	06	07	P	2206	07	07	P	2344	07	11	P	2344	08	09	P
2206	12	01	P	2206	12	30	P	2347	05	11	P	2347	06	10	P
2210	03	26	P	2210	04	24	P	2347	11	03	P	2347	12	03	P
2217	05	06	P	2217	06	05	P	2351	02	27	P	2351	03	28	P
2217	10	31	P	2217	11	29	P	2351	08	22	P	2351	09	21	P
2221	08	18	P	2221	09	16	P	2358	04	09	P	2358	05	09	P
2224	12	11	P	2225	01	09	P	2358	10	04	P	2358	11	02	P
2228	04	05	P	2228	05	04	P	2362	01	27	P	2362	02	25	P
2228	09	29	P	2228	10	29	P	2362	07	22	P	2362	08	20	P
2235	05	17	P	2235	06	16	P	2365	11	14	P	2365	12	13	P
2235	11	11	P	2235	12	11	P	2369	03	09	P	2369	04	07	P
2239	08	29	P	2239	09	28	P	2369	09	02	P	2369	10	01	P
2242	12	22	P	2243	01	21	P	2376	10	14	P	2376	11	12	P
2246	04	16	P	2246	05	16	P	2380	02	07	P	2380	03	07	P
2246	10	10	P	2246	11	09	P	2380	08	01	P	2380	08	31	P
2250	07	30	P	2250	08	28	P	2383	11	25	P	2383	12	25	P
2253	11	21	P	2253	12	21	P	2387	03	20	P	2387	04	19	P
2257	03	16	P	2257	04	15	P	2391	07	03	P	2391	08	01	P

ANNO	MESE	G	T	ANNO	MESE	G	T	ANNO	MESE	G	T	ANNO	MESE	G	T
2394	10	25	P	2394	11	24	P	2673	05	08	P	2673	06	07	P
2398	02	17	P	2398	03	19	P	2680	06	18	P	2680	07	18	P
2398	08	13	P	2398	09	11	P	2684	10	01	P	2684	10	30	P
2401	12	05	P	2402	01	04	P	2691	05	20	P	2691	06	18	P
2405	03	31	P	2405	04	29	P	2691	11	12	P	2691	12	11	P
2409	07	13	P	2409	08	11	P	2698	06	30	P	2698	07	29	P
2416	02	29	P	2416	03	29	P	2702	10	13	P	2702	11	11	P
2416	08	23	P	2416	09	21	P	2709	05	31	P	2709	06	29	P
2419	12	17	P	2420	01	15	P	2709	11	23	P	2709	12	23	P
2423	04	11	P	2423	05	10	P	2716	07	11	P	2716	08	09	P
2427	07	24	P	2427	08	23	P	2720	10	23	P	2720	11	22	P
2434	03	11	P	2434	04	09	P	2727	06	11	P	2727	07	11	P
2434	09	03	P	2434	10	03	P	2727	12	05	P	2728	01	03	P
2437	12	27	P	2438	01	26	P	2731	03	30	P	2731	04	28	P
2441	04	21	P	2441	05	21	P	2738	05	10	P	2738	06	09	P
2445	08	04	P	2445	09	02	P	2738	11	04	P	2738	12	03	P
2452	03	21	P	2452	04	20	P	2745	06	22	P	2745	07	21	P
2452	09	14	P	2452	10	13	P	2745	12	15	P	2746	01	13	P
2456	01	08	P	2456	02	06	P	2749	04	09	P	2749	05	08	P
2459	05	03	P	2459	06	01	T	2756	05	21	P	2756	06	19	P
2463	08	15	P	2463	09	13	P	2756	11	14	P	2756	12	14	P
2470	09	25	P	2470	10	24	P	2760	03	09	P	2760	04	08	P
2474	01	18	P	2474	02	16	P	2760	09	01	P	2760	10	01	P
2474	07	14	P	2474	08	13	P	2763	07	03	P	2763	08	01	P
2481	08	25	P	2481	09	24	P	2763	12	26	P	2764	01	25	P
2485	06	13	P	2485	07	12	P	2767	04	20	P	2767	05	20	P
2492	01	29	P	2492	02	28	P	2774	06	01	P	2774	07	01	P
2492	07	24	P	2492	08	23	P	2774	11	25	P	2774	12	25	P
2499	09	05	P	2499	10	05	P	2778	03	21	P	2778	04	19	P
2503	06	25	P	2503	07	24	P	2778	09	13	P	2778	10	12	P
2510	02	10	P	2510	03	11	P	2782	01	06	P	2782	02	04	P
2510	08	06	P	2510	09	04	P	2785	05	01	P	2785	05	30	P
2521	07	05	P	2521	08	04	P	2785	10	25	P	2785	11	24	P
2528	02	21	P	2528	03	21	P	2789	08	13	P	2789	09	11	P
2532	06	05	P	2532	07	04	P	2792	12	06	P	2793	01	04	P
2539	07	16	P	2539	08	15	P	2796	03	31	P	2796	04	29	P
2550	06	16	P	2550	07	15	P	2796	09	23	P	2796	10	22	P
2557	07	27	P	2557	08	25	P	2800	01	17	P	2800	02	15	P
2568	06	26	P	2568	07	25	P	2803	05	12	P	2803	06	10	P
2575	08	07	P	2575	09	05	P	2803	11	05	P	2803	12	05	P
2586	07	07	P	2586	08	06	P	2807	08	24	P	2807	09	23	P
2593	08	17	P	2593	09	16	P	2810	12	17	P	2811	01	16	P
2597	06	06	P	2597	07	05	P	2814	04	11	P	2814	05	11	P
2604	07	19	P	2604	08	17	P	2814	10	04	P	2814	11	03	P
2608	05	06	P	2608	06	04	P	2818	01	27	P	2818	02	26	P
2615	06	18	P	2615	07	18	P	2821	05	22	P	2821	06	21	P
2622	07	30	P	2622	08	28	P	2821	11	15	P	2821	12	15	P
2626	05	17	P	2626	06	16	P	2825	09	04	P	2825	10	03	P
2633	06	28	P	2633	07	28	P	2828	12	28	P	2829	01	26	P
2644	05	28	P	2644	06	26	P	2832	04	22	P	2832	05	21	P
2655	04	28	P	2655	05	27	P	2832	10	15	P	2832	11	13	P
2662	06	08	P	2662	07	07	P	2836	02	08	P	2836	03	08	P
2666	09	20	P	2666	10	20	P	2839	06	03	P	2839	07	02	P

ANNO	MESE	G	T	ANNO	MESE	G	T
2839	11	27	P	2839	12	27	P
2843	03	22	P	2843	04	20	P
2843	09	15	P	2843	10	14	P
2847	01	08	P	2847	02	06	P
2850	05	03	P	2850	06	01	P
2850	10	26	P	2850	11	24	P
2854	02	18	P	2854	03	20	P
2857	06	13	P	2857	07	12	P
2857	12	07	P	2858	01	06	P
2861	04	01	P	2861	05	01	P
2861	09	25	P	2861	10	25	P
2865	01	18	P	2865	02	17	P
2868	05	13	P	2868	06	12	P
2868	11	05	P	2868	12	05	P
2872	02	29	P	2872	03	30	P
2872	08	25	P	2872	09	23	P
2875	12	18	P	2876	01	17	P
2879	04	12	P	2879	05	12	P
2879	10	07	P	2879	11	05	P
2883	01	30	P	2883	02	28	P
2883	07	25	P	2883	08	23	P
2886	05	25	P	2886	06	23	P
2886	11	17	P	2886	12	16	P
2890	03	12	P	2890	04	10	P
2890	09	05	P	2890	10	05	P
2893	12	29	P	2894	01	28	P
2897	04	23	P	2897	05	22	P
2897	10	17	P	2897	11	15	P
2901	02	10	P	2901	03	11	P
2901	08	05	P	2901	09	04	P
2904	06	05	P	2904	07	04	P
2904	11	28	P	2904	12	28	P
2908	03	23	P	2908	04	22	P
2908	09	16	P	2908	10	16	P
2912	07	06	T	2912	08	04	P
2915	10	29	P	2915	11	28	P
2919	02	21	P	2919	03	23	P
2919	08	17	P	2919	09	15	P
2922	12	09	P	2923	01	08	P
2926	04	03	P	2926	05	03	P
2926	09	28	P	2926	10	27	P
2930	07	17	P	2930	08	15	P
2933	11	09	P	2933	12	08	P
2937	03	04	P	2937	04	02	P
2937	08	27	P	2937	09	25	P
2940	12	20	P	2941	01	18	P
2944	04	14	P	2944	05	13	P
2948	07	27	P	2948	08	25	P
2951	11	20	P	2951	12	19	P
2955	03	15	P	2955	04	13	P
2955	09	07	P	2955	10	07	P
2958	12	31	P	2959	01	30	P
2962	04	25	P	2962	05	24	P

ANNO	MESE	G	T	ANNO	MESE	G	T
2966	08	07	P	2966	09	06	P
2969	11	30	P	2969	12	30	P
2973	03	25	P	2973	04	24	P
2973	09	17	P	2973	10	17	P
2977	01	10	P	2977	02	09	P
2980	05	05	P	2980	06	04	P
2984	08	18	P	2984	09	16	P
2987	12	12	P	2988	01	10	P
2991	04	06	P	2991	05	05	P
2991	09	29	P	2991	10	28	P
2995	01	22	P	2995	02	20	P
2995	07	18	P	2995	08	17	P

ANNI IN CUI IL DUO E' NELLO
STESSO MESE
DUOS IN THE SAME MONTH

7	08	P	P
18	07	P	P
97	04	P	P
463	08	P	P
528	08	P	P
539	07	P	P
542	05	P	P
618	04	P	P
629	03	P	P
1063	05	P	P
1150	03	P	P
1215	03	P	P
1631	05	P	P
1696	05	P	P
1805	01	P	P
1880	12	P	P
2000	07	P	P
2206	12	P	P
2261	01	P	P
2282	11	P	P
2304	09	P	P
2380	08	P	P
2684	10	P	P
2785	05	P	P

213

Solo in 5 occasioni una
delle due eclissi del duo
non è parziale : 1248 (
maggio e giugno), 1928 (
maggio e giugno),
2195 (luglio ed agosto),
2459 (maggio e giugno) e
2912 (luglio ed agosto)

Only for 5 times the other
eclipse of the duo is a very
small partial one : 1248
(May and June), 1928 (May
and June),2195 (July and
August), 2459 (May and June)
and 2912 (July and August)

NUMERO DI DUO PER SECOLO

NUMER OF DUOS PRO CENTURY

1-100	39
101-200	26
201-300	16
301-400	11
401-500	23
501-600	40
601-700	40
701-800	22
801-900	12
901-1000	16
1001-1100	30
1101-1200	40
1201-1300	35
1301-1400	18
1401-1500	11
1501-1600	17
1601-1700	37
1701-1800	40
1801-1900	31
1901-2000	17
2001-2100	14
2101-2200	24
2201-2300	37
2301-2400	38
2401-2500	26
2501-2600	14
2601-2700	16
2701-2800	32
2801-2900	43
2901-3000	37

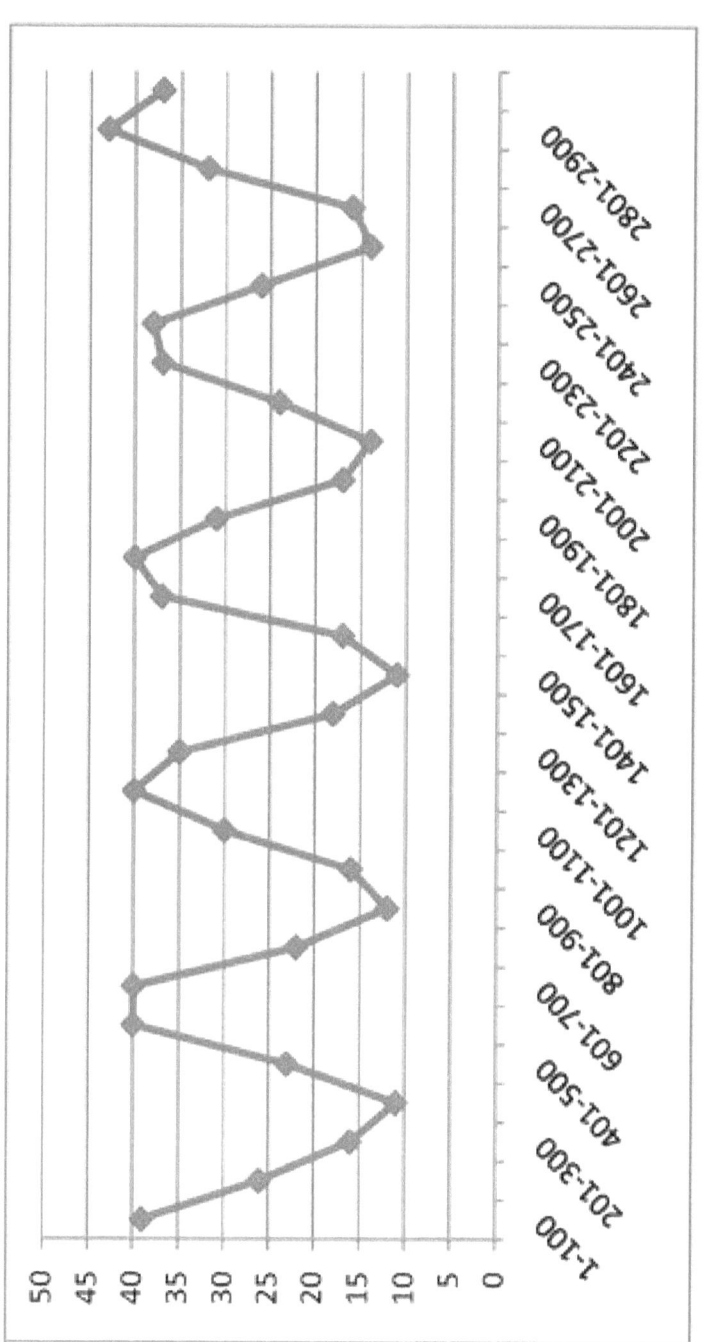

215

DOPPI DUO SOLARI
DOUBLE-SOLAR DUOS
0-3000

Un duo è un paio di eclissi separate da una sola lunazione (mese sinodico). I doppi duo sono 2 duo consecutivi.
Sono riportati tutti i doppi duo dall'anno 0 al 3000. Ovviamente nessun duo solare è formato da eclissi totali.

A duo is a pair of eclipses separated by one lunation (synodic month). A double duo is a duo followed half a year later by another duo.
Are listed all double duos from year 0 to 3000. In this case they aren't total solar eclipses.

GG/MM/ANNO	GG/MM/ANNO	GG/MM/ANNO	GG/MM/ANNO
06/02/0007	07/03/0007	01/08/0007	31/08/0007
19/03/0014	18/04/0014	13/09/0014	12/10/0014
06/01/0018	04/02/0018	01/07/0018	31/07/0018
16/02/0025	18/03/0025	12/08/0025	10/09/0025
29/03/0032	28/04/0032	23/09/0032	23/10/0032
17/01/0036	16/02/0036	12/07/0036	10/08/0036
28/02/0043	29/03/0043	23/08/0043	22/09/0043
16/12/0046	15/01/0047	12/06/0047	11/07/0047
27/01/0054	26/02/0054	23/07/0054	21/08/0054
26/12/0064	25/01/0065	22/06/0065	22/07/0065
08/02/0072	08/03/0072	02/08/0072	01/09/0072
07/01/0083	05/02/0083	03/07/0083	02/08/0083
18/02/0090	20/03/0090	14/08/0090	12/09/0090
07/12/0093	05/01/0094	01/06/0094	01/07/0094
17/01/0101	16/02/0101	14/07/0101	12/08/0101
29/02/0108	30/03/0108	24/08/0108	22/09/0108
18/12/0111	17/01/0112	12/06/0112	11/07/0112
28/01/0119	27/02/0119	25/07/0119	23/08/0119
28/12/0129	27/01/0130	23/06/0130	22/07/0130
08/02/0137	09/03/0137	04/08/0137	03/09/0137
09/01/0148	07/02/0148	03/07/0148	02/08/0148
19/01/0166	18/02/0166	14/07/0166	13/08/0166
18/03/0470	17/04/0470	11/09/0470	10/10/0470
29/03/0488	27/04/0488	21/09/0488	20/10/0488
26/02/0499	27/03/0499	22/08/0499	21/09/0499
09/04/0506	09/05/0506	02/10/0506	01/11/0506
08/03/0517	07/04/0517	02/09/0517	01/10/0517
19/04/0524	19/05/0524	13/10/0524	11/11/0524
06/02/0528	06/03/0528	01/08/0528	30/08/0528
19/03/0535	18/04/0535	13/09/0535	12/10/0535
01/05/0542	30/05/0542	24/10/0542	23/11/0542
16/02/0546	18/03/0546	12/08/0546	11/09/0546
30/03/0553	28/04/0553	23/09/0553	23/10/0553
16/01/0557	15/02/0557	12/07/0557	10/08/0557
28/02/0564	28/03/0564	22/08/0564	21/09/0564
10/04/0571	09/05/0571	05/10/0571	03/11/0571
28/01/0575	26/02/0575	23/07/0575	21/08/0575
10/03/0582	08/04/0582	03/09/0582	02/10/0582
26/12/0585	25/01/0586	22/06/0586	22/07/0586
07/02/0593	08/03/0593	02/08/0593	01/09/0593
07/01/0604	05/02/0604	02/07/0604	01/08/0604
18/02/0611	20/03/0611	13/08/0611	12/09/0611
17/01/0622	16/02/0622	14/07/0622	12/08/0622
01/03/0629	30/03/0629	24/08/0629	22/09/0629
28/01/0640	27/02/0640	24/07/0640	22/08/0640
12/03/0647	10/04/0647	04/09/0647	04/10/0647
28/12/0650	27/01/0651	23/06/0651	23/07/0651
08/02/0658	09/03/0658	04/08/0658	03/09/0658
27/11/0661	27/12/0661	23/05/0662	21/06/0662
22/03/0665	21/04/0665	14/09/0665	14/10/0665
08/01/0669	06/02/0669	04/07/0669	02/08/0669
19/02/0676	20/03/0676	15/08/0676	13/09/0676
09/12/0679	07/01/0680	02/06/0680	01/07/0680

GG/MM/ANNO	GG/MM/ANNO	GG/MM/ANNO	GG/MM/ANNO
19/01/0687	17/02/0687	15/07/0687	13/08/0687
19/12/0697	18/01/0698	13/06/0698	13/07/0698
29/01/0705	28/02/0705	25/07/0705	24/08/0705
30/12/0715	29/01/0716	24/06/0716	23/07/0716
10/01/0734	08/02/0734	05/07/0734	03/08/0734
21/01/0752	20/02/0752	15/07/0752	14/08/0752
19/03/0991	17/04/0991	11/09/0991	10/10/0991
29/03/1009	27/04/1009	21/09/1009	20/10/1009
09/04/1027	09/05/1027	02/10/1027	01/11/1027
19/04/1045	19/05/1045	13/10/1045	11/11/1045
01/05/1063	30/05/1063	24/10/1063	22/11/1063
30/03/1074	29/04/1074	23/09/1074	23/10/1074
11/05/1081	09/06/1081	03/11/1081	03/12/1081
09/04/1092	09/05/1092	04/10/1092	02/11/1092
28/01/1096	26/02/1096	22/07/1096	20/08/1096
22/05/1099	21/06/1099	15/11/1099	14/12/1099
10/03/1103	08/04/1103	03/09/1103	03/10/1103
20/04/1110	20/05/1110	15/10/1110	13/11/1110
07/02/1114	08/03/1114	02/08/1114	01/09/1114
20/03/1121	18/04/1121	13/09/1121	13/10/1121
18/02/1132	19/03/1132	12/08/1132	11/09/1132
31/03/1139	30/04/1139	25/09/1139	24/10/1139
01/03/1150	30/03/1150	24/08/1150	22/09/1150
11/04/1157	10/05/1157	05/10/1157	04/11/1157
11/03/1168	09/04/1168	03/09/1168	03/10/1168
22/04/1175	21/05/1175	16/10/1175	15/11/1175
08/02/1179	10/03/1179	04/08/1179	03/09/1179
22/03/1186	21/04/1186	14/09/1186	14/10/1186
18/02/1197	20/03/1197	15/08/1197	13/09/1197
02/04/1204	01/05/1204	25/09/1204	24/10/1204
19/01/1208	17/02/1208	14/07/1208	13/08/1208
02/03/1215	31/03/1215	26/08/1215	24/09/1215
19/12/1218	18/01/1219	13/06/1219	13/07/1219
13/04/1222	12/05/1222	06/10/1222	05/11/1222
29/01/1226	28/02/1226	26/07/1226	24/08/1226
12/03/1233	11/04/1233	05/09/1233	05/10/1233
29/12/1236	28/01/1237	24/06/1237	23/07/1237
10/02/1244	10/03/1244	05/08/1244	03/09/1244
10/01/1255	08/02/1255	05/07/1255	03/08/1255
20/02/1262	21/03/1262	16/08/1262	15/09/1262
20/01/1273	19/02/1273	15/07/1273	14/08/1273
31/01/1291	02/03/1291	27/07/1291	25/08/1291
11/02/1309	12/03/1309	06/08/1309	04/09/1309
20/04/1613	19/05/1613	13/10/1613	12/11/1613
19/03/1624	17/04/1624	12/09/1624	12/10/1624
01/05/1631	31/05/1631	25/10/1631	23/11/1631
12/06/1638	11/07/1638	05/12/1638	04/01/1639
30/03/1642	29/04/1642	24/09/1642	23/10/1642
11/05/1649	10/06/1649	04/11/1649	03/12/1649
27/02/1653	29/03/1653	23/08/1653	21/09/1653
09/04/1660	09/05/1660	04/10/1660	03/11/1660
22/05/1667	21/06/1667	15/11/1667	15/12/1667
11/03/1671	09/04/1671	03/09/1671	02/10/1671

GG/MM/ANNO	GG/MM/ANNO	GG/MM/ANNO	GG/MM/ANNO
21/04/1678	20/05/1678	15/10/1678	14/11/1678
21/03/1689	19/04/1689	13/09/1689	13/10/1689
01/05/1696	30/05/1696	26/10/1696	24/11/1696
02/04/1707	02/05/1707	25/09/1707	25/10/1707
13/05/1714	12/06/1714	07/11/1714	07/12/1714
13/04/1725	12/05/1725	06/10/1725	04/11/1725
29/01/1729	27/02/1729	26/07/1729	24/08/1729
12/03/1736	11/04/1736	05/09/1736	04/10/1736
24/04/1743	23/05/1743	17/10/1743	16/11/1743
09/02/1747	11/03/1747	06/08/1747	04/09/1747
23/03/1754	22/04/1754	16/09/1754	16/10/1754
19/02/1765	21/03/1765	16/08/1765	15/09/1765
03/04/1772	02/05/1772	27/09/1772	26/10/1772
21/01/1776	19/02/1776	15/07/1776	14/08/1776
03/03/1783	01/04/1783	27/08/1783	26/09/1783
14/04/1790	14/05/1790	08/10/1790	06/11/1790
31/01/1794	01/03/1794	26/07/1794	25/08/1794
14/03/1801	13/04/1801	08/09/1801	07/10/1801
01/01/1805	30/01/1805	26/06/1805	26/07/1805
12/02/1812	13/03/1812	07/08/1812	05/09/1812
25/03/1819	24/04/1819	19/09/1819	19/10/1819
12/01/1823	11/02/1823	08/07/1823	06/08/1823
23/02/1830	24/03/1830	18/08/1830	17/09/1830
22/01/1841	21/02/1841	18/07/1841	16/08/1841
05/03/1848	03/04/1848	28/08/1848	27/09/1848
03/02/1859	04/03/1859	29/07/1859	28/08/1859
24/12/1916	23/01/1917	19/06/1917	19/07/1917
05/01/1935	03/02/1935	30/06/1935	30/07/1935
24/04/2134	23/05/2134	17/10/2134	16/11/2134
04/05/2152	03/06/2152	28/10/2152	26/11/2152
16/05/2170	14/06/2170	08/11/2170	07/12/2170
14/04/2181	13/05/2181	08/10/2181	07/11/2181
26/05/2188	24/06/2188	18/11/2188	18/12/2188
25/04/2199	24/05/2199	19/10/2199	18/11/2199
07/06/2206	07/07/2206	01/12/2206	30/12/2206
06/05/2217	05/06/2217	31/10/2217	29/11/2217
05/04/2228	04/05/2228	29/09/2228	29/10/2228
17/05/2235	16/06/2235	11/11/2235	11/12/2235
16/04/2246	16/05/2246	10/10/2246	09/11/2246
16/03/2257	15/04/2257	09/09/2257	08/10/2257
27/04/2264	26/05/2264	20/10/2264	19/11/2264
28/03/2275	26/04/2275	20/09/2275	19/10/2275
08/05/2282	06/06/2282	01/11/2282	30/11/2282
24/02/2286	25/03/2286	20/08/2286	19/09/2286
07/04/2293	07/05/2293	30/09/2293	30/10/2293
07/03/2304	06/04/2304	01/09/2304	30/09/2304
19/04/2311	19/05/2311	13/10/2311	11/11/2311
18/03/2322	17/04/2322	12/09/2322	11/10/2322
30/04/2329	29/05/2329	23/10/2329	21/11/2329
15/02/2333	17/03/2333	11/08/2333	10/09/2333
29/03/2340	27/04/2340	22/09/2340	22/10/2340
16/01/2344	15/02/2344	11/07/2344	09/08/2344
11/05/2347	10/06/2347	03/11/2347	03/12/2347

GG/MM/ANNO	GG/MM/ANNO	GG/MM/ANNO	GG/MM/ANNO
27/02/2351	28/03/2351	22/08/2351	21/09/2351
09/04/2358	09/05/2358	04/10/2358	02/11/2358
27/01/2362	25/02/2362	22/07/2362	20/08/2362
09/03/2369	07/04/2369	02/09/2369	01/10/2369
07/02/2380	07/03/2380	01/08/2380	31/08/2380
17/02/2398	19/03/2398	13/08/2398	11/09/2398
29/02/2416	29/03/2416	23/08/2416	21/09/2416
11/03/2434	09/04/2434	03/09/2434	03/10/2434
21/03/2452	20/04/2452	14/09/2452	13/10/2452
18/01/2474	16/02/2474	14/07/2474	13/08/2474
29/01/2492	28/02/2492	24/07/2492	23/08/2492
10/02/2510	11/03/2510	06/08/2510	04/09/2510
20/05/2691	18/06/2691	12/11/2691	11/12/2691
31/05/2709	29/06/2709	23/11/2709	23/12/2709
11/06/2727	11/07/2727	05/12/2727	03/01/2728
10/05/2738	09/06/2738	04/11/2738	03/12/2738
22/06/2745	21/07/2745	15/12/2745	13/01/2746
21/05/2756	19/06/2756	14/11/2756	14/12/2756
09/03/2760	08/04/2760	01/09/2760	01/10/2760
03/07/2763	01/08/2763	26/12/2763	25/01/2764
01/06/2774	01/07/2774	25/11/2774	25/12/2774
21/03/2778	19/04/2778	13/09/2778	12/10/2778
01/05/2785	30/05/2785	25/10/2785	24/11/2785
31/03/2796	29/04/2796	23/09/2796	22/10/2796
12/05/2803	10/06/2803	05/11/2803	05/12/2803
11/04/2814	11/05/2814	04/10/2814	03/11/2814
22/05/2821	21/06/2821	15/11/2821	15/12/2821
22/04/2832	21/05/2832	15/10/2832	13/11/2832
03/06/2839	02/07/2839	27/11/2839	27/12/2839
22/03/2843	20/04/2843	15/09/2843	14/10/2843
03/05/2850	01/06/2850	26/10/2850	24/11/2850
13/06/2857	12/07/2857	07/12/2857	06/01/2858
01/04/2861	01/05/2861	25/09/2861	25/10/2861
13/05/2868	12/06/2868	05/11/2868	05/12/2868
29/02/2872	30/03/2872	25/08/2872	23/09/2872
12/04/2879	12/05/2879	07/10/2879	05/11/2879
30/01/2883	28/02/2883	25/07/2883	23/08/2883
25/05/2886	23/06/2886	17/11/2886	16/12/2886
12/03/2890	10/04/2890	05/09/2890	05/10/2890
23/04/2897	22/05/2897	17/10/2897	15/11/2897
10/02/2901	11/03/2901	05/08/2901	04/09/2901
05/06/2904	04/07/2904	28/11/2904	28/12/2904
23/03/2908	22/04/2908	16/09/2908	16/10/2908
21/02/2919	23/03/2919	17/08/2919	15/09/2919
03/04/2926	03/05/2926	28/09/2926	27/10/2926
04/03/2937	02/04/2937	27/08/2937	25/09/2937
15/03/2955	13/04/2955	07/09/2955	07/10/2955
25/03/2973	24/04/2973	17/09/2973	17/10/2973
06/04/2991	05/05/2991	29/09/2991	28/10/2991
22/01/2995	20/02/2995	18/07/2995	17/08/2995

Numero di doppi duos secolo per secolo : notare la peridicità di
586 anni.

Number of double duos per periods of 100 years : there is a
periodicity of 586 years.

1-100	14
101-200	8
201-300	0
301-400	0
401-500	3
501-600	15
601-700	15
701-800	4
801-900	0
901-1000	1
1001-1100	9
1101-1200	13
1201-1300	13
1301-1400	1
1401-1500	0
1501-1600	0
1601-1700	13
1701-1800	14
1801-1900	9
1901-2000	2
2001-2100	0
2101-2200	6
2201-2300	11
2301-2400	14
2401-2500	5
2501-2600	1
2601-2700	1
2701-2800	11
2801-2900	16
2901-3000	10

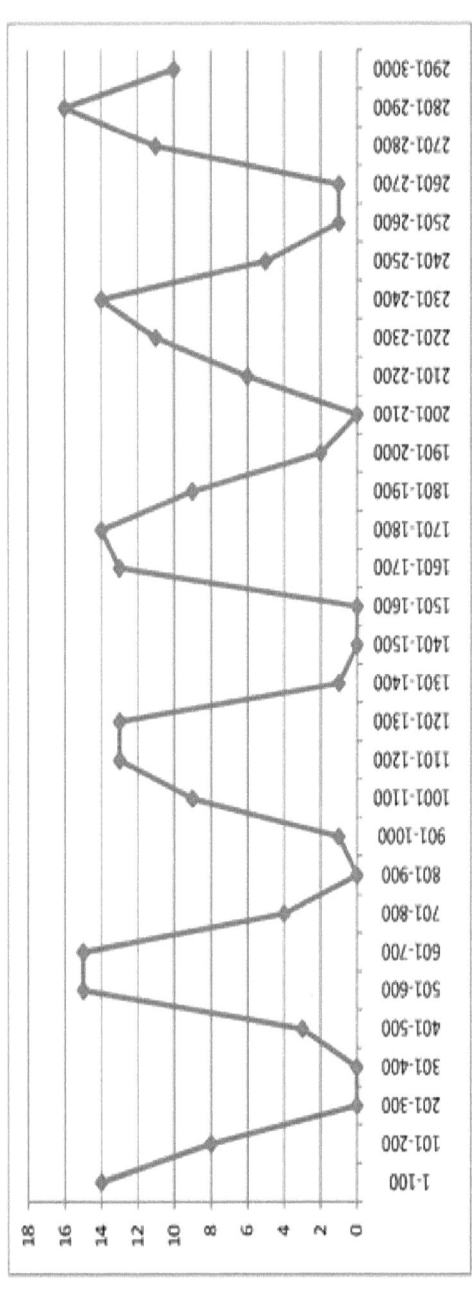

222

LUNGHEZZA DELLA FALCE SOLARE DURANTE UNA ECLISSI PARZIALE
LENGHT OF THE SOLAR CRESCENT DURING A PARTIAL SOLAR ECLIPSE

La seguente tabella indica l'arco solare visibile durante una eclissi in funzione della magnitudine e dei diametri di Sole e Luna

The table shows the angular lenght of the solar crescent during a partial solar eclipse as function of the magnitude and the diameters of Sun and Moon

	R 1	R 1.01	R 1.02	R 1.03	R 1.04	R 1.05	R 1.06	R 1.07	R 1.08	R 1.09
M 0.9	191.5	186.6	182.1	178	174.3	170.8	167.6	164.7	161.9	159.3
M 0.902	191.2	186.2	181.7	177.5	173.7	170.2	167	164	161.2	158.6
M 0.904	191	185.9	181.2	177	173.1	169.6	166.3	163.3	160.4	157.8
M 0.906	190.8	185.5	180.8	176.5	172.6	168.9	165.6	162.5	159.7	157
M 0.908	190.6	185.2	180.3	176	172	168.3	164.9	161.8	158.9	156.2
M 0.91	190.3	184.8	179.9	175.4	171.3	167.6	164.2	161	158.1	155.4
M 0.912	190.1	184.5	179.4	174.9	170.7	166.9	163.5	160.2	157.3	154.5
M 0.914	189.9	184.1	178.9	174.3	170.1	166.2	162.7	159.4	156.4	153.6
M 0.916	189.6	183.7	178.5	173.7	169.4	165.5	161.9	158.6	155.6	152.8
M 0.918	189.4	183.4	178	173.1	168.8	164.8	161.1	157.8	154.7	151.8
M 0.92	189.2	183	177.5	172.5	168.1	164	160.3	156.9	153.8	150.9
M 0.922	188.9	182.6	176.9	171.9	167.4	163.2	159.5	156	152.9	149.9
M 0.924	188.7	182.2	176.4	171.2	166.6	162.4	158.6	155.1	151.9	149
M 0.926	188.5	181.8	175.8	170.6	165.9	161.6	157.7	154.2	150.9	147.9
M 0.928	188.3	181.3	175.3	169.9	165.1	160.8	156.8	153.2	149.9	146.9
M 0.930	188	180.9	174.7	169.2	164.3	159.9	155.9	152.2	148.9	145.8
M 0.932	187.8	180.5	174.1	168.5	163.5	159	154.9	151.2	147.8	144.7
M 0.934	187.6	180	173.5	167.7	162.6	158	153.9	150.1	146.7	143.6
M 0.936	187.3	179.6	172.8	166.9	161.7	157.1	152.8	149	145.6	142.4
M 0.938	187.1	179.1	172.2	166.1	160.8	156	151.8	147.9	144.4	141.2
M 0.94	186.9	178.6	171.5	165.3	159.8	155	150.7	146.7	143.2	139.9
M 0.942	186.7	178.1	170.8	164.4	158.8	153.9	149.5	145.5	141.9	138.6
M 0.944	186.4	177.6	170	163.5	157.8	152.8	148.3	144.2	140.6	137.2
M 0.946	186.2	177	169.2	162.6	156.7	151.6	147	142.9	139.2	135.8
M 0.948	186	176.4	168.4	161.6	155.6	150.4	145.7	141.5	137.8	134.4
M 0.95	185.7	175.8	167.6	160.5	154.4	149.1	144.3	140.1	136.3	132.8
M 0.952	185.5	175.2	166.7	159.4	153.2	147.7	142.9	138.6	134.7	131.3
M 0.954	185.3	174.6	165.7	158.3	151.9	146.3	141.4	137	133.1	129.6
M 0.956	185	173.9	164.7	157	150.5	144.8	139.8	135.4	131.4	127.9
M 0.958	184.8	173.1	163.6	155.7	149	143.2	138.1	133.7	129.7	126.1
M 0.96	184.6	172.4	162.5	154.4	147.5	141.6	136.4	131.8	127.8	124.2
M 0.962	184.4	171.5	161.3	152.9	145.8	139.8	134.5	129.9	125.8	122.2
M 0.964	184.1	170.6	160	151.3	144.1	137.9	132.6	127.9	123.8	120.1
M 0.966	183.9	169.7	158.6	149.7	142.2	135.9	130.5	125.7	121.6	117.8
M 0.968	183.7	168.7	157.1	147.8	140.2	133.8	128.3	123.5	119.2	115.5
M 0.97	183.4	167.5	155.5	145.9	138	131.5	125.9	121	116.8	113
M 0.972	183.2	166.3	153.7	143.8	135.7	129	123.3	118.4	114.1	110.3
M 0.974	183	164.9	151.7	141.4	133.2	126.3	120.6	115.6	111.3	107.5
M 0.976	182.8	163.4	149.5	138.9	130.4	123.4	117.6	112.6	108.3	104.5
M 0.978	182.5	161.7	147	136	127.3	120.2	114.3	109.3	105	101.2
M 0.98	182.3	159.7	144.3	132.8	123.9	116.7	110.8	105.7	101.4	97.6
M 0.982	182.1	157.5	141.1	129.3	120.2	112.9	106.9	101.8	97.5	93.8
M 0.984	181.8	154.8	137.5	125.2	115.9	108.5	102.5	97.5	93.2	89.5
M 0.986	181.6	151.6	133.2	120.5	111.1	103.7	97.7	92.7	88.5	84.9
M 0.988	181.4	147.6	128.2	115.1	105.5	98.1	92.2	87.3	83.2	79.7
M 0.99	181.1	142.7	122	108.5	98.9	91.6	85.8	81.1	77.1	73.7
M 0.992	180.9	136.1	114.2	100.6	91.1	83.9	78.4	73.8	70.1	66.9
M 0.994	180.7	127	104.1	90.5	81.3	74.6	69.4	65.2	61.7	58.8
M 0.996	180.5	113.4	89.9	77.1	68.6	62.6	58	54.3	51.3	48.8
M 0.998	180.2	89.4	67.9	57.1	50.3	45.5	42	39.2	36.9	35.1
M 1	0	0	0	0	0	0	0	0	0	0

S = centro del Sole
M = centro della Luna
AB è passante per M
m = magnitudine dell'eclissi
Alfa=arco JAK
R = raggio lunare presa come unità il raggio solare

S = center of the Sun
M = center of the Moon
AB is the solar diameter passing through M
m = magnitude of the eclipse
Alfa=arc JAK
R = lunar radius, that of the Sun is 1

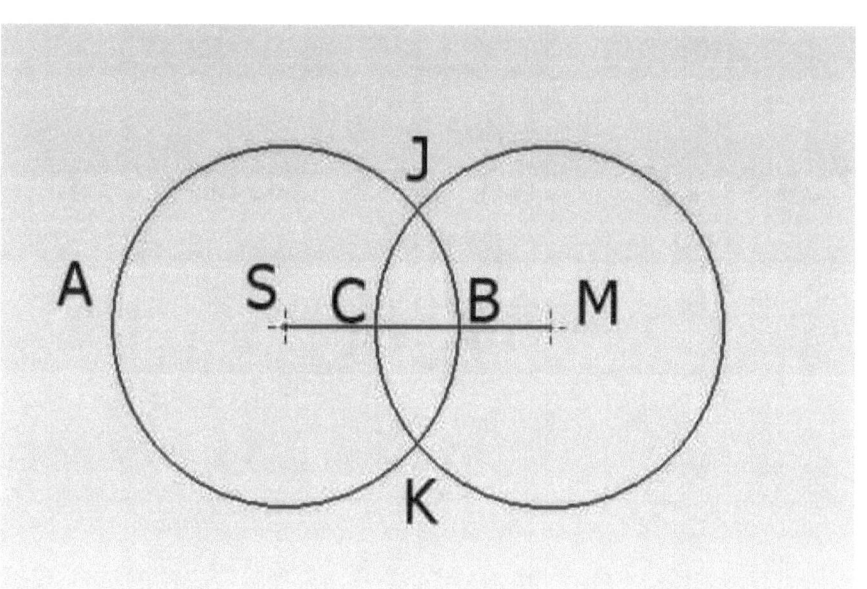

PIANETI VICINI AL SOLE ECLISSATO
PLANETS NEAR THE ECLIPSED SUN
2000-2100

Le eclissi di sole sono ancora più interessanti quando durante il fenomeno sono presenti nelle vicinanze i pianeti più luminosi. La tabella elenca i 4 rarissimi eventi di questo secolo in cui durante un'eclissi totale o anulare ci sono ben 2 pianeti nel raggio di 5 gradi

Very interesting are the eclipses when a bright planet is near the eclipsed Sun. The table lists all the events from year 2000 to 2100 whit 2 planets in a range of 5° from the center of the Sun during a total or annular eclipse

Giorno in cui i pianeti sono più vicini al Sole
Days when the planets are nearest to the Sun

ANNO/ME/GG	HH/MM/SS	DIST.°	MAG.	
YYYY/MM/DD	HH/MM/SS	DIST.°	MAG	
2013/11/01	21:08:00	0.51	7.6	Mercurio - Mercury
2013/11/06	12:03:17	2.12	0.8	Saturno - Saturn
2059/05/13	01:41:05	0.10	-1.9	Mercurio - Mercury
2059/05/13	14:32:11	1.96	0.5	Saturno - Saturn
2066/12/13	12:21:16	0.36	-1.7	Giove - Jupiter
2066/12/21	01:56:29	1.46	-0.9	Mercurio - Mercury
2070/10/02	07:26:38	1.28	-1.3	Mercurio - Mercury
2070/10/08	21:01:42	1.25	-3.9	Venere - Venus

Giorno dell'eclissi
Days with eclipses

ANNO/ME/GG	HH/MM/SS	T	MAG.	DURATA
YYYY/MM/DD	HH/MM/SS	T	MAG.	DURATION
2013/11/03	12:47:36	H	1.0159	01m40s
2059/05/11	19:22:16	T	1.0242	02m23s
2066/12/17	00:23:40	T	1.0416	03m14s
2070/10/04	07:08:57	A	0.9731	02m44s

Dist: distanza del pianeta dal centro del Sole, in gradi
Mag : magnitudine del pianeta
T : tipo di eclisse, T=totale, A=anulare, H=ibrida
Mag : magnitudine dell'eclisse
Durata : durata dell'eclisse

Dist: distance of the planet from the center of the Sun, in °
Mag : magnitude of the planet
T : type of eclipse, T=total, A=annular, H=hybrid
Mag : magnitude of the eclipse
Duration : of the solar eclipse

ECLISSI DI SOLE NATALIZIE
SOLAR ECLIPSES ON
CHRISTMAS
2000-3000

GG MM AAAA : data nel formato giorno/mese/anno
HH MM SS : ore, minuti e secondi
DT : differenza TDT-UT
TIPO : A=anulare T=totale P=parziale H=ibrida
GAMMA : distanza dell'asse del cono d'ombra lunare dal centro
della Terra
MAG : magnitudine dell'eclisse
DURATA : durata in minuti e secondi della fase totale o anulare

GG MM AAAA : date in the format dd/mm/yyyy
HH MM SS: hours, minutes and seconds
DT : difference between Dynamical Time and Universal Time
TIPO : A=annular T=total P=partial H=hybrid
GAMMA : distance of the shadow cone axis from the center
of Earth (units of equatorial radii)
MAG : magnitude of the eclipse (fraction of the Sun's diameter
obscured by the Moon)
DURATA : central line duration of total or annular phase at
greatest eclipse (mm:ss)

GG	MM	AAAA	HH	MM	SS	DT	TIPO	GAMMA	MAG	DURATA	
25	12	2000	17	35	57	64	P	1.137	0.723	0	0
26	12	2038	1	0	10	84	T	-0.288	1.027	2	18
26	12	2057	1	14	35	109	T	-0.941	1.035	1	50
25	12	2307	23	24	23	740	P	-1.409	0.259	0	0
25	12	2326	10	36	53	801	A	-0.777	0.918	6	39
25	12	2383	0	57	4	995	P	1.214	0.603	0	0
26	12	2429	9	7	20	1168	T	-0.503	1.040	2	57
26	12	2448	7	10	41	1243	P	-1.219	0.592	0	0
24	12	2698	13	21	8	2445	P	-1.301	0.449	0	0
24	12	2717	20	58	6	2553	A	-0.621	0.933	6	0
25	12	2755	8	32	19	2775	T	0.759	1.034	3	5
25	11	2774	22	25	15	2889	P	-1.278	0.485	0	0
26	12	2820	13	8	54	3177	A	-0.771	0.973	1	59

ECLISSI DI SOLE
29 FEBBRAIO
BISSEXTILE SOLAR ECLIPSES
SOLAR ECLIPSES ON 29
FEBRUARY
2000-3000

GG MM AAAA : data nel formato giorno/mese/anno
HH MM SS : ore, minuti e secondi
DT : differenza TDT-UT
TIPO : A=anulare T=totale P=parziale H=ibrida
GAMMA : distanza dell'asse del cono d'ombra lunare dal centro
della Terra
MAG : magnitudine dell'eclisse
DURATA : durata in minuti e secondi della fase totale o anulare

GG MM AAAA : date in the format dd/mm/yyyy
HH MM SS: hours, minutes and seconds
DT : difference between Dynamical Time and Universal Time
TIPO : A=annular T=total P=partial H=hybrid
GAMMA : distance of the shadow cone axis from the center
of Earth (units of equatorial radii)
MAG : magnitude of the eclipse (fraction of the Sun's diameter
obscured by the Moon)
DURATA : central line duration of total or annular phase at
greatest eclipse (mm:ss)

```
GG MM AAAA   HH MM SS    DT  TIPO   GAMMA     MAG    DURATA

28  2 2044   20 24 40     88   A   -0.995   0.960    2 27
29  2 2416    1 13 31   1115   P   -1.486   0.128    0  0
29  2 2872   21 22 44   3512   P    1.331   0.386    0  0
```

INDICE - INDEX

www.ingramcontent.com/pod-product-compliance
Lightning Source LLC
Chambersburg PA
CBHW031838170526
45157CB00001B/351